现代塑性加工力学

张贵杰　李海英　编著

北　京
冶　金　工　业　出　版　社
2017

内 容 提 要

现代塑性加工力学是应用现代的数学－力学方法来求解塑性加工中的力能参数、变形参数和应力应变在工件内的分布以及与此有关的其他问题。本书主要内容包括泛函、张量分析等数学基础；变形力学方程；塑性变分原理；能量法；有限元法基础；弹－塑性有限元法、刚－塑性有限元法、黏－塑性有限元法；塑性加工中的应力场、温度场等。

通过该书的学习，可以掌握现代塑性加工力学的基本理论、基本方法，使读者具备材料加工更深层次的理论基础，为进入相关研究提供必要理论。

本书适合材料科学与工程专业高年级本科生、研究生以及从事材料加工工程的科研和工程技术人员使用和参阅。

图书在版编目(CIP)数据

现代塑性加工力学／张贵杰，李海英编著．—北京：冶金工业出版社，2017.3

ISBN 978-7-5024-7448-5

Ⅰ.①现…　Ⅱ.①张…　②李…　Ⅲ.①金属压力加工—塑性力学　Ⅳ.①TG301

中国版本图书馆 CIP 数据核字(2017)第 043917 号

出 版 人　谭学余
地　　址　北京市东城区嵩祝院北巷 39 号　邮编　100009　电话　(010)64027926
网　　址　www.cnmip.com.cn　电子信箱　yjcbs@cnmip.com.cn
责任编辑　常国平　美术编辑　彭子赫　版式设计　彭子赫
责任校对　卿文春　责任印制　李玉山
ISBN 978-7-5024-7448-5
冶金工业出版社出版发行；各地新华书店经销；固安华明印业有限公司印刷
2017 年 3 月第 1 版，2017 年 3 月第 1 次印刷
787mm × 1092mm　1/16；13.5 印张；323 千字；205 页
36.00 元

冶金工业出版社　投稿电话　(010)64027932　投稿信箱　tougao@cnmip.com.cn
冶金工业出版社营销中心　电话　(010)64044283　传真　(010)64027893
冶金书店　地址　北京市东四西大街 46 号(100010)　电话　(010)65289081(兼传真)
冶金工业出版社天猫旗舰店　yjgycbs.tmall.com

前　言

现代塑性加工力学是运用现代的数学－力学方法来研究金属等材料在塑性变形过程中的变形力学规律的基础理论学科。它的任务是结合金属等材料的流变特性，分析塑性成型中的应力应变状态、建立变形力学方程、确定塑性加工变形时的力能参数和变形参数以及应力和应变在变形体内的分布，从而为正确选择塑性加工变形方式、制定合理的工艺规程、优化设计轧辊孔型和其他工模具、选择合适的加工设备、确定加工变形界限、分析加工变形过程产生缺陷的原因及其消除方法等提供科学依据。尤其在自动化、智能化的塑性成型工艺及设备不断普及的情况下，对工艺及设备参数的计算精度和应用范围的要求越来越高，现代塑性加工力学的作用也越来越重要。目前，许多工科院校已为高年级本科生，特别是工科研究生开设了这门课程。因此，编写一本适合于工科研究生和高年级本科生的教材，显然是十分必要的。

华北理工大学金属材料及加工系十几年来相继为工科研究生、教师进修班的学员开设了这门课程。本书就是在为历届研究生和教师进修班印发的讲义的基础上，广泛听取授课老师和学员的意见后，经过多次修改、补充编写而成的。为此，我们谨向使用过本书初稿并提出修改意见的老师表示感谢。

全书内容由张贵杰教授统一安排、规划，李海英老师编写第2~4章，张贵杰老师编写其余各章。研究生陈川、宋卓霞、张爱亮、赵伟娜、李康、王英姿、赵景莉等在公式输入、图表绘制等书稿整理过程中付出了辛苦劳动，在此表示衷心的感谢。

本书可供工科院校研究生和高年级本科生作为塑性加工力学的教材使用，也可供有关专业的教师和工程技术人员参考。

虽然本书的初稿曾多次试用、修改，但限于编者水平，书中一定还存在不足和疏漏之处，恳请读者批评与指正。

编著者

2016年11月

目　录

1　塑性加工力学问题的求解方法

1.1　初等解析法

1.1.1　均匀变形功法

1.1.1.1　塑性应变能

物体发生塑性变形时，外力所做的变形功一部分变成弹性应变能增量储存在物体内部，另一部分变成塑性应变能增量耗散掉。

通常把与应力在塑性应变增量上所做的功相对应的那部分塑性应变能，称为耗散能或消耗能。

如图 1-1 所示，正应力分量 σ_x 在 x 方向所消耗的塑性功增量为

$$(\mathrm{d}W_\sigma)_x = \sigma_x \mathrm{d}y\mathrm{d}z\mathrm{d}x\mathrm{d}\varepsilon_x$$

则单位体积所做的塑性功增量为

$$(\mathrm{d}W_\sigma)_x = (\sigma_x \mathrm{d}y\mathrm{d}z \cdot \mathrm{d}x\mathrm{d}\varepsilon_x)/\mathrm{d}V = \sigma_x \mathrm{d}\varepsilon_x$$

同理，剪应力分量 τ_{zx} 所做的单位功增量为（图 1-2）

$$(\mathrm{d}W_\sigma)_{zx} = (\tau_{zx}\mathrm{d}y\mathrm{d}x\mathrm{d}z\mathrm{d}\varphi)/\mathrm{d}V = \tau_{zx}\mathrm{d}\varphi = 2\tau_{zx}\mathrm{d}\varepsilon_{zx}$$

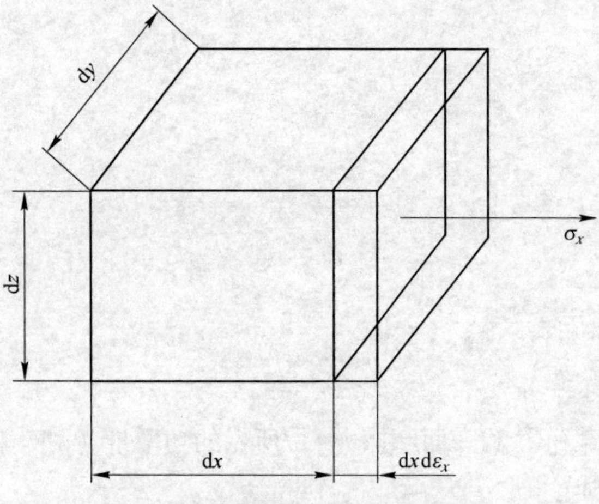

图 1-1　正应力做功示意图

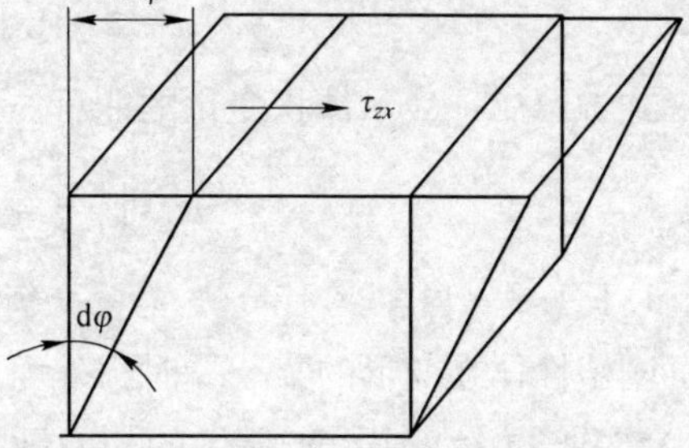

图 1-2　剪应力做功示意图

复杂状态下刚塑性体单位体积的塑性应变能为

$$\mathrm{d}W_\sigma = \sigma_x\mathrm{d}\varepsilon_x + \sigma_y\mathrm{d}\varepsilon_y + \sigma_z\mathrm{d}\varepsilon_z + 2(\tau_{xy}\mathrm{d}\varepsilon_{xy} + \tau_{yz}\mathrm{d}\varepsilon_{yz} + \tau_{zx}\mathrm{d}\varepsilon_{zx}) = \sigma_{ij}\mathrm{d}\varepsilon_{ij}$$

由于塑性变形时体积不变，球应力不做功，则

$$\mathrm{d}W_p = (s_{ij} + \delta_{ij}\sigma_\mathrm{m})\mathrm{d}\varepsilon_{ij} = s_{ij}\mathrm{d}\varepsilon_{ij} + \sigma_\mathrm{m}\delta_{ij}\mathrm{d}\varepsilon_{ij} = s_{ij}\mathrm{d}\varepsilon_{ij}$$

而整个变形体的塑性功为

$$W_p = \int_V s_{ij}\mathrm{d}\varepsilon_{ij}\mathrm{d}V$$

1.1.1.2　弹性应变能（图 1-3）

在线弹性情况下，单元体的弹性能

$$\mathrm{d}W_e = \frac{1}{2}\sigma_{ij}\varepsilon_{ij}\mathrm{d}x\mathrm{d}y\mathrm{d}z$$

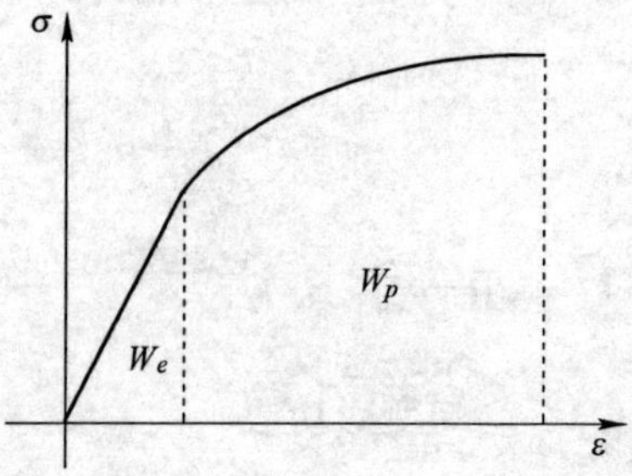

图 1-3　弹性功和塑性功

单位体积的弹性能

$$\begin{aligned}\mathrm{d}W_e &= \frac{1}{2}\sigma_{ij}\varepsilon_{ij}\\ &= \frac{1}{2}(s_{ij}+\delta_{ij}\sigma_{\mathrm{m}})(e_{ij}+\delta_{ij}\varepsilon_{\mathrm{m}})\\ &= \frac{1}{2}(s_{ij}e_{ij}+\delta_{ij}s_{ij}\varepsilon_{\mathrm{m}}+\delta_{ij}\sigma_{\mathrm{m}}e_{ij}+\delta_{ij}\delta_{ij}\sigma_{\mathrm{m}}\varepsilon_{\mathrm{m}})\end{aligned}$$

式中第一项与偏张量有关，表示形状变化的能量。

$$\mathrm{d}W_\sigma^s = \frac{1}{2}s_{ij}e_{ij} = \frac{1}{4G}s_{ij}s_{ij}$$

$$s_{ij}s_{ij} = s_x^2+s_y^2+s_z^2+2(\tau_{xy}^2+\tau_{yz}^2+\tau_{zx}^2) = \frac{2}{3}\bar{\sigma}^2$$

$$\mathrm{d}W_\sigma^s = \frac{1}{6G}\bar{\sigma}^2$$

$$\mathrm{d}W_\sigma = \frac{1}{2G}\left(\frac{1}{3}\bar{\sigma}^2+3\sigma_{\mathrm{m}}^2\right)$$

$$\begin{cases}\delta_{ij}s_{ij} = s_x+s_y+s_z = 0\\ \delta_{ij}e_{ij} = e_x+e_y+e_z = 0\end{cases}$$

$$\begin{cases}\delta_{ij}s_{ij}\varepsilon_{\mathrm{m}} = 0\\ \delta_{ij}e_{ij}\sigma_{\mathrm{m}} = 0\end{cases}$$

$$\mathrm{d}W_e = \frac{1}{2}(s_{ij}e_{ij}+\delta_{ij}\delta_{ij}\sigma_{\mathrm{m}}\varepsilon_{\mathrm{m}}) = \frac{1}{2}(s_{ij}e_{ij}+3\sigma_{\mathrm{m}}\varepsilon_{\mathrm{m}})$$

式中第二项表示体积变化的能量。

$$\mathrm{d}W_\sigma^V = \frac{3}{2}\sigma_{\mathrm{m}}\varepsilon_{\mathrm{m}} = \frac{3(1-2\nu)}{2E}\sigma_{\mathrm{m}}^2$$

1.1.1.3　均匀变形功法（功平衡法）

刚塑性体在变形的某一瞬时，外力（载荷 P 和表面摩擦力 f）所做的功增量（$\mathrm{d}W_F$ 和 $\mathrm{d}W_f$）等于内力（应力）所做的功增量（$\mathrm{d}W_\sigma$）

$$\mathrm{d}W_F - \mathrm{d}W_f = \mathrm{d}W_\sigma$$

塑性变形功增量

$$\mathrm{d}W_\sigma = s_{ij}\mathrm{d}\varepsilon_{ij}\mathrm{d}V = \frac{3}{2}\cdot\frac{\mathrm{d}\bar{\varepsilon}}{\bar{\sigma}}s_{ij}s_{ij}\mathrm{d}V = \bar{\sigma}\cdot\mathrm{d}\bar{\varepsilon}\mathrm{d}V$$

$$\mathrm{d}\varepsilon_{ij} = \frac{3}{2}\cdot\frac{\mathrm{d}\bar{\varepsilon}}{\bar{\sigma}}s_{ij},\ s_{ij}s_{ij} = \frac{2}{3}\bar{\sigma}^2$$

根据密席斯屈服条件，塑性变形时 $\overline{\sigma}=\sigma_s$，故整个变形体（体积为 V）所消耗的塑性变形功增量

$$dW_\sigma = \int dw_\sigma = \int (\overline{\sigma} \cdot d\overline{\varepsilon}) dV = \sigma_s \int_V d\overline{\varepsilon} dV$$

摩擦所消耗的功增量

$$dW_f = \int_S \tau du_f dS$$

式中 τ——接触面 S 上的摩擦应力；

du_f——τ 方向上的位移增量。

在塑性成型时，由于摩擦的影响，变形总是不均匀的，因而很难确定应变增量。因此需要作变形均匀假设，这种基于均匀变形假设的变形功法称为均匀变形功法。

1.1.1.4 均匀变形功法的优点

在解决塑性变形问题时，常见解析计算方法有主应力法、滑移线法、上限法和均匀变形功法，其中均匀变形功法具有直观、易懂等特点。

（1）主应力法是应用较早使用较广泛的求解变形力的一种方法。虽然以简单、准确著称，但由于其只能确定接触面上的应力大小和分布，与实际情况有所偏差，故通常选择结果同样误差较小的变形功法计算。

（2）与滑移线相比，两种解法结果相差3%以内。而求解过程中，均匀变形功法更为简单便捷，适用于实际工程中使用。另外滑移线法只适用于应变速率不大、轴对称问题，复杂的连续挤压过程则需要均匀变形功法解决。

（3）与上限法相比，两者均求得上限解，且温度计算公式均简洁，但变形功法求得的结果距离真实值相对更接近一些。

（4）有限元法利用离散化的思想，利用代数方程组求解。其结果更为精确，并可以直观、明了地给出温度、应力、应变、损害等各种场变量；但要求运算者具有较高的操作软件能力，对于建模、分析均有较高素养，且运算时间较长，参数设定的差异可能导致结果不收敛等问题，不适用于生产第一线人员使用。

（5）有限体积法与有限元法很接近，只是在网格计算中有固定的参考系，以物质的有限体积为基本思想，结果与有限元法相近，同样需要较长运算时间和较高技能，无法达到工厂快速预测的要求。

1.1.2 滑移线场方法

滑移线理论是20世纪20年代至40年代间，人们对金属塑性变形过程中，光滑试样表面出现“滑移带”现象经过力学分析，而逐步形成的一种图形绘制与数值计算相结合的求解平面塑性流动问题变形力学问题的理论方法。这里所谓“滑移线”是一个纯力学概念，它是塑性变形区内，最大剪切应力（$|\tau_{max}|$）等于材料屈服切应力（k）的轨迹线。

对于平面塑性流动问题，由于某一方向上的位移分量为零（设 $du_z=0$），故只有三个应变分量（$d\varepsilon_x$、$d\varepsilon_y$、$d\gamma_{xy}$），也称平面应变问题。

根据塑性流动法则，可知

$$\sigma_z = \sigma_2 = (\sigma_x + \sigma_y)/2 = \sigma_m = -p \tag{1-1}$$

式中 σ_m——平均应力；

p——静水压力。

根据塑性变形增量理论，平面塑性流动问题独立的应力分量也只有三个（σ_x、σ_y、τ_{xy}）（图 1-4（a）），于是平面应变问题的最大切应力为

$$\tau_{\max} = (\sigma_1 - \sigma_3)/2 = \sqrt{[(\sigma_x - \sigma_y)/2]^2 + \tau_{xy}^2} \tag{1-2}$$

可见，这是一个以 $\tau_{\max}$ 为半径的圆方程，这个圆便称为一点的应力状态的莫尔圆（图 1-4（c））。图中设 $\sigma_x < \sigma_y < 0$（即均为压应力，因塑性加工中多半以压应力为主）。值得注意的是绘制莫尔圆时，习惯上规定：使单元体顺时针旋转的切应力为正，反之为负。因此图 1-4(c) 中的 τ_{yx} 为正值，而 τ_{xy} 取负值。

根据平面流动的塑性条件，$\tau_{\max} = k$（对 Tresca 塑性条件 $k = \sigma_s/2$；对 Mises 塑性条件 $k = \sigma_s/\sqrt{3}$）。

于是，由图 1-4（c）的几何关系可知

$$\begin{aligned} \sigma_x &= -p - k\sin 2\phi \\ \sigma_y &= -p + k\sin 2\phi \\ \tau_{xy} &= k\cos 2\phi \end{aligned} \tag{1-3}$$

式中 p——静水压力，$p = -\sigma_m = -(\sigma_x + \sigma_y)/2$；

ϕ——最大切应力 $\tau_{\max}(=k)$ 方向与坐标轴 Ox 的夹角。

通常规定为 Ox 轴正向为起始轴逆时针旋转构成的倾角 ϕ 为正，顺时针旋转构成的倾角 ϕ 为负（图 1-4 中所示 ϕ 均为正）。由图 1-4 可知，倾角 ϕ 的数值大小与坐标系的选择有关，但静水压力 p 为应力不变量，不会随坐标系的选择而变化。

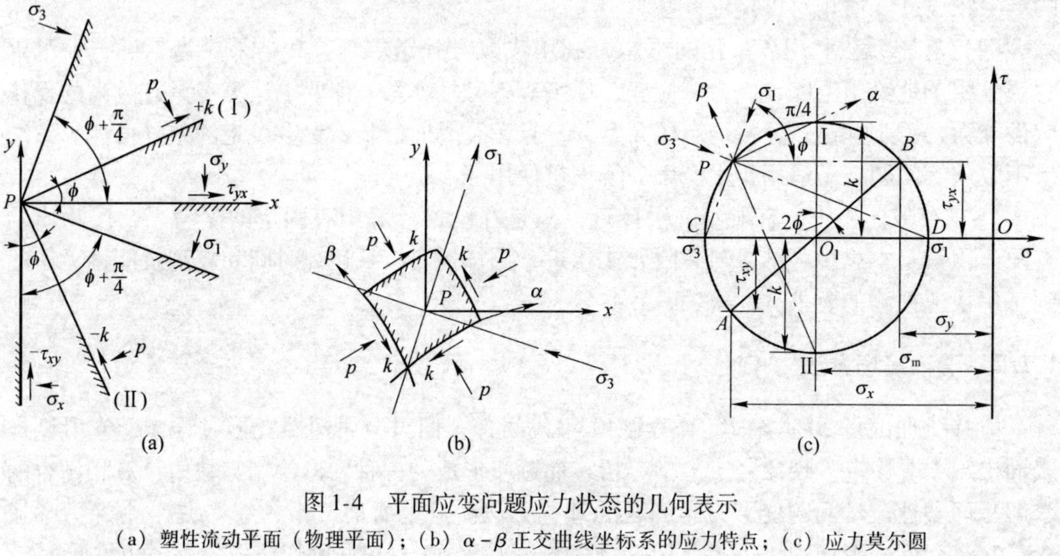

图 1-4 平面应变问题应力状态的几何表示

（a）塑性流动平面（物理平面）；（b）$\alpha-\beta$ 正交曲线坐标系的应力特点；（c）应力莫尔圆

现设塑性流动平面上的点 P 在莫尔圆上的映射点（称为 Prager 极点）为 P' 点，该点为过点 $B(\sigma_y, \tau_{yx})$ 引平行 σ 轴的平行线与莫尔圆的交点。BP' 轴表示塑性流动平面中的 X 轴。根据几何关系，连 $P'C$ 的最大主应力 σ_1 的作用方向；连 $P'D$ 的最小主应力 σ_3 的作用方向。连 P'I 的 $\tau_{\max} = k$ 的作用方向，常用 α 表示；连 P' Ⅱ 的 $-\tau_{\max} = k$ 的作用方向，常

用β表示。由此可知：自σ_1作用方向顺时针旋转$\pi/4$，即为α方向；逆时针方向旋转$-\pi/4$即为β方向。并且σ_1的作用方向总是位于$\alpha-\beta$构成的右手正交曲线坐标系的第一或第三象限。据此，根据已知的σ_1作用方向便可确定α、β的走向。

对于理想刚塑材料，材料的屈服切应力k为常数。因此塑性变形区内各点莫尔圆半径（即最大切应力τ_{max}）等于材料常数k。如图1-5所示，在$x-y$坐标平面上任取一点P_1，其$\tau_{max}=k$，即α方向为$\tau_{\alpha0}$，沿$\tau_{\alpha0}$方向上取一点P_2，其α方向为$\tau_{\alpha1}$，依此取点P_3，其α线方向为$\tau_{\alpha2}$，依次连续取下去，直至塑性变形区的边界为止……，最后获得一条折线$P_1-P_2-P_3-P_4\cdots$，称为α线。按正、负两最大切应力相互正交的性质，由P点沿与τ_α垂直的方向，即在P点的（$-\tau_{max}$）方向上取点，也可得到一条折线$P_1-P_2'-P_3'-P_4'\cdots$，称为β线。当所取点间距无限接近时，以上两折线便为光滑曲线。依次从线上的其他点，如从点P_1、P_2、$P_3\cdots$和P_1'、P_2'、$P_3'\cdots$出发，同样可作出许多类似的滑移线，布满整个塑性变形区，它们由两族相互正交的滑移线网构成，称为滑移线场。其中，α线族上的$\tau_\alpha=\tau_{max}=k$，β线族上的$-\tau_\beta=\tau_{max}=k$。两滑移线的交点称为结点。由此可见，滑移线为塑性变形区内最大剪切应力等于材料屈服切应力的迹线，表明曲线上任一点的切线方向即为该点最大切应力的作用方向。

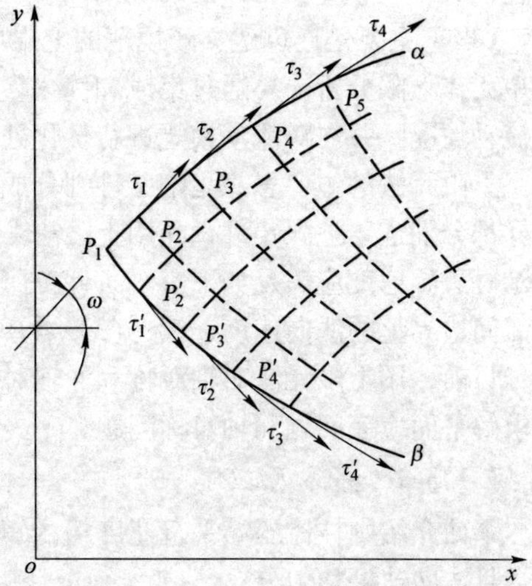

图1-5 $x-y$坐标系与$\alpha-\beta$滑移线网络

由图1-5可知，滑移线的微分方程为

$$\begin{cases} 对\alpha线 & \left.\dfrac{dy}{dx}\right|_\alpha=\tan\phi \\ 对\beta线 & \left.\dfrac{dy}{dx}\right|_\beta=\tan(\phi+\pi/2)=-c\tan\phi \end{cases} \tag{1-4}$$

以上分析表明，在力学上滑移线应是连续的。但根据金属塑性变形的基本机制是晶体在切应力作用下沿着特定的晶面和晶向产生滑移，滑移结果在试样表面显露出滑移台阶，而滑移台阶是原子间距的整数倍，是不连续的。因此，滑移线的物理意义是金属塑性变形时，发生晶体滑移的可能地带。只有特定的晶面和晶向的切应力达到金属的临界屈服切应力时才会使晶体产生滑移变形。

滑移理论法是一种图形绘制与数值计算相结合的方法，即根据平面应变问题滑移线场的性质绘出滑移线场，再根据精确平衡微分方程和精确塑性条件建立汉盖（Hencky）应力方程，求得理想刚塑性材料平面应变问题变形区内应力分布以及变形力的一种方法。

1.1.3 上界元方法

为了使上限法在塑性加工中的应用程式化，20世纪50年代开始，Kudo对平面应变和轴对称问题提出了单位矩形变形区和单位圆柱变形区的概念，在此基础上形成了所谓 UBET（upper bound elemental technique）方法。这种方法的出现，使上限法与有限元法的差别大为缩小。但是，UBET 方法容易掌握，对计算机的要求比有限元方法低得多，因而在塑性加工领域中获得广泛的应用。

UBET 主要是通过建立较规范的上限单元流动模式，即将变形体划分若干单元，对每个单元作上限分析，再通过集成和优化参数，确定最优速度场，求解变形力、变形功，显示流动情况，并在对流动模式进行优化处理之后，得到令人满意的上限解。

上限元法的主要思想是把工件划分成一定数量的标准简单单元。每个单元与工件整体一样都分别适于上限定理，并用上限法求解。此时各单元的运动许可速度场可用边界速度表示。边界速度应满足如下三个条件：（1）工件与工具接触处的速度边界条件；（2）各单元间边界上的法向速度连续；（3）各单元体积不变。

目前，用上限元法对轴对称和非轴对称模锻变形过程进行了解析，上限单元技术适用于求解平面应变问题和轴对称问题。

1.1.3.1 基本原理

下面介绍圆柱体压缩平行速度场的矩形元（图 1-6 和图 1-7）。假定矩形元边界为直线，且法向速度均匀分布。

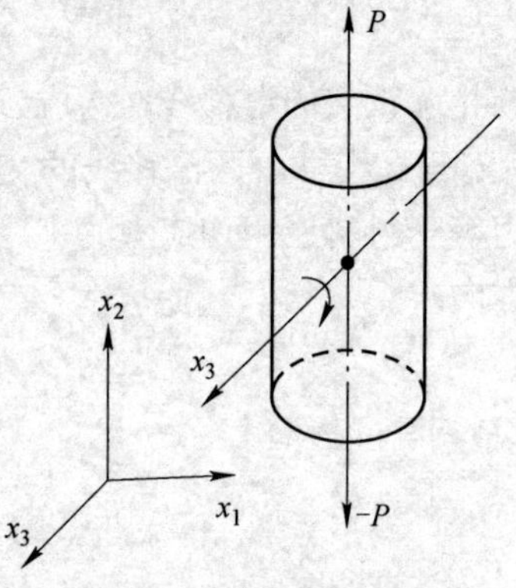

图 1-6 棒料的刚性转动

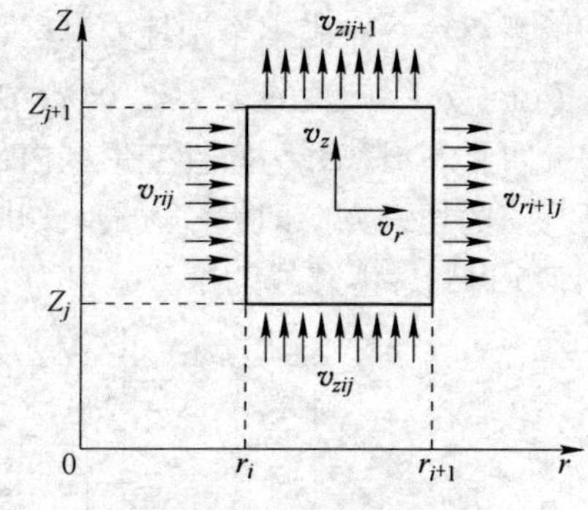

图 1-7 矩形元的速度场

对轴对称工件由体积不变条件得

$$2\pi(Z_{j+1}-Z_j)(r_{i+1}v_{ri+1j}-r_iv_{rij})+\pi(r_{i+1}^2-r_i^2)(v_{zij+1}-v_{zij})=0$$

设定矩形元的运动许可速度

$$v_z=C_1Z+C_2$$

$$v_r=-\frac{1}{2}C_1r+\frac{C_3}{r}$$

$C_1\sim C_3$ 可按单元的几何条件和边界条件来确定，即按 $\frac{\Delta v_z}{\Delta Z}=C_1$；$Z=Z_i$ 时，$v_z=v_{zij}$，$r=r_i$ 时，$v_r=v_{rij}$ 得

$$C_1=(v_{zij+1}-v_{zij})/(Z_{i+1}-Z_j)$$

$$C_2=(v_{zij}Z_{j+1}-v_{zij}Z_j)/(Z_{i+1}-Z_j)$$

$$C_3 = v_{rij} r_{ij} + (v_{zij+1} - v_{zij}) r_i^2 / 2(Z_{i+1} - Z_j)$$

由设定的速度场求等效应变速率，进而求单元的变形功率

$$N_d^e = \sigma_s \iiint_{V_e} \dot{\bar{\varepsilon}} \mathrm{d}V$$

单元间边界上的剪切功率为 $N_s^e = \dfrac{1}{\sqrt{3}} \sigma_s \iint_S |\Delta v_i| \mathrm{d}s$

式中 $|\Delta v_i|$——单元间的相对滑动速度。

接触面摩擦功率损失为 $N_f = \dfrac{m}{\sqrt{3}} \sigma_s \iint_{S_f} |\Delta v_i| \mathrm{d}s$

求出以上各种功率之后，其总和就是总功率。对后者进行优化，得到的最小总功率所对应的速度场就是所求的速度场。

设所划分的单元数为 m 个，包括外部边界在内的总边界数为 n，其中外部边界数为 n_0。为了确定所有单元的运动许可速度场，必须确定所有边界的法向速度。与这些法向速度有关的 m 个单元可列出 m 个体积不变方程，即相当于 m 个约束条件。这样，就需要另外确定 $N = n - (m + n_0)$ 个边界的法向速度。将这些法向速度作为独立变量进行解析，即把总功率看成是这些独立变量的函数将其优化。这样就把此问题归结为求 N 个变量多元函数的极值问题。

1.1.3.2 求解思路

为了确定接触面上一点处的单位压力，须在该点处假想一个单元 E，令其一个面为该点处工件与工具的接触微面（ΔS）。首先按 UBET 确定包含此假想单元在内的，并考虑工具以同一速度 v 作用时的总功率 $\dot{W}$。然后在假想单元 E 和工具接触的微面上加以微小的速度增量 Δv，使此微面上的速度为 $v + \Delta v$，而接触面的其他部分速度为 v，并用 UBET 求出此状态下的总功率 $\tilde{\dot{W}}$。于是作用在该点处的单位压力 p 为

$$p = \frac{\Delta \dot{W}}{\Delta S \Delta v}$$

其中

$$\Delta \dot{W} = \tilde{\dot{W}} - \dot{W}$$

上限单元法是这样建立流动模型的：用直线段代替变形轮廓的曲线段，将变形体划分为若干规范单元，当前常采用矩形单元和直角三角形单元。直角三角形单元按其几何位置的不同又分为四种，故总共有五种基本单元，如图 1-8 所示。

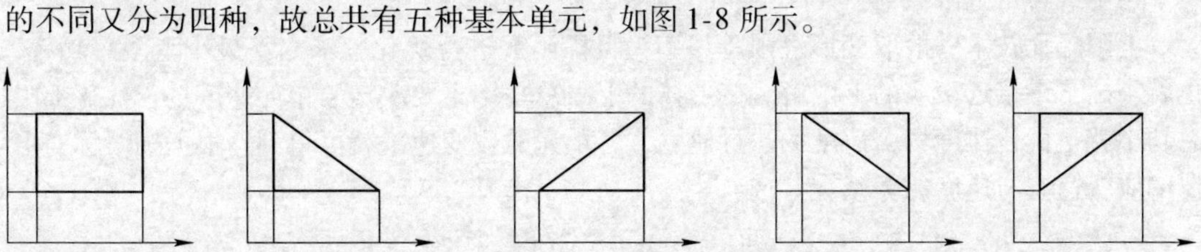

图 1-8 五种基本单元

且作如下假设：（1）变形体材料符合 Mises 屈服准则；（2）各单元内部为连续速度场；（3）各单元满足金属塑性变形的体积不变条件；（4）各单元边界法向速度分量连续，而切向速度可以间断；（5）各单元垂直边界的速度分量均匀分布。进而建立规范单元的

运动许可速度场通解。以此为基础，在求得单元上限功率后求出整个变形体的上限总功率，即得到

$$W_e \leqslant W_e^* = \sum W_i^* + \sum W_S^* + \sum W_f^*$$

式中　W_e——真实塑性变形总功率；

W_e^*——虚拟的总上限变形功率；

$\sum W_i^*$——所有单元的上限塑性变形功率之和；

$\sum W_f^*$——所有单元与工具接触面上消耗的上限摩擦功率之和；

$\sum W_S^*$——所有单元之间边界上相对剪切消耗的上限功率之和。

上式中各项功率可由下列公式求得

$$W_i^* = \int_V \sigma_{ij}'^* \varepsilon_{ij}'^* \mathrm{d}V = 2K \times \int_V \left(\frac{1}{2}\varepsilon_{ij}'^* \times \varepsilon_{ij}'^*\right)^{\frac{1}{2}} \mathrm{d}V \tag{1-5}$$

$$W_S^* = \int_{S_D} K \,|\, \Delta u_t \,|\, \mathrm{d}S_D \tag{1-6}$$

$$W_f^* = \int_{S_D} mK \,|\, \Delta u \,|\, \mathrm{d}S_u \tag{1-7}$$

式中　$\sigma_{ij}'^*$，$\varepsilon_{ij}'^*$——各单元的虚拟偏应力分量和虚拟偏应变速率分量；

Δu_t——速度间断面上的切向速度间断值；

Δu——变形体单元与工具接触面上的切向速度差；

m——变形体与工具接触面的摩擦因子；

K——变形材料的剪切屈服应力；

S_D——单元之间的剪切面；

S_u——单元与工具的接触面。

求出了全部单元的各项功率，即可得到变形体的上限总功率，根据能量守恒，它与虚拟外载荷所做的功应相等

$$P^* v = W_e^* = \sum W_t^* + \sum W_S^* + \sum W_f^* \tag{1-8}$$

式中　P^*——上限载荷；

v——工具移动速度。

由上式可得上限载荷。

上限单元技术一般取变形上限总功率为目标函数进行优化，求出了最小上限总功率，也就求出了最接近真实的上限解。变形体的上限总功率主要决定于单元速度场，优化上限总功率就是优化速度场，速度场一旦建立，各单元的应变速率就可得到。根据轴对称变形体的应变速率与速度的关系

$$\varepsilon_R^* = \frac{\partial u^*}{\partial R} \qquad r_{RZ}^* = \frac{1}{2}\left(\frac{\partial u^*}{\partial R} + \frac{\partial \omega^*}{\partial R}\right)$$

$$\varepsilon_\theta^* = \frac{u^*}{R} \qquad r_{\theta Z}^* = r_{\theta R}^* = 0$$

$$\varepsilon_Z^* = \frac{\partial \omega^*}{\partial Z} \tag{1-9}$$

将式(1-9)代入式(1-5)即求出单元的塑性变形功率

$$W_i^* = 2K\int_V \sqrt{\frac{1}{2}(\varepsilon_R^{*2} + \varepsilon_\theta^{*2} + \varepsilon_Z^{*2} + 2\gamma_{RZ}^{*2})}\mathrm{d}V$$

公式中的切向速度间断值直接由速度场方程求得。

综上所述，UBET 的基本理论首先包括单元的三类基本方程：(1) 单元体积不变方程。规定了单元边界法向速度之间的关系。(2) 单元内部速度场方程。在单元内部建立一个满足速度边界条件的、连续的、可用解析式表达的近似速度场。(3) 单元上限功率分量方程。利用单元边界的几何位置和法向速度分量，求解单元上限功率分量。

1.1.3.3 上限单元法的发展方向预测

(1) 扩大上限单元法的适用范围，使上限单元法除了可以求解轴对称问题外，还可以求解非轴对称问题和三维问题。

(2) 上限单元法与有限元法结合应用于正向模拟和反向模拟技术中，即首先应用上限元法反向模拟出预成型件，然后再用有限元法正向模拟去验证结果的真实性和可靠性，这样可以极大地提高数值模拟的精度。

(3) 目前上限单元技术常用的单元模型是矩形单元和三角形单元。采用这两种单元模型使得上限单元法程序的通用性受到了限制，且对于非轴对称问题来讲，单元的划分过于简化，影响了分析结果的精度。针对这种缺陷，改善上限单元法模型及其程序的通用性就将成为研究者的主要目标，山东工业大学提出的复合块思想和浙江大学提出的混合单元模型就是针对这种缺陷进行研究的实例。

(4) 随着计算机软硬件的发展，人工智能技术和专家系统开始广泛地在机械行业中应用。如果能把上限单元法和人工智能技术结合起来，将会使虚拟制造技术变得简单、方便，专家系统的引入也必将提高模拟的准确性。

(5) 随着计算机软件技术的发展，出现了许多可视化的编程语言，人们将主要精力放在了对应用程序本身的研究上，即利用这些可视编程技术，将模拟程序与之相结合，开发出可视化的界面，方便模拟过程的演示和用户的使用。

(6) 将上限单元技术和模具设计软件，如 UG、PRO-E 等高端设计软件联合起来应用，可提高产品的工艺水平和模具设计水平，促进产品质量的改善，提高生产效率。

1.1.4 流函数法

流函数法解析属能量法范铸，它视变形体是不可压塑的，认为塑性变形问题是一个无源场（或称管形场），变形区的空间相当于流管，则任意曲线坐标的速度场为

$$\begin{aligned}\bar{v} &= \nabla\Psi(\beta_1, \beta_2, \beta_3) \times \nabla\phi(\beta_1, \beta_2, \beta_3)\\ &= \frac{1}{g_2 g_3}(\psi_{\beta_2}\phi_{\beta_3} - \psi_{\beta_3}\phi_{\beta_2})\ \bar{i} + \frac{1}{g_3 g_1}(\psi_{\beta_3}\phi_{\beta_1} - \psi_{\beta_1}\phi_{\beta_3})\ \bar{j}\\ &= \frac{1}{g_1 g_2}(\psi_{\beta_1}\phi_{\beta_2} - \psi_{\beta_2}\phi_{\beta_1})\ \bar{k}\\ &= v_{\beta_1}\bar{i} + v_{\beta_2}\bar{j} + v_{\beta_3}\bar{k}\end{aligned}$$

$$
\begin{cases}
v_{\beta_1}=\dfrac{1}{g_2g_3}\ (\psi_{\beta_2}\phi_{\beta_3}-\psi_{\beta_3}\phi_{\beta_2}) \\
v_{\beta_2}=\dfrac{1}{g_3g_1}\ (\psi_{\beta_3}\phi_{\beta_1}-\psi_{\beta_1}\phi_{\beta_3}) \\
v_{\beta_3}=\dfrac{1}{g_1g_2}\ (\psi_{\beta_1}\phi_{\beta_2}-\psi_{\beta_2}\phi_{\beta_1})
\end{cases}
$$

塑性变形时假定体积是不变的，根据无源场的性质，速度场必须满足这个条件，即速度矢量的散度为零。散度通式展开后即是满足体积不变条件的应变速度场。解析考虑的另一问题是满足速度边界条件，即边界面及速度不连续面两侧的法线速度必须相等。固定工具接触表面边界的法线速度为零，运动工具接触面法线速度等于工具的运动速度，自由表面的速度为未知。

流面函数的设定首先要考虑选取坐标系。解析可以采用任何一种坐标系，设定流面函数时要考虑变形的特点，有些也可以根据加工的流线情况来确定。但通常都是选工具面、自由表面、对称面和特异面来设定两个流函数。

形状函数是设定可变参量的依据，利用边界条件确定带有可变参量的形状函数，在研究工具形状时可设定工具面，在研究变形形状时可设定自由表面。再根据流量一定条件、体积不变条件和速度边界条件确定以形状函数表示的速度场。最后，以可变参量为优化参数对功率进行最小化，确定出最适宜的力能参数和变形后最适宜的形状。如棒坯辊拔或辊轧六角型材时，可根据优化的表面形状来确定坯料，从而可研究变形行为的预测。进而在已知成品形状时，通过解析来选定坯料的形状和大小，依次可优化加工过程，确定适宜的加工道次。此外，特异面、对称面的选取也是重要的，如决定多辊轧制的对称在夹角，就是决定轧辊辊数的参数。解析的流程概要如图 1-9 所示。

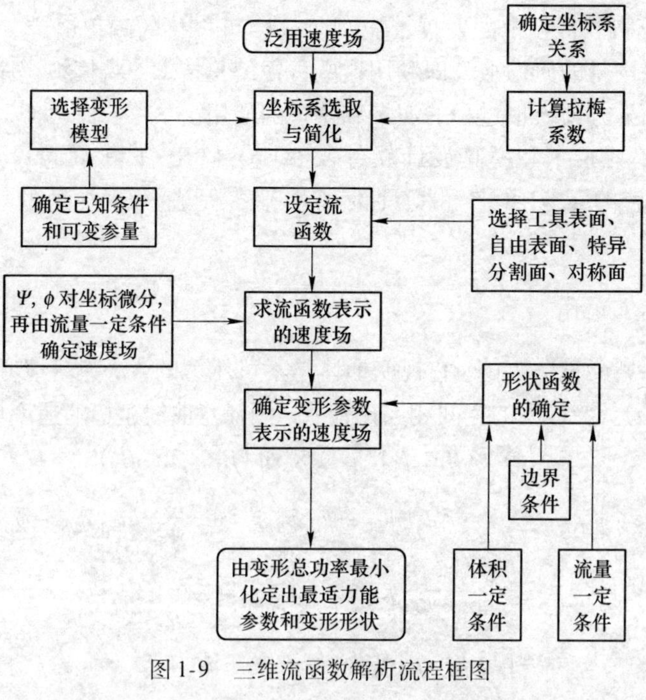

图 1-9 三维流函数解析流程框图

流函数法的特点：

（1）由于流函数法解析可以选择工具面作为流面函数，因此容易建立满足复杂边界条件的三维运动许可速度场；

（2）在满足体积不变的条件下，采用具有调和性质的流函数，可以减少可变参量的个数，有利于进行能率的优化；

（3）由于所建立的速度场包含了工具面、自由面和特异面的形状函数，故该解析技术有利于泛用化，有利于三维变形加工界限与变形行为的研究。

1.1.5 希尔法

在 1963 年希尔把严格的原理与灵活性相结合，提出了适用于任何成型工艺过程的新的分析方法。

希尔法的计算步骤是以选择一类速度场开始的，所选择的速度场必须满足所有的运动学条件。一般情况下，在一个选定的速度场的变形区中，相应的应力分布不能满足所有的静力学条件，现在的问题是如何选择最接近满足全部静力学要求的一个速度场。希尔导出了一个近似的选择准则，即对于足够宽的虚正交速度场 w_j，如果

$$\int\sigma_{ij}\frac{\partial w_j}{\partial x_i}\mathrm{d}V=\int\tau_j w_j\mathrm{d}S_I-P_n\int n_j w_j\mathrm{d}S_F+\begin{cases}\int[(n_i\tau_i)n_j+kl_j]w_j\mathrm{d}S_C(\text{表面黏着时})\\ \int[(n_i\tau_i)(n_j-\mu l_j)]w_j\mathrm{d}S_C(\text{库仑摩擦时})\end{cases}\tag{1-10}$$

则静力学条件可认为完全得到满足。

式中 S_I——刚塑性交界；

S_F——无约束边界；

S_C——变形区与工具接触的边界；

τ_j——从所研究的近似场中计算出来的表面力；

P_n——作用在 S_F 上的力，一般为零；

n_j——局部的单位外法线方向；

l_j——局部的单位切向矢量，在近似场中它与相对滑移速度的方向相反；

k——局部的剪切屈服强度；

μ——库仑摩擦系数。

一旦选定了 w_j，将其看作是一个变分，对式进行变分计算，将导致一组适合于某一类特殊近似问题确定其唯一最佳值的平衡方程和边界条件。

【例题】 长矩形件压缩。设有一长度为 l、宽为 $2a$、高为 $2h$ 的矩形件在两平行压板间压缩。被加工件与接触面的摩擦力为常数，m 为摩擦因子，其值与压板与被加工件接触面间的摩擦系数及被加工件的几何尺寸有关。若 $l>>2a$ 和 $l>>2h$，则可认为此压缩过程为平面变形。取直角坐标系的原点 o。在工件的几何中心，宽度方向上为 x 轴，长度方向上为 y 轴，高度方向上为 z 轴，则未变形的工件及坐标系如图 1-10 所示。工件压缩过程的变形模型如图 1-11 所示。

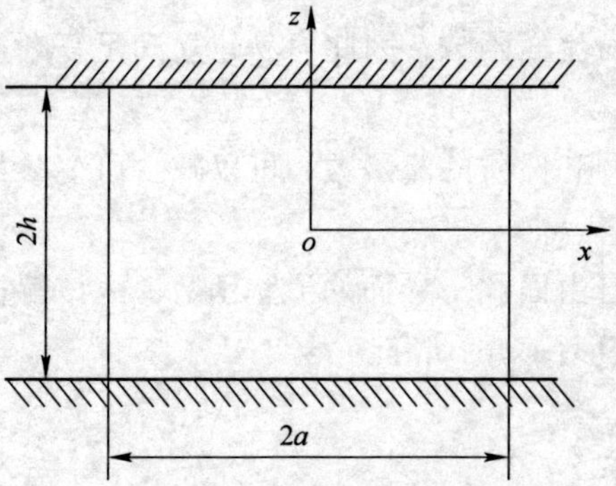

图 1-10　未变形的工件

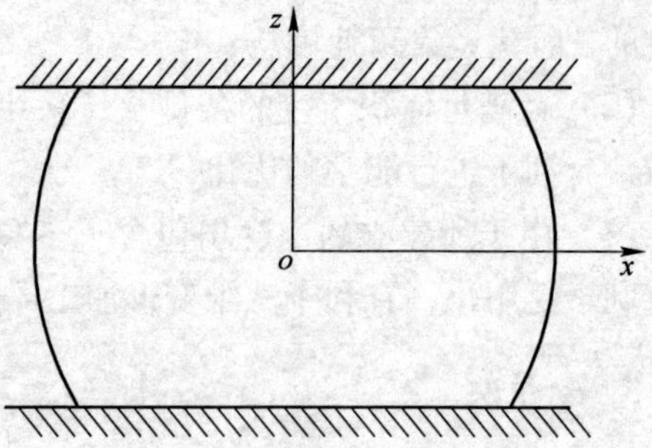

图 1-11　压缩过程中的变形模型

（1）近似速度场的构造。在压板与工件接触面上存在摩擦的压缩变形时的典型特征是工件侧面发生鼓形，即金属的流动沿厚度方向上是不均匀的，因此，所构造的近似速度场必须包含 z 的未知函数。满足上述要求的最简单的速度场具有下列分量

$$v_x = x\varphi'(z), v_z = -\varphi(z) \tag{1-11}$$

同时

$$\varphi(-z) = -\varphi(z)$$

式中，v_x，v_z 分别为在 x，z 方向上的速度分量；函数 $\varphi(z)$ 为待确定的连续可微的 z 的奇函数（因变形对称），它描绘工件变形后的鼓形外轮廓线。显然式（1-11）满足体积不变条件。

（2）压缩载荷 P 的确定。为了确定压缩载荷 P，取虚速度场为

$$W_x = x, W_z = -z \tag{1-12}$$

将式（1-12）代入选择准则（1-10）中，其结果为

$$\int(\sigma_x - \sigma_z)\mathrm{d}V = -2h\int(\sigma_z)_{z=A}\mathrm{d}A - 2mk\int x\mathrm{d}A \tag{1-13}$$

式中　V——变形区的体积；
$(\sigma_z)_{z=A}$——接触面上的正应力；
A——接触表面的面积。

由于压缩载荷 $P = -\int(\sigma_z)_{z=h}\mathrm{d}A$，故式（1-13）为

$$2Ph = \int(\sigma_x - \sigma_z)\mathrm{d}V + 2mk\int x\mathrm{d}A$$

若选用近似屈服准则为 $\sigma_x - \sigma_z = 2k$ 时，则

$$P = 2kA + mka\frac{A}{2h} \tag{1-14}$$

平均单位压力 $\bar{p}$ 为

$$\bar{p} = \frac{P}{A} = 2k\left(1 + \frac{ma}{4h}\right) \tag{1-15}$$

若镦粗界面处于黏着摩擦情况时，则 $m = 2\mu$，此时

$$\bar{p} = 2k\left(1 + \frac{\mu a}{2h}\right) \tag{1-16}$$

式（1-15）的结果与由上限法所得到的解相同，式（1-16）的结果与由工程法所得到的解相同，但此方法简单，数学上严格。

(3) 鼓形形状的确定。鼓形的形状是由函数 $\varphi(z)$ 来描绘的，为了确定 $\varphi(z)$，取虚速度场为

$$\omega_x = x\psi'(z),\ \omega_z = -\psi(z) \tag{1-17}$$

同时有 $\psi(-z) = -\psi(z)$。将式（1-17）代入选择准则（1-10）中得

$$\frac{1}{2}\int[(\sigma_x - \sigma_z)\psi'(z) + x\tau_{zx}\psi''(z)]\mathrm{d}V = P\psi(h) - mk\int x\psi'(h)\mathrm{d}A$$

分布积分后整理得

$$\int_0^h\left[\int\left(\sigma_x - \sigma_z - x\frac{\partial\tau_{zx}}{\partial z}\right)\mathrm{d}A - P\right]\psi'(z)\mathrm{d}z + \psi'(h)\int x[(\tau_{zx})_{z=h} + mk]\mathrm{d}A = 0$$

式中，$(\tau_{zx})_{z=h}$代表接触表面上的 τ_{zx}，由于 $\psi(z)$ 是任意函数，故有

$$\int x[(\tau_{zx})_{z=h} + mk]\mathrm{d}A = 0 \tag{1-18}$$

和

$$\int\left(\sigma_x - \sigma_z - x\frac{\partial\tau_{zx}}{\partial z}\right)\mathrm{d}A - P = 0 \tag{1-19}$$

式（1-19）对 z 积分有

$$z\int(\sigma_x - \sigma_z)\mathrm{d}A - \int x\tau_{zx}\mathrm{d}A = Pz \tag{1-20}$$

若将式（1-20）中的 z 取为 h 再与式（1-18）联解，可以再次得到式（1-14）的结果，可见此方法的灵活性。

将式（1-14）代入式（1-20）中并注意到 $\sigma_x - \sigma_z = 2k$ 及 τ_{zx}与 y 无关，可得

$$\int_0^a x\tau_{zx}\mathrm{d}x + \frac{mka^2}{2h}z = 0 \tag{1-21}$$

又由列维－密席斯流动法则有

$$\tau_{zx} = \frac{\dot{\varepsilon}_{zx}}{\dot{\varepsilon}_x - \dot{\varepsilon}_z}(S_z - S_x) = \frac{\dot{\varepsilon}_{zx}}{\dot{\varepsilon}_x - \dot{\varepsilon}_z}(\sigma_x - \sigma_z) = 2k\frac{\dot{\varepsilon}_{zx}}{\dot{\varepsilon}_x - \dot{\varepsilon}_z} \tag{1-22}$$

对应于近似速度场式（1-11）的应变速率分量为

$$\dot{\varepsilon}_x = \varphi'(z),\ \dot{\varepsilon}_z = \varphi'(z),\ \dot{\varepsilon}_{zx} = \frac{x}{z}\varphi''(z)$$

代入式（1-22）中得

$$\tau_{zx} = \frac{kx\varphi''(z)}{z\varphi'(z)} \tag{1-23}$$

将式（1-23）代入式（1-21）由积分后可得

$$\varphi''(z) + \frac{3m}{ah}z\varphi''(z) = 0 \tag{1-24}$$

由于 φ 是 z 的奇函数，故 $\varphi(0) = 0$；当压板的速度为单位 1 时，有 $\varphi(h) = 1$。满足这两个条件及方程式（1-24）的函数 $\varphi(z)$ 为

$$\varphi(z) = \frac{\int_0^z \mathrm{e}^{-\frac{3m}{2ah}z^2}\mathrm{d}z}{\int_0^h \mathrm{e}^{-\frac{3m}{2ah}z^2}\mathrm{d}z} \tag{1-25}$$

将被积函数展开成幂级数并取前三项作为近似，则由式（1-25）可得

$$\varphi(z) \approx \frac{z - \frac{b}{3}z^3 + \frac{b^2}{10}z^5}{h - \frac{b}{3}h^3 + \frac{b^2}{10}h^5}$$

式中 $b = \frac{3m}{2ah}$代入式（1-11）中可得到速度场为

$$v_x = x\frac{1 - bz^2 + \frac{b^2}{2}z^4}{h - \frac{b^2}{3}h^3 + \frac{b^2}{10}h^5}, \quad v_z = -\frac{z - \frac{b}{3}z^3 + \frac{b^2}{10}z^5}{h - \frac{b}{3}h^3 + \frac{b^2}{10}h^5}$$

进一步可得位移增量场为

$$\mathrm{d}u_x = \varepsilon x\frac{1 - bz^2 + \frac{b^2}{2}z^4}{1 - \frac{b}{3}h^2 + \frac{b^2}{10}h^4} \tag{1-26}$$

$$\mathrm{d}u_z = -\varepsilon\frac{z - \frac{b}{3}z^3 + \frac{b^2}{10}z^5}{1 - \frac{b}{3}h^2 + \frac{b^2}{10}h^4} \tag{1-27}$$

式中 $\mathrm{d}u_x$，$\mathrm{d}u_z$——分别表示 x，z 方向上的位移增量；

ε——变形程度。

应用式（1-26）和式（1-27），可以模拟工件在整个变形过程中金属质点的流动情况。

1.2 近现代求解方法

1.2.1 摄动法

摄动法又称小参数展开法。利用摄动法求解方程的渐进解，通常要将物理方程和定解条件无量纲化，在无量纲方程中选择一个能反映物理特征的无量纲小参数作为摄动量，然后假设解可以按小参数展成幂级数，将这一形式级数代入无量纲方程后，可得各级近似方程，依据这些方程可确定幂级数的系数，对级数进行截断，便得到原方程的渐进解。

摄动方法是把系统视为理想模型的参数或结构作了微小扰动的结果来研究其运动过程的数学方法。这种方法最早应用于天体力学，用来计算小天体对大天体运动的影响，后来广泛应用于物理学和力学的理论研究。摄动方法作为一般的数学方法，也是控制理论研究中的一种工具。摄动方法的基本思路是：如果一个系统 P_ε 中包含有一个难以精确确定或作缓慢变化的参数 ε，就可以令 $\varepsilon=0$，使系统 P_ε 退化为 P_0，而把 P_ε 看作是 P_0 受到（由于 $\varepsilon\neq0$ 而引起的）摄动而形成的受扰系统。问题因而简化成为在求解 P_0 的基础上来找出系统 P_ε 的运动表达式。这样做往往能达到简化数学处理的目的。摄动方法所提供的系统 P_ε 的运动速度 u_ε 的形式是 ε 的幂级数（可能包含负幂次项），级数的各项系数是有关变量（时间、状态变量等）的函数。如果在这些变量的容许变化范围内，当 ε 趋于零时，

u_ε 的表达式一致地（均匀地）趋于 P_0 的运动表达式 u_0，就称表达式 u_ε 为一致有效的。

设摄动问题是一类含小参数的微分方程的定解问题

$$P_\varepsilon\begin{cases}L(u,x,\varepsilon)=0\\B(u,\varepsilon)=0\end{cases}\quad(0<\varepsilon\leqslant 1)$$

对于上述摄动问题，可以根据渐进展开式的形式和 $\varepsilon\to 0$ 时的收敛性，将摄动问题区分成正则摄动问题和奇异摄动问题。若摄动问题 $P_\varepsilon(x)$ 的解 $u_\varepsilon(x)$ 能够用一个 ε 的幂级数表示，$P_\varepsilon(x)$ 的解 $u(x,\varepsilon)$ 通常可以按照小参数 ε 的幂展开为

$$u(x,\varepsilon)=u_0(x)+\sum_{n=1}^{N-1}\varepsilon^n u_n(x)+R_N(x,\varepsilon)\tag{1-28}$$

或者更为一般的展开为

$$u(x,\varepsilon)=u_0(x)+\sum_{n=1}^{N-1}\varphi_n(\varepsilon)u_n(x)+R_N(x,\varepsilon)\tag{1-29}$$

其中首项 $u_0(x)$ 是退化问题 P_0 的解。这种展开式当 $n\to\infty$ 时未必是收敛的。但只要当 $\varepsilon\to 0$ 时余项

$$P_N(x,\varepsilon)=o(\varepsilon^N)\quad 或\quad O(\varphi_N(\varepsilon))\tag{1-30}$$

这种展开式就有可能比一致收敛且绝对收敛的展开式更为有用。通常称之为渐进展开式，记作

$$u(x,\varepsilon)\sim\sum_{n=0}^{\infty}\varepsilon^n u_n(x)\quad 或\quad \sum_{n=0}^{\infty}\varphi_n(\varepsilon)u_n(x)\tag{1-31}$$

当解的渐进展开式在 x 的整个区域 Ω 内一致有效时，问题 P_ε（x）为正则摄动问题。一般解决这个问题用待定系数法，而对于式（1-28）这种渐进幂级数展开式，利用 Taylor 有时是方便的。如果在 P_ε 中令 $\varepsilon=0$ 会导致问题无解或多解，或者虽然当 $\varepsilon=0$ 时 P_ε 能化为 P_0 并有解 u_0，但表达式 u_ε 不一致有效，则称这个摄动问题为奇异摄动问题。正则摄动问题比较简单，也易于处理。

1.2.2 有限差分法

1.2.2.1 有限差分法的概念

有限差分法是一种数学计算概念，是指在计算过程中，以差分的形势来代替微分，从而使整个计算过程具有有限差分法的出发点，以此达到微分议程和积分微分方式数值解的一种计算过程。

简单地讲，就是将求解域划分为网格最简单的矩形网格，用有限个网格结点离散点代替连续的求解域，然后将偏微分方程的导数用差商代替，推导出含有离散点上有限个未知数的差分方程组。求解差分方程组即代数方程组的解，就作为微分方程定解问题的数值近似解。

在数学上，差分的定义如下所示

设有 x 的解析函数 $y=f(x)$，函数 y 对 x 的导数为

$$\frac{\mathrm{d}y}{\mathrm{d}x}=\lim_{\Delta x\to 0}\frac{\Delta y}{\Delta x}=\lim_{\Delta x\to 0}\frac{f(x+\Delta x)-f(x)}{\Delta x}$$

式中　$\mathrm{d}y$，$\mathrm{d}x$——分别为函数及自变量的微分；

$\frac{dy}{dx}$——函数对自变量的导数，又称微商；

Δy，Δx——分别为函数及其自变量的差分；

$\frac{\Delta y}{\Delta x}$——函数对自变量的差商。

用泰勒级数展开可以推导出导数的有限差分形式

$$f(x+\Delta x)=f(x)+\frac{\partial f}{\partial x}\Delta x+\frac{\partial^2 f}{\partial x^2}\frac{(\Delta x)^2}{2}+\cdots+\frac{\partial^n f}{\partial x^n}\frac{(\Delta x)^n}{n!}+\cdots$$

$$u_{i+1,j}=u_{i,j}+\left(\frac{\partial u}{\partial x}\right)_{i,j}\Delta x+\left(\frac{\partial^2 u}{\partial x^2}\right)_{i,j}\frac{(\Delta x)^2}{2}+\left(\frac{\partial^3 u}{\partial x^3}\right)_{i,j}\frac{(\Delta x)^3}{6}+\cdots$$

1.2.2.2　有限差分法的求解步骤

有限差分法是一种直接将微分问题变为代数问题的近似数值解法。有限差分法求解偏微分方程的步骤如下：

（1）区域离散化，即把所给偏微分方程的求解区域细分成由有限个格点组成的网格。

（2）近似替代，即采用有限差分公式替代每一个格点的导数。

（3）逼近求解。换言之，这一过程可以看作是用一个插值多项式及其微分来代替偏微分方程的解的过程。

如何根据问题的特点将定解区域作网格剖分；如何把原微分方程离散化为差分方程组以及如何解此代数方程组。此外为了保证计算过程的可行和计算结果的正确，还需从理论上分析差分方程组的形态，包括解的唯一性、存在性和差分格式的相容性、收敛性和稳定性。对于一个微分方程建立的各种差分格式，为了有实用意义，一个基本要求是它们能够任意逼近微分方程，这就是相容性要求。另外，一个差分格式是否有用，最终要看差分方程的精确解能否任意逼近微分方程的解，这就是收敛性的概念。此外，还有一个重要的概念必须考虑，即差分格式的稳定性。因为差分格式的计算过程是逐层推进的，在计算第 $n+1$层的近似值时要用到第 n 层的近似值 ，直到与初始值有关。前面各层若有舍入误差，必然影响到后面各层的值，如果误差的影响越来越大，以致差分格式的精确解的面貌完全被掩盖，这种格式是不稳定的；相反，如果误差的传播是可以控制的，就认为格式是稳定的。只有在这种情形，差分格式在实际计算中的近似解才可能任意逼近差分方程的精确解。关于差分格式的构造一般有以下 3 种方法：最常用的方法是数值微分法，如用差商代替微商等；另一方法叫积分插值法，因为在实际问题中得出的微分方程常常反映物理上的某种守恒原理，一般可以通过积分形式来表示；此外还可以用待定系数法构造一些精度较高的差分格式。

1.2.3　里兹法

1.2.3.1　里兹法概念

里兹法，是通过泛函驻值条件求未知函数的一种近似方法。其基本思想就是把泛函的极值问题化为有限个变量的多元函数的极值问题，当变量数目为有限多个时，给出问题的近似解，它们的极值给出问题的精确解。英国的瑞利于 1877 年在《声学理论》一书中首先采用里兹法概念，后由瑞士的 W. 里兹于 1908 年作为一个有效方法提出。这一方法在许多力学、物理学、量子化学问题中得到应用。

同时它也是广泛应用于应用数学和机械工程领域的经典数值方法，它可以用来计算结构的低阶自然频率。它是直接变分法的一种，以最小势能原理为理论基础，通过选择一个试函数来逼近问题的精确解，将试函数代入某个科学问题的泛函中，然后对泛函求驻值，以确定试函数中的待定参数，从而获得问题的近似解。

1.2.3.2 里兹法原理

此法假定待求函数 $f(x)$ 为 n 个已知函数 $W_i(x)$ 的线性组合

$$f(x) = \sum_{i=1}^{n} a_i W_i(x)$$

式中，a_i 为未知常系数。通过由 $f(x)$ 组成的泛函数 $\varphi[f(x)]$ 取驻值的条件（驻值条件对应于已知的物理定律或定理）得到 n 个方程

$$\frac{\partial \varphi}{\partial a_i} = 0 \quad (i = 1, 2, \cdots, n) \tag{1-32}$$

由此解出 n 个未知常系数 a_i，从而得到 $f(x)$。n 为有限多个时，所得的解为近似解；n 越大，所得的近似解越接近于精确解，在 $n \to \infty$ 的情况下，所得的解是精确解。

关于用里兹法求近似解问题，还需说明两点：

(1) 基础函数的选取对下一步计算的复杂程度以及逼近准确解的收敛速度有很大影响，因此，使用这个方法能否获得成效，在很大程度上与基础函数的选取是否得当有很大关系。

(2) 求方程组（1-32）的解是一个很复杂的问题。但如果泛函关于未知数 $f(x)$ 及其导数是二次的，则方程组（1-32）对 a_i（$i = 1, 2, \cdots, n$）将是线性的。

如在求解弹性体位移时，先假定弹性体内沿 x、y、z 方向的位移 u、v、w 分别由一系列已知的满足弹性体全部位移边界条件的连续函数 $u_i(x, y, z)$、$v_i(x, y, z)$、$w_i(x, y, z)$ $(i = 1, 2, \cdots, n)$ 叠加而成，即

$$u = \sum_{i=1}^{n} A_i u_i(x, y, z)$$

$$v = \sum_{i=1}^{n} B_i v_i(x, y, z)$$

$$w = \sum_{i=1}^{n} C_i w_i(x, y, z)$$

式中，A_i、B_i、C_i 为待求系数，共 $3n$ 个。将 u、v、w 代入作为泛函的总势能 Π 的表达式，根据弹性学最小势能原理，总势能变分为零，即有驻值条件

$$\frac{\partial \Pi}{\partial A_i} = 0, \frac{\partial \Pi}{\partial B_i} = 0, \frac{\partial \Pi}{\partial C_i} = 0 \quad (i = 1, 2, \cdots, n)$$

这是关于 $3n$ 个待求系数 A_i、B_i、C_i 的 $3n$ 个代数方程。解出 $3n$ 个未知系数便得到全部位移。通过对位移进行微商并利用应力 - 应变关系就得到应力。由于瑞利 - 里兹法假设的位移函数 u、v、w 可以不满足力的边界条件，因此位移函数的构成比较容易，计算也比较方便，但有时求出的应力误差较大。

1.2.3.3 里兹法的推广——康托罗维奇法

当求依赖于多个自变量的函数的泛函 $\varphi[f(x_1, x_2, \cdots, x_n)]$ 极值的近似解时，一般利用

里兹法的推广——康托罗维奇法。这时将满足边界条件的近似函数选成

$$f(x_1,x_2,\cdots,x_n)=\sum_{i=1}^{n}A_i(x_n)\varphi_i(x_1,x_2,\cdots,x_{n-1})$$

其中 $A_i(x_n)$ 是以 x_n 为自变量的待定函数，将 f 代入原泛函 φ 后，对设定的 $\varphi_i(x_1,x_2,\cdots,x_{n-1})$，在原泛函中通过微积分运算可化掉 $x_1,x_2,\cdots,x_{n-1}$，便得到以 $A_1(x_n),A_2(x_n),\cdots,A_n(x_n)$ 为函数 $\varphi^*(A_1,A_2,\cdots,A_m)$ 的泛函，它是 m 个函数 $A_i(x_n)(i=1\sim m)$ 的泛函。但这些自变函数都是一个共同的自变量的函数。这样问题就成了选取 $A_1,A_2,\cdots,A_m$，使 $\varphi^*(A_1,A_2,\cdots,A_m)$ 达到极值。

1.2.4　加权余量法

1.2.4.1　加权余量法概念

加权余量法（method of weighted residuals）或称加权残值法或加权残数法，是一种直接从所需求解的微分方程及边界条件出发，寻求边值问题近似解的数学方法。它早在20世纪30年代就在数学领域得到应用，随着计算机的发展，它受到了国内外学者的普遍重视，得到了迅速发展。自1982年召开“全国加权残数法学术会议”后，我国加权余量法在结构分析领域内的应用已从静力发展到动力、稳定、材料非线性和几何非线性等各方面。

大量的结构分析问题，如杆系结构分析、二维及三维弹性结构分析，以及板、壳应力分析等，都可归结为在一定的边界条件（或动力问题的初始条件）下求解微分方程的解，称这些微分方程为问题的控制方程。

下面从加权余量法的数学模型和基本方法两方面来介绍加权余量法的基本概念。

A　方法概述及按试函数分类

设问题的控制微分方程为

在 V 域内　　$L(u)-f=0$　　(1-33)

在 S 边界上　　$B(u)-g=0$　　(1-34)

式中　L，B——分别为微分方程和边界条件中的微分算子；

f，g——与未知函数 u 无关的已知函数域值；

u——问题待求的未知函数。

当利用加权余量法求近似解时，首先在求解域上建立一个试函数 $\tilde{u}$，一般具有如下形式

$$\tilde{u}=\sum_{i=1}^{n}C_iN_i=NC \tag{1-35}$$

式中　C_i——待定系数，也可称为广义坐标；

N_i——取自完备函数集的线性无关的基函数。

由于 $\tilde{u}$ 一般只是待求函数 u 的近似解，因此将式（1-35）代入式（1-33）和式(1-34）后将得不到满足，若记

$$\begin{cases}\text{在 } V \text{ 域内} & R_I=L(\tilde{u})-f\\ \text{在 } S \text{ 边界上} & R_B=B(\tilde{u})-g\end{cases} \tag{1-36}$$

显然 R_I、R_B 反映了试函数与真实解之间的偏差，它们分别称为内部和边界余量。

若在域 V 内引入内部权函数 W_I，在边界 S 上引入边界权函数 W_B 则可建立 n 个消除余量的条件，一般可表示为

$$\int_V W_{Ii} R_I \mathrm{d}V + \int_S W_{Bi} R_B \mathrm{d}s = 0 \quad (i = 1,2,\cdots,n) \tag{1-37}$$

不同的权函数 W_{Ii} 和 W_{Bi} 反映了不同的消除余量的准则。从上式可以得到求解待定系数矩阵 C 的代数方程组。一经解得待定系数，由式（1-35）即可得所需求解边值问题的近似解。

由于试函数 $\tilde{u}$ 的不同，余量 R_I、R_B 可有如下三种情况，依次加权余量法可分为：

（1）内部法。试函数满足边界条件，也即 $R_B = B(\tilde{u}) - g = 0$，此时消除余量的条件成为

$$\int_V W_{Ii} R_I \mathrm{d}V = 0 \quad (i = 1,2,\cdots,n) \tag{1-38}$$

（2）边界法。试函数满足控制方程，也即 $R_I = L(\tilde{u}) - f = 0$，此时消除余量的条件为

$$\int_S W_{Bi} R_B \mathrm{d}s = 0 \quad (i = 1,2,\cdots,n) \tag{1-39}$$

（3）混合法。试函数不满足控制方程和边界条件，此时用式（1-37）来消除余量。

显然，混合法对于试函数的选取最方便，但在相同精度条件下，工作量最大。对内部法和边界法必须使基函数事先满足一定条件，这对复杂结构分析往往有一定困难，但试函数一经建立，其工作量较小。

无论采用何种方法，在建立试函数时均应注意以下几点：

（1）试函数应由完备函数集的子集构成。已被采用过的试函数有幂级数、三角级数、样条函数、贝赛尔函数、切比雪夫和勒让德多项式等。

（2）试函数应具有直到比消除余量的加权积分表达式中最高阶导数低一阶的导数连续性。

（3）试函数应与问题的解析解或问题的特解相关联。若计算问题具有对称性，应充分利用它。

B 基本方法概述

下面以内部法为例，介绍按权函数分类时加权余量的五种基本方法。对内部法来讲，消除余量的统一格式是

$$\int_V W_{Ii} R_I \mathrm{d}V = 0 \quad (i = 1,2,\cdots,n)$$

（1）子域法。此法首先将求解域 V 划分成 n 个子域 V_i，在每个子域内令权函数等于 1，而在子域之外取权函数为零，也即

$$W_{Ii} = \begin{cases} 1 & (V_i \text{ 内}) \\ 0 & (V_i \text{ 外}) \end{cases}$$

如果在各个子域里分别选取试函数，那么它的求解在形式上将类似于有限元法。

（2）配点法。子域法是令余量在一个子域上的总和为零。而配点法是使余量在指定的 n 个点上等于零，这些点称为配点。此法的权函数为

$$W_{Ii} = \delta(P - P_i)$$

δ 为 Dirac（狄拉克）函数，它的定义为：

$$\begin{cases}\delta(x-x_i)=\begin{cases}0 & x\neq x_i\\ \infty & x=x_i\end{cases}\\ \int_a^b\delta(x-x_i)\mathrm{d}x=\begin{cases}0 & x_i\notin[a,b]\\ 1 & x_i\in[a,b]\end{cases}\end{cases}$$

式中　P，P_i——分别代表求解域内任一点和配点。

由于此法只在配点上保证余量为零，因此不需要作积分计算，所以是最简单的加权余量法。

（3）最小二乘法。本法通过使在整个求解域上余量的平方和取极小来建立消除余量的条件。

若记余量平方和为 $I(C)$，即 $I(C)=\int_V R_I^2\mathrm{d}V=\int_V R_I^T R_I\mathrm{d}V$

则极值条件为

$$\frac{\partial I(C)}{\partial C}=2\int_V\left(\frac{\partial R_I}{\partial C}\right)^{\mathrm{T}}R_I\mathrm{d}V=0$$

由此可见,本法权函数为

$$W_{Ii}=\frac{\partial R_I}{\partial C_i}\quad(i=1,2,\cdots,n)$$

（4）伽辽金法。本法是使余量与每一个基函数正交，也即以基函数作为权函数

$$W_{Ii}=N_i\quad(i=1,\ 2,\ \cdots,\ n)$$

当试函数 $\tilde{u}$ 包含整个完备函数集时，用本法必可求得精确解。

（5）矩法。本法与伽辽金法相似，也是用完备函数集作权函数。但本法的权函数与伽辽金法又有区别，它与试函数无关。消除余量的条件是从零开始的各阶矩为零，因此

对一维问题　$W_{Ii}=x^{i-1}\quad(i=1,2,\cdots,n)$

对二维问题　$W_{Iij}=x^{i-1}y^{j-1}\quad(i=1,2,\cdots,n)$

其余类推。

这五种基本方法在待定系数足够多（称为高阶近似）时，其精度彼此相近。但对低阶近似（n 较小）情况下，后三种的精度要高于前两种。

C　基本方法举例

为说明上述基本概念，以图 1-12 所示等截面悬臂梁，受满跨均布荷载作用，求悬臂端 B 的竖向位移 Δ_B 为例，说明基本方法的应用。图 1-12 所示梁的控制方程为

$$EI=\frac{\mathrm{d}^4y}{\mathrm{d}x^4}-q=0$$

其边界条件为

$$\begin{cases}y=\dfrac{\mathrm{d}y}{\mathrm{d}x}=0 & (x=0)\\ \dfrac{\mathrm{d}^2y}{\mathrm{d}x^2}=\dfrac{\mathrm{d}^3y}{\mathrm{d}x^3}=0 & (x=l)\end{cases}$$

若取试函数为

$$\tilde{y}=c(x^5+lx^4-14l^2x^3+26l^3x^2)\tag{1-40}$$

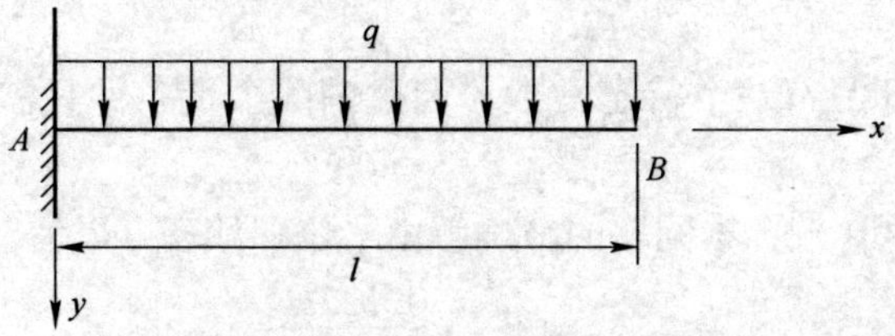

图 1-12 悬臂梁的受力分析

不难验证其满足边界条件，也即 $R_B=0$。而控制方程的内部余量 R_I 为

$$R_I=EIc(120x+24l)-q$$

因此本问题属于内部法。下面分别用基本方法进行求解。

(1) 子域法解。由于试函数仅一个待定常数，因此只需取一个子域（等于全域）即可，消除余量的条件为

$$\int_0^l [EIc(120x+24l)-q]\,\mathrm{d}x=0$$

由此可解得

$$c=\frac{q}{84EIl}$$

代回式 (1-40) 可得

$$\Delta_B^{(1)}=\frac{7ql^4}{42EI}$$

(2) 配点法解。同上所述，只需选一个配点来建立消除余量的条件。若令

$$R_I\Big|_{x=0.75l}=0$$

可得

$$c=\frac{q}{114EIl}\quad \Delta_B^{(2)}=\frac{7ql^4}{57EI}$$

若令

$$R_I\Big|_{x=l}=0$$

则得

$$c=\frac{q}{144EIl}\quad \Delta_B^{(2)}=\frac{7ql^4}{72EI} \tag{1-41}$$

可见不同的配点结果是不一样的。

(3) 最小二乘法解。此时消除余量的条件为

$$\int_0^l R_I\frac{\partial R_I}{\partial c}\mathrm{d}x=\int_0^l [EIc(120x+24l)-q][EIc(120x+24l)]\,\mathrm{d}x=0$$

可得

$$c=\frac{0.01017q}{EIl}\quad \Delta_B^{(3)}=\frac{0.1424ql^4}{EI}$$

(4) 伽辽金法解。此时

$$N_1=x^5+lx^4-14l^2x^3+26l^3x^2$$

消除余量的条件为

$$\int_0^l N_1R_I\,\mathrm{d}x=0$$

由此可得　$c=\dfrac{0.00908q}{EIl}\quad \Delta_B^{(4)}=\dfrac{0.1262ql^4}{EI}$

（5）矩法解。由于只有一个待定常数，因此消除余量条件只需零次矩即可，此时显然与子域法完全相同。

本例各方法的精度比较，本问题的精确解由梁位移计算可得为

$$\Delta_B=\frac{ql^4}{8EI}=\frac{0.125ql^4}{EI}$$

由此可得，上述各方法对本例计算的误差依次为：-33.3%；1.75%（22.2%）；13.9%；0.96%；-33.3%。上面22.2%为式（1-41）的结果。

1.2.5　边界元法

物理学、力学和工程技术方面的许多问题都可以归结为按初始条件和边界条件求解偏微分方程的初值或边值问题。当只有初始条件而没有边界条件时就成为初值问题，反之则是边值问题。区域内的偏微分方程称为基本方程，或称为支配方程、控制方程。

对于工程上提出的问题，能采用解析方法按照边值条件求解偏微分方程的仅限于极少数情况。所以，一般只能采用近似方法求解。近年来随着电子计算机的广泛应用，数值解析方法逐渐成为解边值问题的一种非常有效的方法。

采用有限元法时，将所考虑的区域分割成有限大小的小区域，称为有限单元，这些有限单元仅在有限个结点上相连接，根据变分原理把微分方程转化为变分方程。它是通过物理上的近似，把求解微分方程的问题变换成为求解关于结点未知量的代数方程的问题。

采用边界元法求解时，根据积分定理，将区域内的微分方程变换成边界上的积分方程。然后，将边界分割成为有限大小的边界元素，称为边界单元（图1-13），把边界积分方程离散成代数方程。把求解微分方程的问题变换为求解关于节点未知量的代数方程的问题。

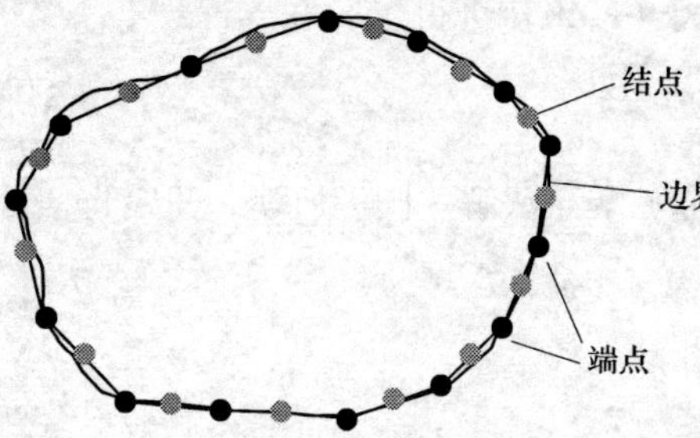

图1-13　边界单元的取法

特点：

（1）降低维数，输入较少（整个区域对比边界区域）；

（2）效率较高（只求解边界未知量）；

（3）精度较高（域内由解析式的离散形式直接求得）；

（4）改变内点方便（数量及位置）。

1.2.6　有限元法

1.2.6.1　有限元法简介

有限元方法或有限元分析，是求取复杂微分方程近似解的一种非常有效的工具，是现代数字化科技的一种重要基础性原理。

有限元分析必须包含三方面：（1）有限元分析的基本数学力学原理；（2）基于原理所形成的实用软件；（3）使用时的计算机硬件。

有限元法是将求解区域看作由许多小的在结点处互相连接的子域（单元）所构成，其分析模型是给出基本方程的（子域）分片近似解。有限元法的思想最早可以追溯到古人的“化整为零”“化圆为直”的做法，如“曹冲称象”的典故、我国古代数学家刘徽采用割圆法来对圆周长进行计算。这些实际上都体现了离散逼近的思想，即采用大量的简单小物体来“充填”出复杂的大物体。

到20世纪70年代以后，随着计算机和软件技术的发展，有限元法也随之迅速地发展起来，进入了有限元法的鼎盛时期，并开始对该方法进行全面而深入的研究。

1.2.6.2 有限元的直观方法和基本概念

杆、梁是工程技术人员所熟悉的标准结构构件，早在20世纪40年代，Hrenikoff、Mchenry、Newmark等就想用杆或梁的组合体来模拟弹性体的性质，直观地使用结点连接离散构件来逼近连续结构，并利用结构力学中的位移法或力法建立有限元计算格式，这种方法称为直观有限元法，简称为直接法。直接法的优点是易于理解，但只能用于简单的问题。

1.2.6.3 有限元法的基本思想

求解弹性力学问题（包括结构分析）一般有三种不同途径，与此对应有限元法也有相应的分类：

一是以位移为基本未知量或称场变量的求解方法，称为位移法；第二种是以应力为基本未知量的解法，称为力法；如果一部分以位移为未知量，另一部分以应力为未知量，这种求解方法称为混合法。

位移法相对而言思路清楚、方法简便，因此在工程结构分析中得到广泛的应用。

有限元法的基本作法：

（1）首先，对求解的区域进行离散化，即把具有无限多个自由度的连续体，化为有限多个自由度的结构体。具体地讲，就是将整个区域用点、线或面剖分为有限个具有一定几何形状的单元，单元与单元的连接点称为结点。

（2）其次，选择一个表示单元内任意点位移随位置变化的函数式，并且按照函数插值理论，将单元内任意点的位移通过一定的函数关系用结点位移表示。这种假设的试函数称为位移插值函数或位移模式。在一般情况下，它应满足单元之间位移的连续性，这就是所谓的分片插值。区域剖分和分片插值是有限元法的基本构想和分析问题的出发点。

（3）随后则从分析单个单元入手，利用变分原理建立单元方程（又称单元特性，在位移法中是单元刚度方程，即联系单元结点力和结点位移的方程）。

（4）接着将所有的单元集合起来，并与结点上的外载荷相联系（结构上的各种载荷都按静力等效原则移置到结点上），进行整体分析，得到一组以结点位移为未知量的多元线性代数方程，称为结构或求解区域的有限元法基本方程，引入位移边界条件以后进行求解。解出结点位移，再根据弹性力学几何方程和物理方程计算出单元的应变和应力。

虽然都是对求解区域先进行离散化，但离散化的方式不同：有限差分法直接从问题的控制方程出发，通过网格划分和用差商代替微分，从而对方程进行离散；而有限元法则是把微分方程边值问题化为等价的变分问题，通过区域剖分对泛函进行离散，并利用变分原理得到方程组。

这两种方法，可以说是殊途同归，但有限元法更显优越，更具灵活性和普遍性。

在有限元法中，建立单元方程并进而推导基本方程的方法不仅仅限于变分法。这方面可用的方法还有多种：

（1）直接法。它的来源可追溯到结构分析中的直接刚度法，这种方法的优点是简单、直观、无须很多的数学运算，但应用于复杂问题时会遇到难以克服的困难。

（2）变分法。通过变分原理可以建立相关的微分控制方程和边界条件，这里以通过变分原理建立单元方程，从而得到整体基本方程。这种方法有牢固的数学基础，可以解决普遍性的问题，大部分有限元法都采用这种方法。

（3）加权残值法。它从问题的控制方程出发，并不依赖于泛函或变分原理，因此可以将有限元法拓展到找不到泛函的那些问题中去。

（4）能量平衡法。它取决于系统的热平衡或机械能平衡，与加权残值法一样，它不需要应用泛函或变分原理，从而极大地扩大了有限元法的应用范围。

1.2.6.4 有限元法分析问题的主要步骤

（1）求解区域或者结构的离散化。离散化从数学意义上来讲，就是将连续的微分方程近似地化为离散的代数方程组。有限元法与有限差分法一样，这个目的是通过区域离散化（区域剖分）来达到的。因此，方法的第一步是将求解区域用点、线或面剖分为有限数目的单元。根据结构具体情况和精度要求，单元要达到一定的数量，否则得到的有限元解答就会失去实际意义。单元的形状原则上可以是任意的。如在平面问题中通常采用三角形单元，有时也采用矩形或任意四边形单元。在空间问题中，可以采用四面体、长方体或者任意六面体单元。

（2）选择位移模式。单元的位移模式又称位移函数,是表示单元内任意点位移随位置变化的函数。因为往往用单元的结点位移来表示它们,所以又称位移插值函数。由于采用的这种函数是一种近似的试函数,一般不可能精确地反映单元内真实的位移分布。这就带来了有限元法的另一个基本近似性,即描述场变量(位移)变化的近似性,称为场近似。

（3）推导单元刚度方程。选定单元类型和位移模式以后，单元的形态已完全确定。接着就要利用前面所提到的几种方法或者变分原理来建立单元方程。在一个单元范围内，材料性质必须相同，而不同的单元可以有不同的材料性质，因此能方便地处理非均质材料的问题。这是有限元法的一个突出优点。

（4）集合单元刚度方程，形成有限元法的基本方程。有限元法的分析过程是先分后合，即先进行单元分析，在建立了单元刚度方程后，再进行整体分析，把这些方程集合起来，形成整个求解区域的刚度方程，称为有限元位移法基本方程。集合遵循的原则是各相邻单元在共同节点处具有相同的位移。集合的过程包括单元刚度矩阵集合成总刚度矩阵，以及单元结点力列阵集合成总的节点载荷列阵。集合的方法，通常是根据结点和单元的编号采取依次按号就位的办法，可编程由计算机自动完成。

（5）求解基本方程，得到结点位移。有了有限元基本方程还不能立即求解结点位移，因为至此还没有考虑结构的边界条件。很明显，如果结构的边界均无位移约束，则在外载荷作用下，它将可能产生刚性位移，反映在基本方程上，其系数矩阵（刚度矩阵）将是一个奇异阵，逆矩阵不存在，方程将具有不定解。因此，必须根据结构实际的边界位移约束条件，对基本方程进行处理，才能求解。此外，求解基本方程还有一个有利的条件，即方程的系数矩阵是一个对称、正定和稀疏、带状的矩阵。矩阵中的大部分是零元素，而且非零元素集结在主对角线附近，这为求解方程带来了极大的方便，并可以大大地节省计算机的存贮量。对于几何或材料非线性问题，其有限元法的基本方程当然也是非线性的，此时方程的求解比较困难，往往需要通过一系列非线性相关的处理步骤才能获得所希望的解答。

（6）由结点位移计算单元的应变和应力。解出结点位移以后，根据需要，可由弹性力学的几何方程和物理方程来计算应变和应力。计算结果需要进行整理，并通过一定的方式，如图、表、曲线等表达出来。

2 泛函分析基础

泛函分析是20世纪30年代形成的数学分支，起源于经典的数学物理边值问题（积分方程问题）和变分问题（极值问题）。它综合运用函数论、几何学、现代数学的观点来研究无限维向量空间上的泛函、算子和极限理论。它可以看作无限维向量空间的解析几何及数学分析。泛函分析在数学物理方程、概率论、计算数学等分科中都有应用，也是研究具有无限个自由度的物理系统的数学工具。

2.1 集合及其运算

2.1.1 集合的概念

集合是数学中最基本的概念之一，然而它却像平面几何中的点、线、面一样，只能给出一种描述。

凡是具有某种特定性质的对象所组成的总体称为集合（或集）。集合中的对象称为这个集合的元素，用大写字母表示集合，用小写字母表示元素。若事物 a 是集合 A 的一个元素，则记为 $a\in A$；若 a 不是集 A 的元素，则记为 $a\notin A$。两者必居其一。

不包含任何元素的集合称为空集，记为 $\varnothing$（或 0）。

常用符号

$$A=\{元素符号|元素所具有的性质\}$$

来表示集合。例如：

（1）$A=\{人|中国人\}$；

（2）$B=\{x|x\in N,\ 1\leqslant x<8\}$；

（3）$C=\{2n|n\in N\}$；

（4）$S=\{x|x^2-3x+2=0\}$。

定义 1：若集合 A 中的每一元素都是集合 B 中的元素，则称 A 是 B 的子集，或者说 B 包含 A，记为 $A\subset B$（或 $B\supset A$）。

换言之，若 $x\in A$，必有 $x\in B$，则 $A\subset B$。

规定，空集 $\varnothing$ 是任何集合的子集。由定义 1 知，$A\subset A$，即任何集合 A 包含它自身。

如果 $A\subset B$，且 B 中存在元素 $x\notin A$，则称 A 是 B 的真子集。

定义 2：若集合 A 中的每一个元素都在集合 B 中，而集合 B 中的每一个元素又都在 A 中，则称 A 与 B 相等，记为 $A=B$。

显然，$A=B$ 的充要条件是 $A\subset B$ 且 $B\subset A$。

2.1.2 集合的运算

定义 3：设 A 与 B 是两个集合，则由 A 与 B 的全体元素所构成的新集合称为 A 与 B 的并集（或和集），如图2-1所示，记为$A\cup B$。

即 $$A\cup B=\{x\mid x\in A \text{ 或 } x\in B\}$$

设 $\{A_\xi \mid \xi\in I\}$ 是任意的一簇集，其中I是所有指标ξ所构成的集，则由一切$A_\xi(\xi\in I)$的全体元素所构成的新集合称为这簇集的并集，记为$\bigcup\limits_{\xi\in I}A_\xi$，即

$$\bigcup_{\xi\in I}A_\xi=\{x\mid x \text{ 至少属于某个 } A_\xi,\xi\in I\}$$

定义4：设A与B是两个集合，则由A与B的所有公共元素所构成的新集合称为A与B的交集（图2-2），记为$A\cap B$（或AB），即

$$A\cap B=\{x\mid x\in A \text{ 且 } x\in B\}$$

由同时属于每个$A_\xi(\xi\in I)$的所有元素所构成的新集合称为这簇集的交集，记为$\bigcap\limits_{\xi\in I}A_\xi$，即

$$\bigcap_{\xi\in I}A_\xi=\{x\mid x\in A_\xi \text{ 对每个 } \xi\in I \text{ 同时成立}\}$$

如果集A与B没有公共元素，即$A\cap B=\varnothing$，则称A与B互不相交。

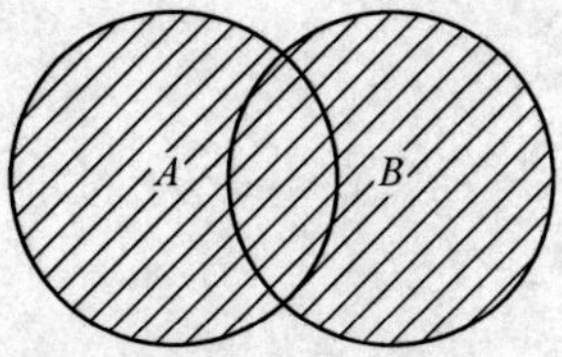

图2-1 $A\cup B$

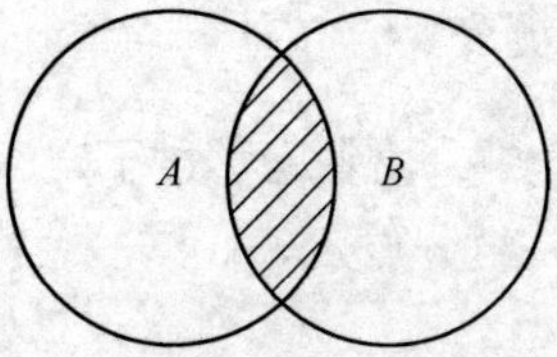

图2-2 $A\cap B$

定义5：设A与B是两个集合，则属于A但不属于B的全体元素所构成的新集合称为A与B的差集（图2-3），记为$A-B$，即

$$A-B=\{x\mid x\in A \text{ 但 } x\notin B\}$$

若$B\subset A$，则称$A-B$为B关于A的补集（图2-4），记为B^cA。

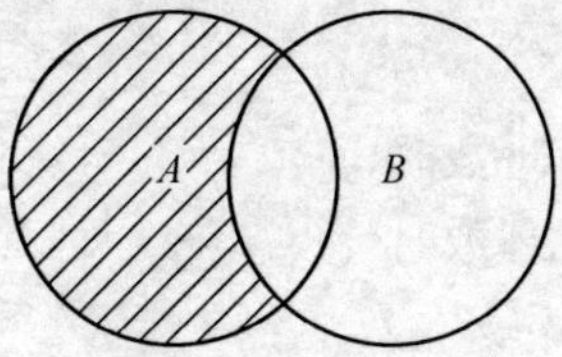

图2-3 $A-B$

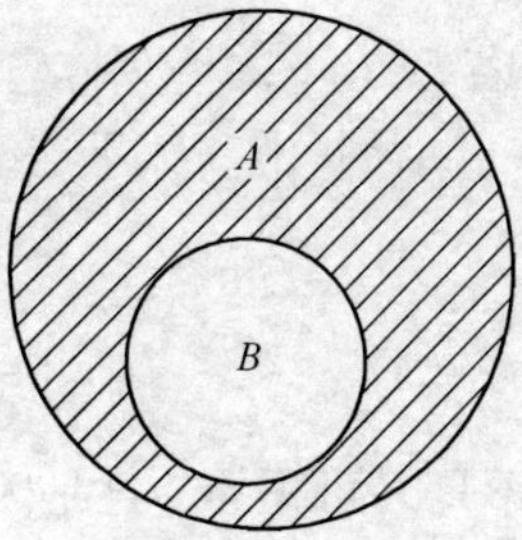

图2-4 B^cA

若在所讨论的问题中，所考察的集合都是一个“大”集合X的子集，则称X是全集（或基本集）。子集A关于全集X的补集，称为A的补集，记为A^c，即

$$A^c=A^cX=X-A$$

2.1.3 集合的运算性质

（1）交换律：$A\cup B=B\cup A$；$A\cap B=B\cap A$。

（2）结合律：$A\cup(B\cup C)=(A\cup B)\cup C$；$A\cap(B\cap C)=(A\cap B)\cap C$。

（3）分配律：$A\cap(B\cup C)=(A\cap B)\cup(A\cap C)$；$A\cup(B\cap C)=(A\cup B)\cap(A\cup C)$。

（4）吸收律：$A\cup(A\cap B)=A$；$A\cap(A\cup B)=A$。

（5）幂等性：$A\cup A=A$；$A\cap A=A$。

（6）零一律：$X^c=\varphi$；$\varphi^c=X$。

（7）排中律：$A\cup A^c=X$；$A\cap A^c=\varphi$。

（8）否定律：$A^{cc}=A$；$A-B=A\cap B^c$。

（9）反单调性：若 $A\subset B$，则 $A^c\supset B^c$。

（10）德摩根公式：$(A\cup B)^c=A^c\cap B^c$；$(A\cap B)^c=A^c\cup B^c$；$(\bigcup\limits_{\xi\in I}A_\xi)^c=\bigcap\limits_{\xi\in I}A_\xi^c$；$(\bigcap\limits_{\xi\in I}A_\xi)^c=\bigcup\limits_{\xi\in I}A_\xi^c$。

2.2　勒贝格积分

2.2.1　勒贝格测度

在高等数学中，读者已学过了定积分：设 $f(x)$ 是定义在［a,b］上的有界函数，在［a,b］上任取一组分点 $a=x_0<x_1<\cdots<x_{n-1}<x_n=b$，任取 $\xi_i\in[x_{i-1},x_i]\,(i=1,2,\cdots,n)$，作和式

$$S=\sum_{i=1}^{n}f(\xi_i)\Delta x_i \tag{2-1}$$

如果对于区间［a,b］的任意分法以及 ξ_i 的任意取法，当小区间的最大长度 $\|\Delta x\|\to 0$ 时，式（2-1）的极限存在且相等，则称函数 $f(x)$ 在［a,b］上是 Riemann 可积的，简称 R 可积，记成 $f\in R[a,b]$，此极限值称为 Riemann 积分，记成

$$(R)\int_a^b f(x)\,\mathrm{d}x=\lim_{\|\Delta x\|\to 0}\sum_{i=1}^{n}f(\xi_i)\Delta x_i \tag{2-2}$$

可以证明：若 $f\in R[a,b]$，则 $f(x)$ 在［a,b］上“基本上是连续的”（几乎处处连续）。当 $f(x)$ 在［a,b］上“太不连续”时，$f(x)$ 在［a,b］上就不是 R 可积了。例如，Dirichlet 函数

$$D(x)=\begin{cases}1,\text{当 } x \text{ 为有理数时}\\0,\text{当 } x \text{ 为无理数时}\end{cases}$$

在［0,1］上就不是 R 可积的，这是因为

$$S=\sum_{i=1}^{n}f(\xi_i)\Delta x_i=\begin{cases}1,\text{当 } \xi_i \text{ 都取有理数时}\\0,\text{当 } \xi_i \text{ 都取无理数时}\end{cases}$$

因此，当 $\|\Delta x\|\to 0$ 时，积分和式的极限不存在，从而 $f\notin R[0,1]$。

由此可见，Riemann 积分的适用范围是相当狭窄的，有必要拓广 Riemann 积分的概念，使之能适用于更多的函数，勒贝格（Lebesgue）积分就是在这种情况下提出的新的积分理论。

下面以曲边梯形的面积问题入手，分析 Riemann 积分和 Lebesgue 积分的异同。设函数 $y=f(x)\geqslant 0$，$x\in[a,b]$，求如图 2-5 所示的曲边梯形的面积 S。

Riemann 积分的思想是，将曲边梯形分成 n 个狭长的小曲边梯形，并把每一个小曲边梯形的面积用一个小矩形的面积来代替，小矩形的面积之和就是积分和 S。当分法越精细时，近似的程度将越好。但是，当 $f(x)$ 在 $[a,b]$ 上不连续时，情况就不同了。如 Dirichlet 函数，可以设想它的面积是存在的，但用 Riemann 积分的方法却求不出来。原因何在呢？这是因为在分割区间 $[a,b]$ 时，没有照顾到函数 $y=f(x)$ 在 $[a,b]$ 上取值的特点：当 $f(x)$ 在 $[a,b]$ 上“太不连续”时，在小区间上函数值变化很大，从而用小矩形来近似代替小曲边梯形时所产生的误差也就很大。Lebesgue 注意到了这个问题，它优先照顾到函数 $y=f(x)$ 的取值特点，使函数值相差不太大的那些 x 集中在一起，即考虑集合 $E_i=\{x \mid y_{i-1} \leqslant f(x) < y_i\}$，然后求出集合 E_i 的“长度”（记为 mE_i），再用 $y_{i-1}mE_i$ 或 $y_i mE_i$ 来近似代替对应的那块面积，最后作出这种图形的面积之和，和式的极限值作为积分值，这就是 Lebesgue 积分的基本思想。

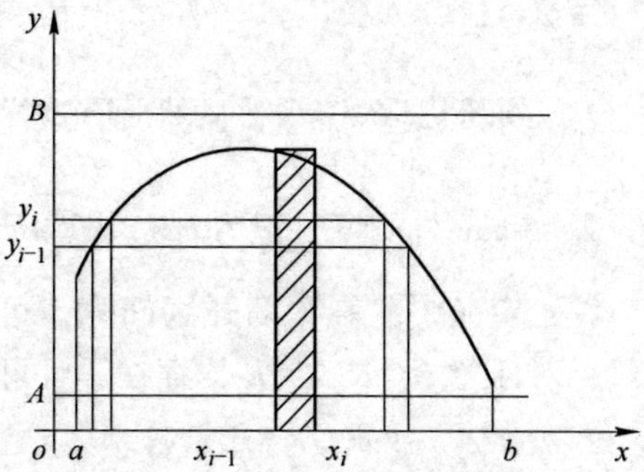

图 2-5 曲边梯形的面积计算

具体地说，设 $y=f(x)$ 是定义在区间 $[a,b]$ 上的有界函数，不妨设 $A \leqslant f(x) < B$。分割函数值所在的范围 $[A,B]$ 为 n 个小区间 $A=y_0<y_1<\cdots<y_{n-1}<y_n=B$。令 $E_i=\{x \mid y_{i-1} \leqslant f(x) < y_i\}$，任取 $\eta_i \in [y_{i-1},\ y_i]$，作和式

$$S = \sum_{i=1}^{n} \eta_i mE_i$$

当 $\|\Delta y_i\| = \max\{y_i - y_{i-1}\} \to 0$ 时，积分和式的极限 $\lim\limits_{\|\Delta y_i\| \to 0} \sum\limits_{i=1}^{n} \eta_i mE_i$ 就称为 $f(x)$ 在 $[a,b]$ 上的积分。

由此可见，为了使这种新的积分方法得以实现，必须首先解决以下两个问题：

(1) 给定直线上的点集 E，如何定义它的“长度”呢？这就需要引入集合测度的概念。

(2) 对于任何实数 A，B，点集 $\{x \mid A \leqslant f(x) < B\}$ 是否有“长度”呢？显然，此集合是否有“长度”，与函数 $y=f(x)$ 的性质有关。这就需要引入可测函数的概念。

值得一提的是，在平面几何中是这样定义平面图形面积的：先定义长方形面积，然后定义三角形面积，再求出多边形面积，最后用圆的内接多边形面积与外切多边形面积相“夹”的办法来定义圆的面积。对于直线上点集的“长度”的测度，也用类似的方法来定义，即先定义简单集合的测度，再用相“夹”的办法来定义一般集合的测度。

2.2.1.1 外测度的定义

记 R^n 中的开区间 $I=\{x=(x_1,x_2,\cdots,x_n) \mid a_i<x_i<b_i, i=1,2,\cdots,n\}$，其中 $a_i \leqslant b_i$ 为有限数。若上述记号中等号可能出现，则称 I 为区间，显然 $R^n=R^1$ 时，I 即为 R^1 上的区间。

另外还规定 $|I| = \prod\limits_{i=1}^{n}(b_i - a_i)$ 为区间 I 的体积。

定义 6：设 $E\subset R^n$，$\{I_i\}$ 是 R^n 中覆盖 E 的任一列开区间，即 $E\subset\bigcup_{i=1}^{\infty}I_i$，记 $\mu=\sum_{i=1}^{\infty}|I_i|$（$\mu$ 可以取 $+\infty$），显然所有这样的 μ 构成一个有下界的数集，则它的下确界称为 E 的 Lebesgue 外测度，记为 mE，即 $mE=\inf\sum_{i=1}^{\infty}|I_i|$，$E\subset\bigcup_{i=1}^{\infty}I_i$。

注：定义中覆盖 E 的开区间列，可以只有有限个开区间，也可以有无数个开区间，显然，对任意 $E\subset R^n$，mE 均存在，且可以取 $+\infty$。

2.2.1.2　外测度的基本性质

（1）非负性：对任意 $E\subset R^n$ 都有 $mE\geqslant 0$ 且 $m\phi=0$；

（2）单调性：设 $B\subset A\subset R^n$，则 $mB\leqslant mA$；

（3）次可加性：设 $A_i\subset R^n$，则 $m(\bigcup_{i=1}^{\infty}A_i)\leqslant\sum_{i=1}^{\infty}mA_i$；

（4）隔离性：设 A，$B\subset R^n$，若 $\rho(A,B)>0$，则 $m(A\cup B)=mA+mB$。

2.2.2　可测函数

2.2.2.1　可测函数的概念

定义 7：设 $f(x)$ 是定义在可测集 E 上的实值函数。若对任何的实数 a，都有

$$E(a)=\{x\,|f(x)<a,\quad x\in E\}$$

是可测集，则称 $f(x)$ 是 E 上的可测函数，或称 $f(x)$ 在 E 上可测。

例：试证明定义在实数集 R 上的连续函数 $f(x)$ 是可测函数。

证明：对任何的实数 a，$E(a)=\{x\,|f(x)<a,\quad x\in R\}$。若 $E(a)\neq\varnothing$，兹证 $E(a)$ 是开集。任取 $x_0\in E(a)$，则 $f(x_0)<a$。因为 $f(x)$ 在 x_0 点连续，所以，$\exists\delta>0$，当 $x\in\delta(x_0)$时，$f(x)<a$，从而 $\delta(x_0)\subset E(a)$，故 x_0 是 $E(a)$ 的内点。注意到 x_0 的任意性，故 $E(a)$ 是开集。由于开集是可测的，因此 $f(x)$ 是可测函数。

由上例可知，{连续函数}⊂{可测函数}，可见，连续函数较可测函数要求条件强。

2.2.2.2　可测函数的基本性质

设 $f(x)$ 是可测集 E 上的可测函数，则对任何的实数 a，集

（1）$E_1=\{x\,|f(x)\geqslant a,\ x\in E\}$；

（2）$E_1=\{x\,|f(x)\leqslant a,\ x\in E\}$；

（3）$E_1=\{x\,|a\leqslant f(x)\leqslant b,\ x\in E,\ a,b\in R\}$；

（4）$E_1=\{x\,|f(x)=a,\ x\in E\}$

都是可测集。

设 $f(x)$、$g(x)$ 都是可测集 E 上的可测函数，则下列函数都是 E 上的可测函数。

（1）$kf(x)$，k 为常数；

（2）$f(x)\pm g(x)$；

（3）$f(x)g(x)$；

（4）$\dfrac{f(x)}{g(x)}$，$g(x)\neq 0$；

(5) $|f(x)|^a$, $a>0$。

2.2.3 勒贝格积分的概念与性质

2.2.3.1 测度有限集上有界函数的 L 积分

定义 8（L 积分）：设 E 是有界可测集，$f(x)$ 是 E 上的有界可测函数，且 $A<f(x)<B$。在 $[A,B]$ 中任意插入若干个分点

$$A=y_0<y_1<\cdots<y_{n-1}<y_n=B$$

分割区间 $[A,B]$，令

$$\|\Delta y_i\|=\max_{1\leqslant i\leqslant n}\{y_i-y_{i-1}\}$$

$$E_i=\{x\,|\,y_{i-1}\leqslant f(x)<y_i,\quad x\in E\}\ (i=1,2\cdots,n)$$

则 E_i 具有下述四个性质：

(1) $E_i\cap E_j=\varnothing(i,j=1,2,\cdots,n,\quad i\neq j)$；

(2) 每个 $E_i(i=1,2,\cdots,n)$ 都是可测集；

(3) $E=\bigcup\limits_{i=1}^{n}E_i$（称为 E 的一个可测子集式分割）；

(4) $mE=\sum\limits_{i=1}^{n}mE_i$。

在每个 E_i 中任取一点 $\xi_i(i=1,2,\cdots,n)$，作和式

$$\sum_{i=1}^{n}f(\xi_i)mE_i$$

如果极限

$$\lim_{\|\Delta y\|\to 0}\sum_{i=1}^{n}f(\xi_i)mE_i$$

存在，且极限值与区间 $[A,B]$ 的分法和 E_i 中 ξ_i 的取法都无关，则称 $f(x)$ 在 E 上是 Lebesgue 可积的，简称为 L 可积，记为 $f\in L(E)$；并称此极限值为 $f(x)$ 在 E 上的 Lebesgue 积分，记为 $(L)\int_E f(x)\,\mathrm{d}x$ 或 $\int_E f(x)\,\mathrm{d}x$。特别地，当 $E=[a,b]$ 时，常记为 $\int_a^b f(x)\,\mathrm{d}x$。

若 $f(x)$ 是有界可测集 E 上的可测函数，则 $f(x)\in L(E)$。也可以证明，定义在有界可测集 E 上的有界函数 $f(x)$，若 $f(x)\in L(E)$，则 $f(x)$ 为可测函数。

【例题】 设 $D(x)$ 是定义在区间 $[0,1]$ 上的 Dirichlet 函数，即

$$D(x)=\begin{cases}1,\text{当 } x \text{ 为有理数时}\\0,\text{当 } x \text{ 为无理数时}\end{cases}$$

则 $D(x)$ 在 Lebesgue 意义下是可积的。但它在 Riemann 意义下是不可积的。该例表明，Lebesgue 积分确实较 Riemann 积分为广，这正是新积分的优点之一。

若 $f(x)\in R[a,b]$，则 $f(x)\in E[a,b]$，且

$$(L)\int_a^b f(x)\,\mathrm{d}x=(R)\int_a^b f(x)\,\mathrm{d}x$$

这说明当 $f(x)$ 为 R 可积时，可将计算 $f(x)$ 的 Lebesgue 积分问题转化为大家熟知的 Riemann 积分来处理。

2.2.3.2 Lebesgue 积分的一些重要性质

设 $f(x)$、$g(x) \in L(E)$，则

(1) $\int_E (f \pm g)\mathrm{d}x = \int_E f\mathrm{d}x \pm \int_E g\mathrm{d}x$;

(2) $\int_E kf\mathrm{d}x = k\int_E f\mathrm{d}x$;

(3) $\int_{E_1 \cup E_2} f\mathrm{d}x = \int_{E_1} f\mathrm{d}x \pm \int_{E_2} f\mathrm{d}x, E_1 \cap E_2 = \varnothing$;

(4) 若在 E 上有 $f \leqslant g$，则 $\int_E f\mathrm{d}x \leqslant \int_E g\mathrm{d}x$;

(5) 若在 E 上有 $f \geqslant 0$，且 $\int_E f\mathrm{d}x = 0$,则在 E 上,$f(x) \overset{a.e}{=} 0$;

(6) 若在 E 上有 $A \leqslant f(x) \leqslant B$，则 $AmE \leqslant \int_E f\mathrm{d}x \leqslant BmE$ 。特别地，当 $f(x) \overset{a.e}{=} 0$ 时，$\int_E f\mathrm{d}x = 0$;当 $mE = 0$ 时,$\int_E f\mathrm{d}x = 0$。

2.3 常用不等式

2.3.1 积分不等式

设 $f(x)$ 是可测集 E 上的可测函数，实数 $p \geqslant 1$。若 $|f(x)|^p$ 在 E 上是 L 可积的，则称 f 为 E 上的 p 方可积函数，集 E 上的 p 方 L 可积函数的全体，记为 $L'(E)$，即

$$L'(E) = \{f \mid \int_E |f|^p \mathrm{d}x < +\infty\}$$

2.3.1.1 Hölder 不等式

设 $\frac{1}{p} + \frac{1}{q} = 1$ $(p > 1)$，并且 $f(x) \in L^p, g(x) \in L^q$，则 $f(x)g(x) \in L(E)$，且

$$\int_E |f(x)g(x)|\mathrm{d}x \leqslant \left[\int_E |f(x)|^p \mathrm{d}x\right]^{1/p}\left[\int_E |g(x)|^q \mathrm{d}x\right]^{1/q} \tag{2-3}$$

2.3.1.2 Schwarz 不等式

在 Hölder 不等式中，当 $p = q = 2$ 时，即可得到

$$\int_E |f(x)g(x)|\mathrm{d}x \leqslant \sqrt{\int_E |f(x)|^2 \mathrm{d}x}\sqrt{\int_E |g(x)|^2 \mathrm{d}x} \tag{2-4}$$

2.3.1.3 Minkowski 不等式

设函数 $f(x)$、$g(x)$ 均属于 L^p $(p \geqslant 1)$，则 $f(x) + g(x) \in L^p$，且成立不等式

$$\left[\int_E |f(x) + g(x)|^p \mathrm{d}x\right]^{1/p} \leqslant \left[\int_E |f(x)|^p \mathrm{d}x\right]^{1/p} + \left[\int_E |g(x)|^p \mathrm{d}x\right]^{1/p} \tag{2-5}$$

2.3.1.4 Cauchy 不等式

在 Minkowski 不等式中，当 $p = 2$ 时，便可得到 Cauchy 不等式

$$\sqrt{\int_E |f(x) + g(x)|^2 \mathrm{d}x} \leqslant \sqrt{\int_E |f(x)|^2 \mathrm{d}x} + \sqrt{\int_E |g(x)|^2 \mathrm{d}x} \tag{2-6}$$

2.3.2 序列型不等式

把满足条件 $\sum_{k=1}^{\infty}|x_k|^p<+\infty$ 的数列 $x=\{x_n\}$ 的全体所成的集，记为 l^p。

2.3.2.1 Hölder 不等式

设 $x=\{x_k\}\in l^p, y=\{y_k\}\in l^q$，且 $\frac{1}{p}+\frac{1}{q}=1(p>1)$，则 $\{x_ky_k\}\in l$，且

$$\sum_{k=1}^{\infty}|x_ky_k|\leqslant[\sum_{k=1}^{\infty}|x_k|^p]^{1/p}[\sum_{k=1}^{\infty}|y_k|^q]^{1/q} \tag{2-7}$$

2.3.2.2 Schwarz 不等式

在式（2-7）中，取 $p=q=2$，即可得到

$$\sum_{k=1}^{\infty}|x_ky_k|\leqslant\sqrt{\sum_{k=1}^{\infty}|x_k|^2}\sqrt{\sum_{k=1}^{\infty}|y_k|^2} \tag{2-8}$$

2.3.2.3 Minkowski 不等式

设 $x, y\in l^p$，则 $x+y\in l^p$，且有

$$\left[\sum_{k=1}^{\infty}|x_k+y_k|^p\right]^{1/p}\leqslant\left[\sum_{k=1}^{\infty}|x_k|^p\right]^{1/p}+\left[\sum_{k=1}^{\infty}|y_k|^p\right]^{1/p} \tag{2-9}$$

2.3.2.4 Cauchy 不等式

在式（2-9）中，令 $p=2$，则得到 Cauchy 不等式

$$\sqrt{\sum_{k=1}^{\infty}|x_k+y_k|^2}\leqslant\sqrt{\sum_{k=1}^{\infty}|x_k|^2}+\sqrt{\sum_{k=1}^{\infty}|y_k|^2} \tag{2-10}$$

2.4 正交与正交分解

在解析几何中有正交的概念，这是解析几何中的一个基本概念，而且两个矢量正交的充要条件是它们的内积等于零。在一般的内积空间中，利用内积同样可以引入正交的概念。

定义 9：设 X 是内积空间，$x, y\in X$，$A, B\subset X$：

（1）若 $(x,y)=0$，则称 x 与 y 正交，记成 $x\perp y$；

（2）若对 $\forall a\in A$，都有 $x\perp a$，则称 x 与 A 正交，记成 $x\perp A$；

（3）若对 $\forall a\in A$，$b\in B$，都有 $a\perp b$，则称 A 与 B 正交，记成 $A\perp B$；

（4）X 中与 A 正交的全体元素组成的集合称为 A 的正交补，记成 $A^{\perp}$，即

$$A^{\perp}=\{x|x\perp A,x\in X\}\subset X$$

正交与正交补有下列性质：

（1）若 $x\perp y$，则 $\|x+y\|^2=\|x\|^2+\|y\|^2$；

（2）任何子集 $A\subset X$ 的正交补 $A^{\perp}$ 是 X 的闭子空间；

（3）若 $A\subset B\subset X$，则 $A^{\perp}\supset B^{\perp}$；

（4）$A\subset(A^{\perp})^{\perp}$；

（5）当 A 为 X 的子空间时，$A\cap A^{\perp}=\{\theta\}$，其中 θ 为零算子；

（6）$\{\theta\}^{\perp}=X$，$X^{\perp}=\{\theta\}$。

在普通的向量空间中，任何向量 $\boldsymbol{x}$，总可以分解成与平面 P 正交的向量 $\boldsymbol{z}$ 及 $\boldsymbol{x}$ 在平面 P 上的正交投影 $\boldsymbol{x}_0$ 的和，即 $\boldsymbol{x}=\boldsymbol{x}_0+\boldsymbol{z}$，且分解是唯一的（图2-6）。对于内积空间也有类似的结论。

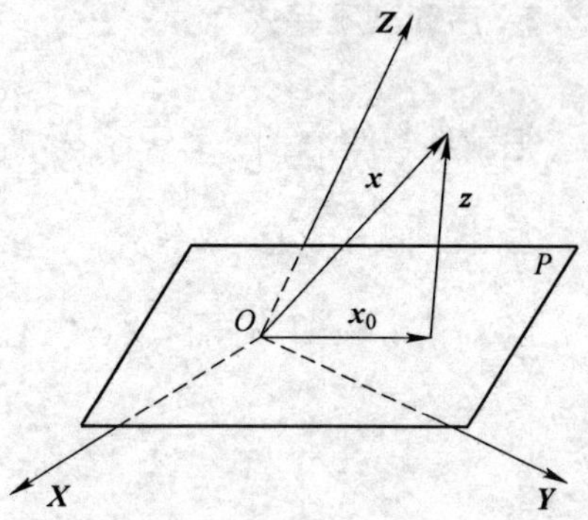

图 2-6　向量的正交分解

正交分解定理：设 M 是内积空间 X 的完备子空间，则对任意 $x\in X$，均有下列唯一的正交分解

$$x=x_0+z\quad(x_0\in M,z\in M^{\perp})$$

并称如此的 x_0 为 x 在 M 上的正交投影。

2.5　内积空间的标准正交系

内积空间的正交系，是对 Euclid 空间中直角坐标系的一种推广。这一节将讨论内积空间中正交系的一些基本性质，以及将一元素按标准正交系进行展开的问题。实际上这种展开我们过去已经遇见过。例如，在有限维空间中，将给定向量展开成正交单位向量的线性组合；在无穷维空间中，将给定函数展开成 Fourier 级数等问题。本节将研究这些问题更一般的情形。

定义 10：内积空间 X 中的元素列 $\{x_k\}$，如果满足

$$(x_i,x_j)=0\quad i\neq j\ (i,j=1,2,\cdots)$$

则称 $\{x_k\}$ 是一正交系。

X 中的元素列 $\{e_k\}$，如果满足

$$(e_i,e_j)=\delta_{ij}=\begin{cases}0,i\neq j\\1,i=j\end{cases}\quad(i,j=1,2,\cdots)$$

则称 $\{e_k\}$ 是 X 中的一个标准正交系。

类似地，对于有限个向量组成的向量组，也有正交向量组和标准正交向量组的概念。且易知：若 $\{\boldsymbol{x}_1,\boldsymbol{x}_2,\cdots,\boldsymbol{x}_n\}$ 为正交向量组，且 $\boldsymbol{x}_i\neq\theta,i=1,2,\cdots,n$，则

（1）$\|\boldsymbol{x}_1+\boldsymbol{x}_2+\cdots+\boldsymbol{x}_n\|^2=\|\boldsymbol{x}_1\|^2+\|\boldsymbol{x}_2\|^2+\cdots+\|\boldsymbol{x}_n\|^2$；

（2）$\{\boldsymbol{x}_1,\boldsymbol{x}_2,\cdots,\boldsymbol{x}_n\}$ 必为线性无关组。

【例题】　在内积空间 $L^2[-\pi,\pi]$ 中，三角函数列

$$\frac{1}{\sqrt{2\pi}},\ \frac{1}{\sqrt{\pi}}\cos x,\ \frac{1}{\sqrt{\pi}}\sin x,\ \frac{1}{\sqrt{\pi}}\cos 2x,\ \frac{1}{\sqrt{\pi}}\sin 2x,\ \cdots$$

是 $L^2[-\pi,\pi]$ 中的标准正交系，也是 $L^2[-\pi,\pi]$ 的子空间 $C[-\pi,\pi]$ 中的标准正交系。

定义 11：设 $\{x_k\}\subset X$，若 $\{x_k\}$ 中任意有限个元素构成的向量组都是线性无关的，则称 $\{x_k\}$ 是线性无关系。

例如，在 $L^2[-1,1]$ 中，函数系 $(1,t,t^2,\cdots,t^n,\cdots)$ 是线性无关系。显然，非零正交系必是线性无关系；反之不一定成立。但可采用标准正交化过程将线性无关系转换成标准正交系。

3 变 分 法

在科学技术上，常常需要确定某一函数 $z=f(x)$ 的极大值或极小值，这种计算分析是微积分里大家所熟知的。但是，我们经常还要去确定一类特殊的量，即所谓泛函的极大值和极小值。这就是变分法所处理的范围。本章将从几个引例出发，介绍有关泛函和变分的基本概念，给出求泛函极值问题的著名的欧拉方程，最后给出求泛函极值的几种近似方法。

3.1 泛函的概念

【例题】 已知：xoy 平面上两点 $A(x_0,y_0)$、$B(x_1,y_1)$，试求连接 A、B 两点的最短弧线（图 3-1）。

设连接 A、B 两点曲线的函数为 $y=y(x)$，则弧长 $\overset{\frown}{AB}$ 为

$$\overset{\frown}{AB} = L = \int_{x_0}^{x_1}\sqrt{1+[y'(x)]^2}\,\mathrm{d}x \tag{3-1}$$

可见 L 随函数 $y=y(x)$ 的选取而变，它就是一个泛函。利用求泛函极值的变分法可以确定使 L 最短的函数曲线即极值曲线为

$$y=c_1x+c_2$$

其中，常数 c_1、c_2 可由边界点 A、B 的坐标（即边界条件）确定。

【例题】 求通过两点 $A(x_0,y_0)$、$B(x_1,y_1)$ 且长度 L 为一定值的函数曲线 $y=y(x)$，使图 3-2 中所示曲边梯形 $ABCD$ 的面积 A_s 达到最大。

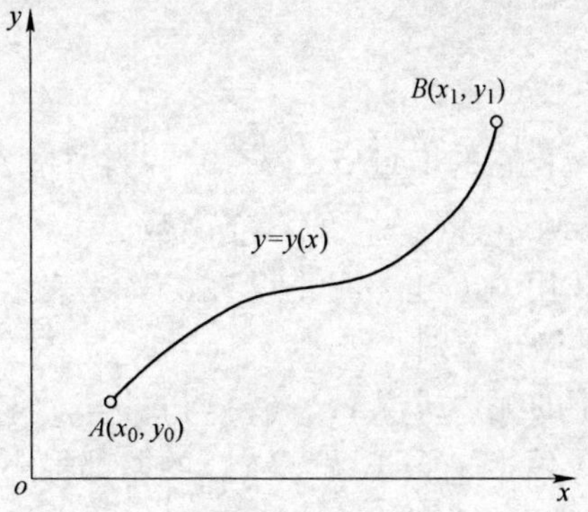

图 3-1　两点间的最短弧线问题

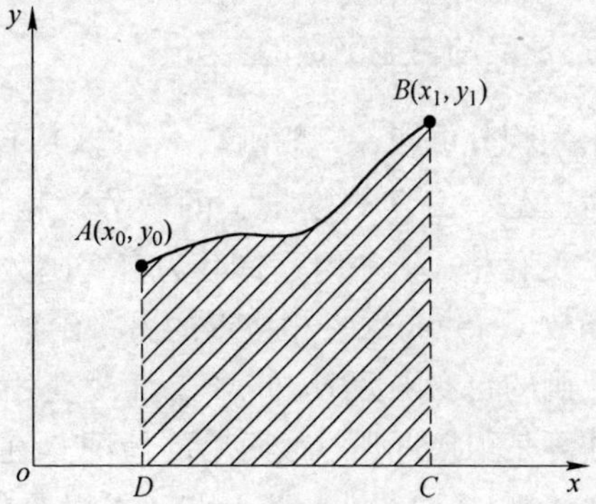

图 3-2　曲边梯形的面积

曲边梯形 $ABCD$ 的面积

$$A_s = \int_{x_0}^{x_1} y\mathrm{d}x \tag{3-2}$$

A_s 依 y 的选取而定，它也是一个泛函，但在这个问题中还有一个约束条件，即 AB 弧长度

$$l = \int_{x_0}^{x_1} \sqrt{1 + [y'(x)]^2}\mathrm{d}x = \text{const} \tag{3-3}$$

这是一个带约束条件的泛函极值的问题。

由变分法可以确定，泛函 A_s 的极值曲线为

$$(x - c_2)^2 + (y - c_1)^2 = r^2$$

其中，常数 c_1、c_2、r 可由条件 $y(x_0) = y_0$、$y(x_1) = y_1$ 及 $\int_{x_0}^{x_1} \sqrt{1 + [y'(x)]^2}\mathrm{d}x = l$ 确定。

【例题】 由最小势能原理知，变形体总势能 ϕ 随所选择的三个位移函数 $u_i(i = x, y, z)$ 而变，ϕ 也是一个泛函。而位移函数必须满足体积不变条件

$$\frac{\partial u_x}{\partial x} + \frac{\partial u_y}{\partial y} + \frac{\partial u_z}{\partial z} = 0 \tag{3-4}$$

所以问题归结为在约束条件式（3-4）下求使泛函 ϕ 达到最小值的位移函数。

由上面三个例题可知，L、A_s、ϕ 都是依赖于一些可变化的函数的量。这些可变化的函数称为自变函数，随自变函数而变的量称为自变函数的泛函。常用一个统一的符号 ϕ 或 J 表示，记作 $\phi[y(x)]$ 或 $\phi(y)$ 等。

最简单的泛函为

$$\phi = \int_{x_0}^{x_1} F(x, y, y')\mathrm{d}x \tag{3-5}$$

变分法就是研究求泛函极大值和极小值的方法。凡有关泛函极大值和极小值的问题都称为变分问题。

3.2 变分及其特性

3.2.1 泛函的自变函数的变分

由微积分可知，一般函数 $y = y(x)$ 自变量为 x，它的增量 $\Delta x = x - x_0$，当增量 Δx 无限小时，$\Delta x = \mathrm{d}x$ 为自变量 x 的微分。相似地，泛函 $\phi[y(x)]$ 的自变函数为 $y(x)$，当 $y(x)$ 的变化量无限小时，称其为自变函数的变分，用 $\delta y(x)$（或简写为 δy）来表示。δy 是指函数 $y(x)$ 与跟它相接近的另一函数 $y_1(x)$ 的微小差别。

泛函的自变函数 $y(x)$ 要怎样改变才算是微小的呢？或说 $y = y(x)$ 和 $y_1 = y_1(x)$ 要怎样才算是很接近呢？最简单的情况是在一切的 x 值上 $y_1(x)$ 和 $y(x)$ 的差都很小，即 $\delta y = y(x) - y_1(x)$ 很小。进一步还可以要求两种情况下仅纵坐标接近，而且对应点切线方向也很接近，即 $\delta y = y(x) - y_1(x)$ 和 $\delta' y = y'(x) - y_1'(x)$ 都很小。第一种情况如图 3-3(a) 上的两条曲线，称为零阶接近度，而第二种情况如图 3-3(b) 所示，称为一阶接近度。还有更高的接近度，如 $\delta y''$、$\delta y'''$、都很小。接近度越高，曲线的接近性越好。

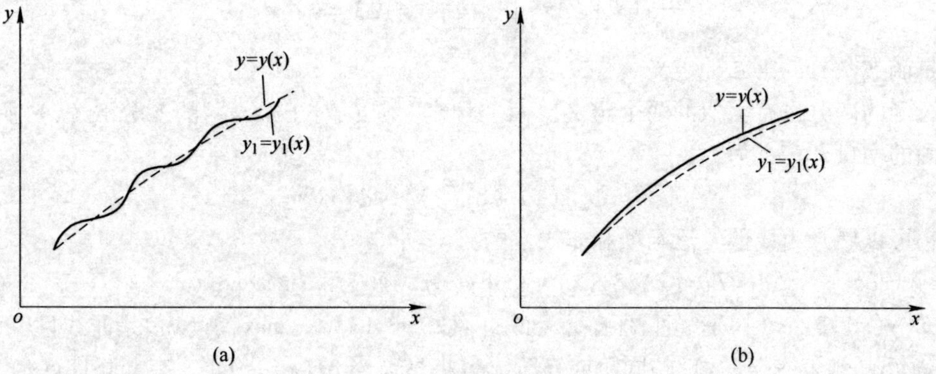

图 3-3　曲线的接近度

图 3-4 表示了一般函数 $y=y(x)$ 的增量的线性主部即函数的微分 $\mathrm{d}y$ 和泛函自变函数的变分 δy 之间的区别。前者是针对一条曲线 $y=y(x)$ 而言，当自变量有增量 $\Delta x=\mathrm{d}x$ 时，函数值即纵坐标发生变化的线性主部是 $\mathrm{d}y$。而后一种情况乃是针对两条接近的曲线 $y(x)$ 和 $y_1(x)$ 而言。由于自变函数 $y(x)$ 变到 $y_1(x)$，而发生变分 δy，δy 是 x 的函数。

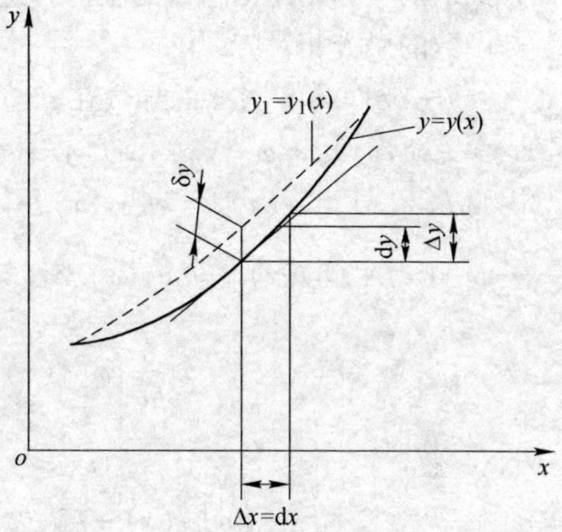

图 3-4　$\mathrm{d}y$ 和 δy 的区别

3.2.2　泛函的变分

函数的微分有两个定义。其一是通常的定义，即函数的增量

$$\Delta y=y(x+\Delta x)-y(x)$$

可以展开为线性项和非线性项

$$\Delta y=A(x)\Delta x+\varphi(x,\Delta x)\Delta x \qquad (3\text{-}6)$$

其中 $A(x)$ 和 Δx 无关，而 $\varphi(x,\Delta x)$ 和 Δx 有关，且当 $\Delta x\to 0$ 时，$\varphi(x,\Delta x)\to 0$，于是称 $y(x)$ 是可微的，其线性部分就称为函数的微分，微分是函数增量的线性主部

$$\mathrm{d}y=A(x)\Delta x=y'(x)\Delta x$$

$$\Delta x=\mathrm{d}x$$

$$y'(x)=\frac{\mathrm{d}y}{\mathrm{d}x}$$

式中，$A(x)=y'(x)$，是函数 $y(x)$ 的导数。

函数微分还有另外一个定义，即函数 $y(x)$ 在 x 处的微分也等于 $y(x+\varepsilon\Delta x)$ 对 ε 的导数在 $\varepsilon=0$ 时的值。

设 ε 为小参数，并将 $y(x+\varepsilon\Delta x)$ 对 ε 求导，得到

$$\frac{\partial}{\partial\varepsilon}y(x+\varepsilon\Delta x)=y'(x+\varepsilon\Delta x)\Delta x$$

当 $\varepsilon=0$ 时，有

$$\frac{\partial}{\partial \varepsilon} y(x+\varepsilon \Delta x)\Big|_{\varepsilon=0}=y'(x)\Delta x=\mathrm{d}y(x) \tag{3-7}$$

这就是函数微分的第二种定义。

泛函的变分也有类似的两个定义。第一种定义是：对于 $y(x)$ 的变分 $\delta y(x)$ 所引起的泛函的增量，定义为

$$\Delta\phi=\phi[y(x)+\delta y(x)]-\phi[y(x)]$$

它可以展开为线性的泛函项和非线性的泛函项

$$\Delta\phi=L[y(x),\delta y(x)]+\varphi[y(x),\delta y(x)]\cdot\max|\delta y(x)| \tag{3-8}$$

其中，$L[y(x),\delta y(x)]$ 是线性泛函项，而 $\varphi[y(x),\delta y(x)]\cdot\max|\delta y(x)|$ 是非线性泛函项；$\varphi[y(x),\delta y(x)]$ 是 $\delta y(x)$ 的同阶或高阶无穷小量，当 $\delta y(x)\to 0$ 时，有 $\max|\delta y(x)|\to 0$、$\varphi[y(x),\delta y(x)]\to 0$。这样上式中泛函增量对于 $\delta y(x)$ 来说是线性的那一部分，即 $L[y(x),\delta y(x)]$，就称为泛函的变分，用 $\delta\phi$ 表示

$$\delta\phi=L[y(x),\delta y(x)] \tag{3-9}$$

所以，泛函的变分是泛函增量的主部。这个主部对于变分 $\delta y(x)$ 来讲是线性的。

与函数的微分相对应，泛函的另一个定义是由拉格朗日给出的下述定义：泛函的变分是 $\phi[y(x)+\varepsilon\delta y(x)]$ 对 ε 的导数在 $\varepsilon=0$ 时的值。

$$\phi[y(x)+\varepsilon\delta y(x)]=\phi[y(x)]+L[y(x),\varepsilon\delta y(x)]+\varphi[y(x),\varepsilon\delta y(x)]\cdot\varepsilon\cdot\max|\delta y(x)|$$

因为 $L[y(x),\varepsilon\delta y(x)]=\varepsilon L[y(x),\delta y(x)]$，所以

$$\frac{\partial}{\partial\varepsilon}\phi[y(x)+\varepsilon\delta y(x)]=L[y(x),\delta y(x)]+\varphi[y(x),\varepsilon\delta y(x)]\max|\delta y(x)|+$$
$$\varepsilon\frac{\partial}{\partial\varepsilon}\{\varphi[y(x),\varepsilon\delta y(x)]\}\max|\delta y(x)|$$

当 $\varepsilon=0$ 时

$$\frac{\partial}{\partial\varepsilon}\phi[y(x)+\varepsilon\delta y(x)]\Big|_{\varepsilon=0}=L[y(x),\delta y(x)]$$

这就证明了拉格朗日的泛函变分的定义

$$\delta\phi=\frac{\partial}{\partial\varepsilon}\phi[y(x)+\varepsilon\delta y(x)]\Big|_{\varepsilon=0} \tag{3-10}$$

【例题】 求最简单的泛函 $\phi[y]=\int_{x_2}^{x_1}F(x,y,y')\mathrm{d}x$ 的变分

$$\frac{\partial}{\partial\varepsilon}\phi[y+\varepsilon\delta y]=\int_{x_0}^{x_1}\frac{\partial}{\partial\varepsilon}F(x,y+\varepsilon\delta y,y'+\varepsilon\delta y')\mathrm{d}x$$

令 $y+\varepsilon\delta y=u_1$，$y'+\varepsilon\delta y'=u_2$，则

$$\frac{\partial}{\partial\varepsilon}\phi[y+\varepsilon\delta y]=\int_{x_0}^{x_1}\Big[\frac{\partial}{\partial u_1}F(x,y+\varepsilon\delta y,y'+\varepsilon\delta y')\delta y+$$
$$\frac{\partial}{\partial u_2}F(x,y+\varepsilon\delta y,y'+\varepsilon\delta y')\delta y'\Big]\mathrm{d}x$$

$$\frac{\partial}{\partial\varepsilon}\phi[y+\varepsilon\delta y]|_{\varepsilon=0}=\int_{x_0}^{x_1}\Big[\frac{\partial}{\partial y}F(x,y,y')\delta y+\frac{\partial}{\partial y'}F(x,y,y')\delta y'\Big]\mathrm{d}x$$

因而

$$\delta\phi = \int_{x_0}^{x_1}\left[\frac{\partial F}{\partial y}\delta y + \frac{\partial F}{\partial y'}\delta y'\right]dx \tag{3-11}$$

所以，借助微分运算的法则，可以求出二阶变分

$$\delta^2\phi = \int_{x_0}^{x_1}\left[\frac{\partial^2 F}{\partial y^2}\delta^2 y + 2\frac{\partial^2 F}{\partial y\partial y'}\delta y\delta y' + \frac{\partial^2 F}{\partial (y')^2}\delta^2 y'\right]dx \tag{3-12}$$

对于多自变函数的泛函，也可以借助多元函数的微分法则求出其变分。

下面说明变分运算中的几个问题：

（1）变分记号可以由积分号外移到积分号内，例如

$$\delta\phi = \delta\int_{x_0}^{x_1}F(x,y,y')dx = \int_{x_0}^{x_1}\delta F(x,y,y')dx \tag{3-13}$$

这可以用下述简单的泛函来说明

$$\delta\int_{x_0}^{x_1}y dx = \int_{x_0}^{x_1}\delta y dx \tag{3-14}$$

如图3-5所示，式（3-14）左边表示曲线 $y_1(x)$ 和 $y(x)$ 之下面积的差，而右边是两函数值之差与自变量 x 的微分 dx 的乘积再求和，它们都是表示两曲线之间的阴影部分的面积。

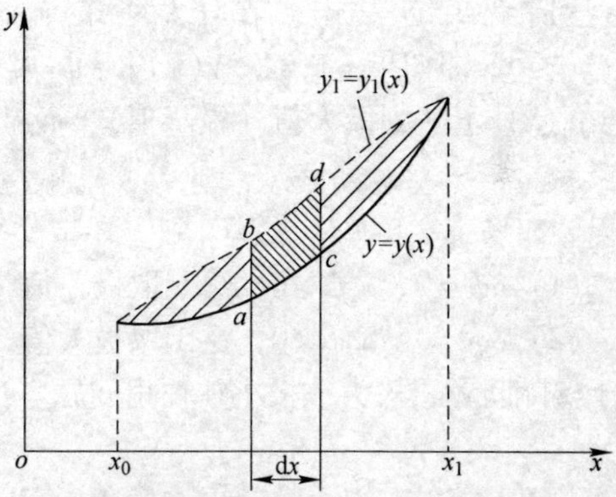

图3-5 变分和微分符号的互换

（2）在同时进行微分、求导、变分运算时，运算次序可以调换。例如

$$\delta(dy) = d(\delta y) \tag{3-15}$$

或

$$\delta\left(\frac{dy}{dx}\right) = \frac{d(\delta y)}{dx} \tag{3-16}$$

如图3-5所示，可以通过两个不同的途径由 a 到 d。

由 a 到 c，有

$$y_c = y(x) + dy$$

由 c 到 d,有

$$y_d = y(x) + dy + \delta[y(x) + dy] \tag{3-17}$$

由 a 到 b，有

$$y_b = y(x) + \delta y(x)$$

由 b 到 d,有

$$y_d = y(x) + \delta y(x) + d[y(x) + \delta y(x)] \tag{3-18}$$

d 点表示的函数值是唯一的，故由式（3-17）和式（3-18）可得

$$\delta[dy(x)] = d[\delta y(x)]$$

或

$$\delta\left(\frac{dy}{dx}\right) = \frac{d(\delta y)}{dx}$$

3.3 泛函的极值条件

如果函数 $y(x)$ 在 $x=x_0$ 的附近的任意点上的值都不大于（小于）$y(x_0)$，即 $dy=y(x)-y(x_0)\leqslant 0(\geqslant 0)$，则称函数 $y(x)$ 在 $x=x_0$ 上达到极大值（极小值），且在 $x=x_0$ 上有

$$dy=0$$

因此，函数极值的条件可以归纳成：

（1）如果 $dy=0$、$d^2y>0$，函数取极小值；

（2）如果 $dy=0$、$d^2y<0$，函数取极大值。

对于泛函 $\varphi[y(x)]$ 而言，也有相类似的定义。

如果泛函 $\varphi[y(x)]$ 在任意一条与 $y_0=y_0(x)$ 接近的曲线上的值不大于（小于）$\phi[y_0(x)]$，即如果 $\delta\phi=\phi[y(x)]-\phi[y_0(x)]\leqslant 0(\geqslant 0)$时，则称泛函 $\phi[y(x)]$在曲线 $y_0=y_0(x)$ 上达到极大值（极小值），而且

$$\delta\phi=0 \tag{3-19}$$

所以，如果：

（1）$\delta\phi=0$、$\delta^2\phi>0$，泛函取极小值；

（2）$\delta\phi=0$、$\delta^2\phi<0$，泛函取极大值。

对于实际问题，极大或极小往往由问题本身即可确定，无须求出 $\delta^2\phi$。

3.4 变分法的基本预备定理和欧拉方程

我们来研究最简单的泛函

$$\phi[y(x)]=\int_{x_0}^{x_1}F(x,y,y')\mathrm{d}x \tag{3-20}$$

两个端点 $A(x_0,y_0)$、$B(x_1,y_1)$是固定的。这个泛函的变分为

$$\delta\phi=\int_{x_0}^{x_1}\left(\frac{\partial F}{\partial y}\delta y+\frac{\partial F}{\partial y'}\delta y'\right)\mathrm{d}x=\int_{x_0}^{x_1}\left[\frac{\partial F}{\partial y}\delta y+\frac{\partial F}{\partial y'}\delta\left(\frac{\mathrm{d}y}{\mathrm{d}x}\right)\right]\mathrm{d}x$$

根据式（3-16），有

$$\delta\phi=\int_{x_0}^{x_1}\left[\frac{\partial F}{\partial y}\delta y+\frac{\partial F}{\partial y'}\frac{\mathrm{d}(\delta y)}{\mathrm{d}x}\right]\mathrm{d}x$$

对被积函数的第二项作分部积分，则

$$\delta\phi=\int_{x_0}^{x_1}\left[\frac{\partial F}{\partial y}\delta y+\frac{\mathrm{d}}{\mathrm{d}x}\left(\frac{\partial F}{\partial y'}\delta y\right)-\frac{\mathrm{d}}{\mathrm{d}x}\left(\frac{\partial F}{\partial y'}\right)\delta y\right]\mathrm{d}x$$

将被积函数的第二项积出，得到

$$\delta\phi=\frac{\partial F}{\partial y'}\delta y\bigg|_{x_0}^{x_1}+\int_{x_0}^{x_1}\left[\frac{\partial F}{\partial y}-\frac{\mathrm{d}}{\mathrm{d}x}\left(\frac{\partial F}{\partial y'}\right)\right]\delta y\mathrm{d}x$$

根据端点固定的条件

$$\delta y(x_0)=\delta y(x_1)=0$$

并考虑到极值条件式（3-19），则有

$$\delta\phi = \int_{x_0}^{x_1}\left[\frac{\partial F}{\partial y} - \frac{\mathrm{d}}{\mathrm{d}x}\left(\frac{\partial F}{\partial y'}\right)\right]\delta y\mathrm{d}x = 0 \tag{3-21}$$

为使泛函 ϕ 的极值条件式（3-21）进一步简化，引用如下的基本预备定理。

基本预备定理：如果函数 $F(x)$ 在线段（x_0,x_1）上连续，且对于只满足某些一般条件的任取函数 $\delta y(x)$ 存在

$$\int_{x_0}^{x_1} F(x)\delta y(x)\mathrm{d}x = 0 \tag{3-22}$$

则在线段（x_0,x_1）上就有 $F(x)=0$。

任取 $\delta y(x)$ 的一般条件为：

（1）一阶或若干阶可微；

（2）在线段（x_0,x_1）的端点处为零；

（3）$|\delta y(x)|<\varepsilon$ 或 $|\delta y(x)|<\varepsilon$ 及 $|\delta y'(x)|<\varepsilon$。

这个预备定理可以用反证法证明，如图 3-6 所示。

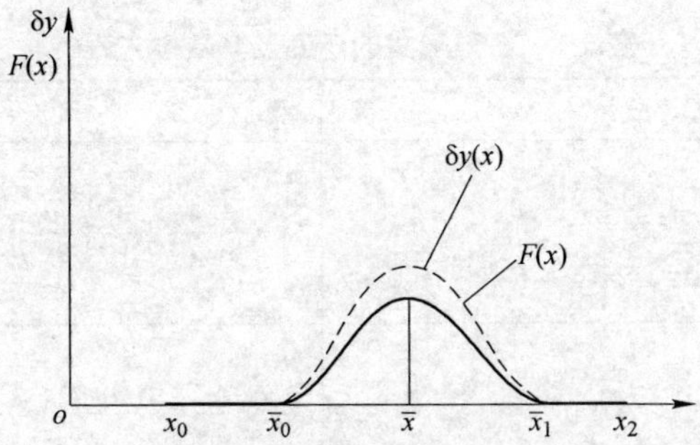

图 3-6 预备定理的证明

假定 $F(x)$ 在线段 $x_0<\bar{x}<x_1$ 上任一点 $x=\bar{x}$ 处不等于零，则由 $F(x)$ 的连续性可知，在 $\bar{x}$ 的领域（$\bar{x}_0,\bar{x}_1$）内 $F(x)$ 的正负号不变。按上述一般条件任取的 $\delta y(x)$，除去端点 x_0、x_1 处限制等于零外，在其余处可以任取，则在 $x=\bar{x}$ 处可取不变号。这时 $F(x)$、$\delta y(x)$在线段（$\bar{x}_0<\bar{x}<\bar{x}_1$）上都不变号，则有

$$\int_{x_0}^{x_1} F(x)\delta y(x)\mathrm{d}x \neq 0$$

这与定理中的原始条件式（3-22）相矛盾，因此 $F(x)$ 在 $x=\bar{x}$ 处一定等于零。但$x=\bar{x}$ 是在线段（$\bar{x}_0$，$\bar{x}_1$）上任取的，所以 $F(x)$ 在 $x_0\leqslant x\leqslant x_1$ 内到处都等于零。

这个问题也可以推广到多元函数的情形。例如，设 $F(x,y)$ 在平面域 D 上连续，如果对只满足一般条件的任取函数 $\delta z(x,y)$ 有

$$\iint_D F(x,y)\delta z(x,y)\mathrm{d}x\mathrm{d}y = 0 \tag{3-23}$$

则在域 D 上 $F(x,y)\ =0$，证明方法与上相同。

按此预备定理，泛函 $\phi[y] = \int_{x_0}^{x_1} F(x,y,y')\mathrm{d}x$ 取极值的条件式（3-21）可写作

$$\frac{\partial F}{\partial y} - \frac{\mathrm{d}}{\mathrm{d}x}\left(\frac{\partial F}{\partial y'}\right) = 0 \tag{3-24}$$

这个方程称为泛函 $\phi[y] = \int_{x_0}^{x_1} F(x,y,y')\,dx$ 在固定边界的条件下取极值的欧拉方程。方程式（3-24）的第二项是对 x 的全导数，所以

$$d\left(\frac{\partial F}{\partial y'}\right) = \frac{\partial^2 F}{\partial y' \partial x}dx + \frac{\partial^2 F}{\partial y' \partial y}dy + \frac{\partial^2 F}{\partial y' \partial y'}dy'$$

或

$$\frac{d}{dx}\left(\frac{\partial F}{\partial y'}\right) = \frac{\partial^2 F}{\partial y' \partial x} + \frac{\partial^2 F}{\partial y' \partial y}\frac{dy}{dx} + \frac{\partial^2 F}{\partial y' \partial y'}\frac{dy'}{dx} = F''_{xy'} + F''_{yy'}y' + F''_{y'y'}y''$$

故式(3-24)可写成

$$F'_y - F''_{xy'}y' - F''_{y'y'}y'' - F''_{y'y'}y'' = 0 \qquad (3\text{-}25)$$

式（3-24）或式（3-25）是二阶微分方程，解此方程可以求出使泛函 $\phi[y(x)]$ 达到极值的函数曲线 $y(x)$。

利用相似的方法，可以确定其他形式泛函的欧拉方程，在此不作推证，只将结果在表3-1 中给出。

表 3-1 各种形式的泛函及其欧拉方程

泛 函 形 式	欧 拉 方 程
$\phi(y) = \int_{x_0}^{x_1} F(x,y,y',y'',\cdots,y^{(n)})\,dx$ 边界固定	$F'_y = \frac{d}{dx}\frac{\partial F}{\partial y'} + \frac{d^2}{dx^2}\left(\frac{\partial F}{\partial y''}\right) + \cdots + (-1)^n \frac{d^{(n)}}{dx^{(n)}}\left(\frac{\partial F}{\partial y^{(n)}}\right) = 0$
$\phi(w(x,y,z)) = \iiint_V F\left(x,y,z,w,\frac{\partial w}{\partial x},\frac{\partial w}{\partial y},\frac{\partial w}{\partial z}\right)dxdydz$ 边界固定	$\frac{\partial F}{\partial w} - \frac{\partial}{\partial x}\left(\frac{\partial F}{\partial w'_x}\right) - \frac{\partial}{\partial y}\left(\frac{\partial F}{\partial w'_y}\right) - \frac{\partial}{\partial z}\left(\frac{\partial F}{\partial w'_z}\right) = 0$
$\phi(y_1,y_2,\cdots,y_n) = \int_{x_0}^{x_1} F(x_1,y_1,y_2,\cdots,y_n,y'_1,y'_2,\cdots,y'_n)\,dx$ 边界固定	$F'_{y_i} - \frac{d}{dx}(F'_{y'_i}) = 0 \quad (i=1\sim n)$
$\phi(y_1,y_2,\cdots,y_n) = \int_{x_0}^{x_1} F(x_1,y_1,y_2,\cdots,y_n,y'_1,y'_2,\cdots,y'_n)\,dx$ 约束条件 $f_i(x,y_1,y_2,\cdots,y_n) = 0 \quad (i=1\sim k)$	$\frac{\partial F}{\partial y_j} + \sum_{i=1}^{k}\lambda_i(x)\frac{\partial F_i}{\partial y_j} - \frac{d}{dx}\left(\frac{\partial F}{\partial y'_j}\right) = 0$ $(j=1\sim n)$

【例题】 如图 3-7 所示，两端固定的梁在分布力 $q(x)$ 作用下发生弯曲，试求梁轴发生的挠度 $y(x)$。

端点固定的条件为

$$\begin{cases} y\left(-\frac{l}{2}\right) = y'\left(-\frac{l}{2}\right) = 0 \\ y\left(\frac{l}{2}\right) = y'\left(\frac{l}{2}\right) = 0 \end{cases}$$

根据弹性体最小能原理，如果物体处于平衡状态则总势能取最小值。梁平衡时，梁和载荷作为整体其势能达到最小值。梁的势能等于梁弯曲时所贮存的弯曲能，即

$$U = \int_{-\frac{l}{2}}^{\frac{l}{2}} \frac{1}{2}EJ\frac{1}{\rho^2}dx \qquad (3\text{-}26)$$

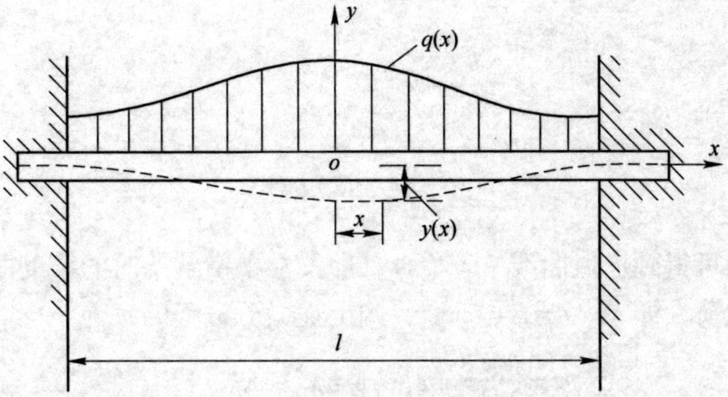

图3-7　两端固定梁的变形

式中　EJ——梁的抗弯刚度；

ρ——梁弯曲后的曲率半径。

已知

$$\frac{1}{\rho}=\frac{\dfrac{d^2y}{dx^2}}{\left[1+\left(\dfrac{dy}{dx}\right)^2\right]^{3/2}}\approx\frac{d^2y}{dx^2}$$

代入式（3-26），有

$$U=\int_{-\frac{l}{2}}^{\frac{l}{2}}\frac{1}{2}EJ\left(\frac{d^2y}{dx^2}\right)^2dx$$

其次，载荷 $q(x)$ 在变形中做功，其势能降低为

$$W=-\int_{-\frac{l}{2}}^{\frac{l}{2}}q(x)y(x)dx$$

故总势能为

$$\phi=U+W=\int_{-\frac{l}{2}}^{\frac{l}{2}}\left[\frac{1}{2}EJ\left(\frac{d^2y}{dx^2}\right)^2-q(x)y(x)\right]dx \tag{3-27}$$

在梁处于平衡时，总势能最小，这时 $\delta\phi=0$。由式（3-27）可知

$$F=\frac{1}{2}EJ(y'')^2-q(x)y \tag{3-28}$$

故 ϕ 是表3-1所列的第一栏泛函，利用间接法求解此变分问题时，可应用该表给出的欧拉－泊松方程，其中

$$F'_y=\frac{\partial F}{\partial y}=-q(x)$$

$$\frac{\partial F}{\partial y''}=EJy''=EJ\frac{d^2y}{dx^2}$$

所以

$$\frac{d^2}{dx^2}\left(\frac{\partial F}{\partial y''}\right)=EJ\frac{d^4y}{dx^4}$$

所以欧拉－泊松方程为

$$EJ\frac{d^4y}{dx^4}-q(x)=0$$

或

$$y^{(4)}=\frac{q(x)}{EJ}$$

解此微分方程，即可得到极值曲线 $y=y(x)$，即梁在平衡状态时的挠度曲线。

若梁受均布载荷，即 $q(x)=q=\text{const}$，则上述微分方程的解为

$$y=\frac{qx^4}{24EJ}+c_1x^3+c_2x^2+c_3x+c_4$$

利用边界条件

$$y\left(-\frac{l}{2}\right)=y'\left(-\frac{l}{2}\right)=y\left(\frac{l}{2}\right)=y'\left(\frac{l}{2}\right)=0$$

得到

$$y=\frac{q}{24EJ}\left(x^2-\frac{l^2}{4}\right)^2$$

3.5　在约束条件下泛函的极值——条件极值问题的变分法

除了无条件极值问题外，实际问题中还常常遇到约束条件下的极值问题。这时，就要用到条件极值问题的变分法。下面我们研究泛函

$$\phi[y_1,y_2,\cdots,y_n]=\int_{x_0}^{x_1}F(x,y_1,y_2,\cdots,y_n,y_1',y_2',\cdots,y_n')\,dx \tag{3-29}$$

在约束条件

$$f_i(x,y_1,y_2,\cdots,y_n)=0\quad(i=1,2,\cdots,k) \tag{3-30}$$

下的极值问题。

在数学分析中讲授过在约束条件下求函数极值的拉格朗日乘子法、罚函数法等，与此相应，在求解泛函的条件极值问题时，也可以应用这些方法。下面讲述拉格朗日乘子法，将约束条件式（3-30）分别乘以拉格朗日乘子 $\lambda_i(x)(i=1,2,\cdots,k)$ 并加到式（3-29）表示的原泛函 ϕ 中，便得到新的泛函

$$\phi^*=\int_{x_0}^{x_1}\left[F+\sum_{i=1}^{k}\lambda_i(x)f_i\right]dx=\int_{x_0}^{x_1}F^*\,dx \tag{3-31}$$

于是，我们便可把这个新泛函当作无条件极值问题处理。根据表 3-1 中第三栏泛函，可给出式（3-31）所示新泛函的欧拉方程组

$$\frac{\partial F^*}{\partial y_j}-\frac{d}{dx}\left(\frac{\partial F^*}{\partial y_j'}\right)=0\quad(j=1,2,\cdots,n) \tag{3-32}$$

由于

$$F^*=F+\sum_{i=1}^{k}\lambda_i(x)f_i$$

所以式（3-32）也可以写作

$$\frac{\partial F}{\partial y_j} + \sum_{i=1}^{k} \lambda_i(x) \frac{\partial f_i}{\partial y_j} - \frac{\mathrm{d}}{\mathrm{d}x}\left(\frac{\partial F}{\partial y_j{}'}\right) = 0 \quad (j = 1,2,\cdots,n) \tag{3-33}$$

再考虑到约束条件方程组（3-30），共有 $k+n$ 个方程，因而可以确定 $k+n$ 个未知函数 y_1，y_2，…，y_n 和 $\lambda_1(x)$，$\lambda_2(x)$，…，$\lambda_k(x)$。再利用边界条件 $y_1(x_0)=y_{10},\cdots,y_n(x_0)=y_{n0}$ 和 $y_1(x_1)=y_{11},\cdots,y_n(x_1)=y_{n1}$，就可以确定欧拉方程通解中的 $2n$ 个积分常数。这样得到的 y_1，y_2，…，y_n 可以使 ϕ^* 达到驻值。

【例题】 利用求解条件极值问题来证明，对于二维塑性变形问题，其拉格朗日乘子等于平均应力。

这个问题的总势能泛函为

$$\phi = U + W = \iint_S (\sigma_x\dot{\varepsilon}_x + \sigma_y\dot{\varepsilon}_y + 2\tau_{xy}\dot{\varepsilon}_{xy})\,\mathrm{d}S - \int_\Gamma (\bar{p}_x v_x + \bar{p}_y v_y)\,\mathrm{d}\Gamma \tag{3-34}$$

对平面变形问题 $\dot{\varepsilon}_z=0$，所以作为约束条件的体积不变条件为

$$\dot{\varepsilon}_x + \dot{\varepsilon}_y = \frac{\partial v_x}{\partial x} + \frac{\partial v_y}{\partial y} = 0 \tag{3-35}$$

由式（3-31），可以写出拉格朗日法的新泛函

$$\phi^* = \iint_S [(\sigma_x\dot{\varepsilon}_x + \sigma_y\dot{\varepsilon}_y + 2\tau_{xy}\dot{\varepsilon}_{xy}) + \lambda(\dot{\varepsilon}_x + \dot{\varepsilon}_y)]\,\mathrm{d}S - \iint_\Gamma (\bar{p}_x v_x + \bar{p}_y v_y)\,\mathrm{d}\Gamma \tag{3-36}$$

并可按无条件极值问题处理新泛函 ϕ^* 它取驻值的条件为 $\delta\phi^*=0$，从而得到

$$\begin{cases} F_1(v_x, v_y, \lambda) = 0 \\ F_2(v_x, v_y, \lambda) = 0 \\ \dfrac{\partial v_x}{\partial x} + \dfrac{\partial v_y}{\partial y} = 0 \end{cases} \tag{3-37}$$

解上述方程可以求出精确的速度场 v_x、v_y，用这个精确的速度场，并注意到 $\sigma_x = S_x + \sigma_\mathrm{m}$，$\sigma_y = S_y + \sigma_\mathrm{m}$，按式（1-34）可求出总势能泛函

$$\phi = \iint_S [(S_x\dot{\varepsilon}_x + S_y\dot{\varepsilon}_y + 2\tau_{xy}\dot{\varepsilon}_{xy}) + \sigma_\mathrm{m}(\dot{\varepsilon}_x + \dot{\varepsilon}_y)]\,\mathrm{d}S - \int_\Gamma (\bar{p}_x v_x + \bar{p}_y v_y)\,\mathrm{d}\Gamma \tag{3-38}$$

精确的速度场满足 $\dot{\varepsilon}_x + \dot{\varepsilon}_y = 0$，因为球应力分量不做塑性功，所以

$$\sigma_x\dot{\varepsilon}_x + \sigma_y\dot{\varepsilon}_y + 2\tau_{xy}\dot{\varepsilon}_{xy} = s_x\dot{\varepsilon}_x + s_y\dot{\varepsilon}_y + 2\tau_{xy}\dot{\varepsilon}_{xy}$$

因而得到

$$\phi = \iint_S [(\sigma_x\dot{\varepsilon}_x + \sigma_y\dot{\varepsilon}_y + 2\tau_{xy}\dot{\varepsilon}_{xy}) + \sigma_m(\dot{\varepsilon}_x + \dot{\varepsilon}_y)]\,\mathrm{d}S - \int_\Gamma (\bar{p}_x v_x + \bar{p}_y v_y)\,\mathrm{d}\Gamma \tag{3-39}$$

对比式（3-39）和式（3-36），可得

$$\lambda = \sigma_m$$

除了拉格朗日乘子法之外。罚函数法也常用于求解泛函的极值问题。设有泛函 ϕ 及约束条件 $f=0$，我们可以将约束条件平方后乘以一个足够大的数 M，即惩罚因子，并将其加到原泛函中去，这样就得到了一个新的泛函

$$\phi^* = \phi + Mf^2$$

在不满足 $f=0$ 时，即稍偏离约束条件时，则 $Mf^2 \neq 0$，且因为 M 是一个足够大的数，Mf^2 也将足够大，因而泛函 ϕ^* 不会达到其极值，只有在满足 $f=0$ 的条件下，ϕ^* 才可能达

到其极值，而这也正是泛函 ϕ 的极值。这样一来，原来带约束条件的泛函极值问题就转化为一个新的无极值的问题。

3.6　泛函极值问题的几种近似算法

由前面所述可知，从一切满足边界条件和一定连续条件的函数中寻找使泛函达到极值的函数，可以使用间接法，它归结为求解欧拉方程。但是，在多数问题中，求欧拉方程获得精确解十分困难。甚至不可能。在这种情况下，只有避开欧拉方程，寻求近似解法，与间接法相对应，这些近似方法常称为直接法。直接法简单，并可以给出工程上足够的精度，因此，广泛的应用于求解各种实际问题。在电子计算机广泛使用之后，直接法的应用更为普遍。

3.6.1　里兹法

这种方法是里兹首先在 1908 年提出的，其基本思想就是把泛函的极值问题转化为有限个变量的多元函数的极值问题，当变量数目为有限多个时，给出问题的近似解，它们的极限给出问题的精确解。

设 y 是泛函 $\phi(y)$ 取极值 m 的函数，即它是该极值问题的正确解，如果能够求得另一个函数 $\bar{y}$，它满足给定的边界条件，且使泛函 φ（$\bar{y}$）的值接近于 m，则 $\bar{y}$ 就是该极值问题的近似解。里兹以下述形式给出近似解

$$\bar{y} = \sum_{i=1}^{n} a_i w_i \tag{3-40}$$

式中　a_i——待定常数；

　　w_i——彼此线性无关的函数。

将 $\bar{y}$ 代入泛函的表达式中，经过微积分运算，可以将泛函 $\phi(y)$ 化为以待定常数 a_1，…，a_n 为自变量的多元函数

$$\phi[y] = \bar{\varphi}(a_1, a_2, \cdots, a_n) \tag{3-41}$$

依照数学分析中关于函数求极值的方法，很容易确定多元函数 $\bar{\varphi}(a_1, a_2, \cdots, a_n)$ 取极值的条件，此时只需求解下述关于 $a_1, a_2, \cdots, a_n$ 的代数方程组即可

$$\frac{\partial \bar{\varphi}}{\partial a_i} = 0 \quad (i = 1, \cdots, n) \tag{3-42}$$

解出 a_i 后代入式（3-40），$\bar{y}$ 即为原泛函极值问题的近似解。

n 为有限多个时，所得为近似解；n 越大，所得的近似解越接近于精确解，在 $n \to \infty$ 的情况下，所得的解是精确解。

【例题】　由理想刚－塑性材料制成的平行六面体在光滑平板间压缩（图 3-8），在平行六面体的侧边作用有均布应力，应力与变形抗力之比为 q_1 和 q_2，试确定其速度场，已知锤头位移速度为 v_0。

根据第 6 章讲的刚－塑性材料的变分原理，在一切运动许可的速度场中，使泛函 $\phi = N_d - N_e$ 或

$$\phi = \sigma_S \iiint_V \dot{\varepsilon} dv - \iint_{S_p} (\bar{p}_x v_x + \bar{p}_y v_y + \bar{p}_z v_z) dx \tag{3-43}$$

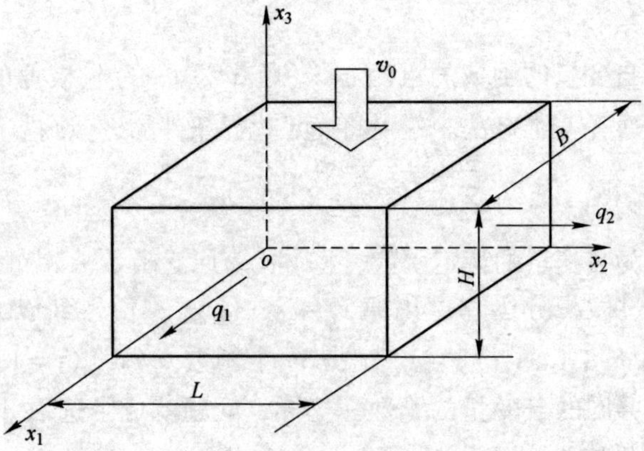

图 3-8 平行六面体在光滑平面间的压缩

的 $\delta\phi = 0$ 且取最小值的 v_i 必为本问题的解，问题归结为确定速度函数 v_i。利用里兹法，设速度函数为

$$v_1 = a\dot{\varepsilon}x_1, v_2 = (1-a)\dot{\varepsilon}x_2, v_3 = -\dot{\varepsilon}x_3$$

式中

$$\dot{\varepsilon} = v_0/H$$

因此

$$\dot{\varepsilon}_1 = a\dot{\varepsilon}, \dot{\varepsilon}_2 = (1-a)\dot{\varepsilon}, \dot{\varepsilon}_3 = -\dot{\varepsilon}$$

内部变形功率为

$$N_d = \sigma_s \iiint_V \dot{\bar{\varepsilon}} dv = \sigma_s \iiint_V \sqrt{\frac{2}{3}(\dot{\varepsilon}_1^2 + \dot{\varepsilon}_2^2 + \dot{\varepsilon}_3^2)} dV$$

$$\sqrt{\frac{2}{3}}\sigma_s \iiint_V \sqrt{2(a^2 - a + 1)}\dot{\varepsilon} dV = \sqrt{\frac{2}{3}}\sigma_s \sqrt{2(a^2 - a + 1)}\dot{\varepsilon}HBL$$

前面和后面上的外力功率为

$$N_{e_1} = q_1\sigma_s a\dot{\varepsilon}BLH$$

左面和右面上的外力功率为

$$N_{e_2} = (1-a)\dot{\varepsilon}q_2\sigma_s BHL$$

由式（3-43）有

$$\phi = \dot{\varepsilon}\sigma_s BHL\left[\frac{2}{\sqrt{3}}\sqrt{1 - a + a_2} - aq_1 - (1-a)q_2\right]$$

对真实的速度场，ϕ 达到其最小值，利用极值的必要条件，有

$$\frac{\partial\phi}{\partial a} = 0$$

得

$$a = \frac{1}{2}\left[1 + \frac{3(q_1 - q_2)}{\sqrt{4 - 3(q_1 - q_2)^2}}\right]$$

确定 a 之后，便可确定各位移速度 v_i。

3.6.2 康托罗维奇法

当求依赖于多个自变量的函数的泛函 $\phi[y(x_1,x_2,\cdots,x_n)]$ 极值的近似解时，一般利用里兹法的推广——康托罗维奇法。这时将满足边界条件的近似函数选成

$$\bar{y}(x_1,x_2,\cdots,x_n) = \sum_{i=1}^{n} A_i(x_n)\varphi_i(x_1,x_2,\cdots,x_{n-1}) \tag{3-44}$$

其中 $A_i(x_n)$ 是以 x_n 为自变量的待定函数，将 $\bar{y}$ 代入原泛函 ϕ 后，对设定的 $\varphi_i(x_1,x_2,\cdots,x_{n-1})$ 在原泛函中通过微积分运算可化掉 $x_1,x_2,\cdots,x_{n-1}$，便得到以 $A_1(x_n),A_2(x_n),\cdots,A_m(x_n)$为函数的泛函 $\phi^*(A_1,A_2\cdots,A_m)$，它是 m 个函数 $A_i(x_n)(i=1\sim m)$ 的泛函。但这些自变函数都是一个共同的自变量的函数。这样，问题就成了选取 $A_1,A_2,\cdots,A_m$，使 $\phi^*(A_1,A_2,\cdots,A_m)$ 达到极值。

求 $\phi^*(A_1,A_2,\cdots,A_m)$ 极值的程序是：通过变分求得 $A_1(x_n),A_2(x_n),\cdots,A_m(x_n)$ 的欧拉方程和有关的边界条件。这些欧拉方程是常微分方程。这样，就把原来含多变量的偏微分方程的问题转化为单变量的常微分方程的问题，这就是康托罗维奇法的特点。

如果 $m\to\infty$ 而取极限，则在某些条件下可以得到准确解。如果 m 取有限数，则用这种方法只得到近似解。因为 $A_i(x_n)\varphi_i(x_1,x_2,\cdots,x_{n-1})$ 中 $A_i(x_n)$ 是通过欧拉方程求得的严密解，所以它处理含有多个自变量函数的泛函时，比里兹法要精确得多。一般的经验是，经常把 $x_1,x_2,\cdots,x_n$ 中变化较为复杂且处于主要影响地位的变量取为 x_n，这有利于通过精确解把复杂的变化规律描述出来。

由于这种方法是选取含待定函数 $A_i(x_n)$ 的试函数再代入原泛函积分而得出以 $A_1,A_2,\cdots,A_m$ 为自变函数的新泛函，然后从这个泛函实现极值的欧拉方程中解出 $A_i(x_n)$，所以有人把这个方法称为联合法。

【例题】 考虑矩形截面 $S:(-a\leqslant x\leqslant a,\ -b\leqslant xy\leqslant b)$ 柱体的扭转问题。如图 3-9 所示，设柱体的长度为 l，柱体单位长度的扭角为 a，由于扭转时各截面在 xoy 面上的投影形状不变，在各截面内没有应变，即 $\varepsilon_x=\varepsilon_y=\varepsilon_{xy}=0$，此外还有 $\varepsilon_z=0$。此时 $\sigma_x=\sigma_y=\sigma_z=0$，$\tau_{xy}=0$，但 $\tau_{yz}=\tau_{zy}\neq 0$，$\tau_{xz}=\tau_{zx}\neq 0$，假定扭转均匀，则 τ_{zx}，τ_{zy} 仅为 x，y 的函数，即各截面上 τ_{zx}，τ_{zy}的分布相同。于是在三个平衡方程中，有两个恒定等于零，第三个可以写成

$$\frac{\partial\tau_{xz}}{\partial x}+\frac{\partial\tau_{yx}}{\partial y}=0$$

我们可以设法找到一个应力函数 $\varphi(x,y)$，使得用来表示的应力分量 τ_{zx}，τ_{zy} 满足平衡方程。

令
$$\tau_{xz}=-aG\frac{\partial\varphi}{\partial x},\ \tau_{yz}=aG\frac{\partial\varphi}{\partial y} \tag{3-45}$$

式中，G 为剪切弹性模量。很明显，这种情况下平衡方程可以满足，且 φ 在边界上为零。

在这种情况下，柱体扭转后储存的应变能为

$$U=\frac{l}{2}\iint_S(2\tau_{xz}\varepsilon_{xz}+2\tau_{yz}\varepsilon_{yz})\,\mathrm{d}x\mathrm{d}y \tag{3-46}$$

将式（3-45）代入式（3-46），有

$$U = \frac{la^2}{2}G\iint_S\left[\left(\frac{\partial\varphi}{\partial x}\right)^2 + \left(\frac{\partial\varphi}{\partial y}\right)^2\right]\mathrm{d}x\mathrm{d}y$$

外力矩对总扭角 al 做功为 lam，其势能减小为

$$W = -la\iint_S(-x\tau_{zy} + y\tau_{zx})\mathrm{d}x\mathrm{d}y = -la^2G\iint_S\left(-x\frac{\partial\varphi}{\partial y} - y\frac{\partial\varphi}{\partial y}\right)\mathrm{d}x\mathrm{d}y$$

按

$$\frac{\partial}{\partial x}(x\varphi) = x - \frac{\partial\varphi}{\partial x} + \varphi$$

$$\frac{\partial}{\partial y}(y\varphi) = y\frac{\partial\varphi}{\partial y} + \varphi$$

则上式成为

$$W = -la^2G\iint_S\left[2\varphi - \frac{\partial}{\partial x}(x\varphi) - \frac{\partial}{\partial y}(y\varphi)\right]\mathrm{d}x\mathrm{d}y$$

按格林公式，并注意在边界上 $\varphi = 0$，则得

$$W = -2la^2G\iint_S\varphi\mathrm{d}x\mathrm{d}y$$

因此,系统的总势能泛函为

$$\phi[\varphi(x,y)] = \frac{la^2G}{2}\int_{-a}^{a}\int_{-b}^{b}\left[\left(\frac{\partial\varphi}{\partial x}\right)^2 + \left(\frac{\partial\varphi}{\partial y}\right)^2 - 4\varphi\right]\mathrm{d}x\mathrm{d}y$$

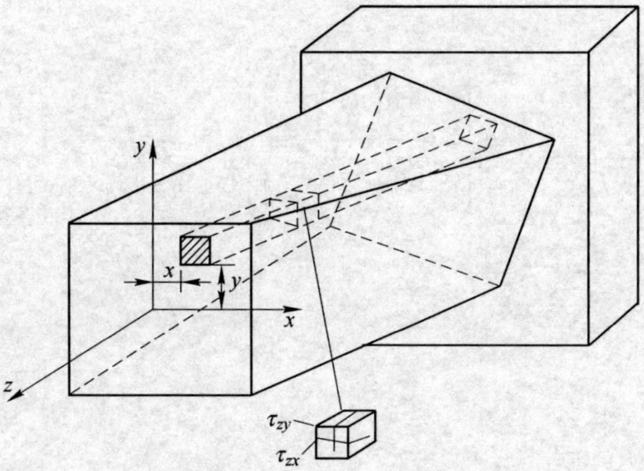

图 3-9　矩形截面柱体的扭转

下面用康托罗维奇方法求上述泛函的极值。

设取一级近似的函数

$$\varphi(x,y) = (b^2 - y^2)u(x)$$

其中 $y = \pm b$ 上的边界条件已经满足，此时的泛函为

$$\phi(u) = \frac{la^2G}{2}\int_{-a}^{a}\int_{-b}^{b}\{(b^2 - y^2)^2[u'(x)]^2 + 4y^2u^2(x) - 4(b^2 - y^2)u(x)\}\mathrm{d}x\mathrm{d}y$$

对 y 进行积分，上式化为

$$\phi(u) = \frac{la^2 G}{2}\int_{-a}^{a}\left[\frac{16}{15}b^5 u'^2 + \frac{8}{3}b^3 u^2 - \frac{16}{3}b^3 u\right]\mathrm{d}x$$

这个泛函的欧拉方程为

$$\frac{\partial F}{\partial u} - \frac{\mathrm{d}}{\mathrm{d}x}\left(\frac{\partial F}{\partial u'}\right) = 0$$

或

$$u''(x) - \frac{5}{2b^2}u(x) = -\frac{5}{2b^2}$$

这是一个常系数的线微分方程，边界条件是

$$u(\pm a) = 0$$

其通解为

$$u(x) = c_1 \mathrm{ch}\left(\sqrt{\frac{5}{2}}\frac{x}{b}\right) + c_2 \mathrm{sh}\left(\sqrt{\frac{5}{2}}\frac{x}{b}\right) + 1$$

c_1, c_2 由边界条件确定

$$c_1 = -\frac{1}{\mathrm{ch}\left(\sqrt{\frac{5}{2}}\frac{a}{b}\right)}, c_2 = 0$$

最后得出

$$u(x) = \left\{1 - \frac{\mathrm{ch}\left(\sqrt{\frac{5}{2}}\frac{x}{b}\right)}{\mathrm{ch}\left(\sqrt{\frac{5}{2}}\frac{a}{b}\right)}\right.$$

故一级的近似解为

$$\varphi = \left\{1 - \frac{\mathrm{ch}\left(\sqrt{\frac{5}{2}}\frac{x}{b}\right)}{\mathrm{ch}\left(\sqrt{\frac{5}{2}}\frac{a}{b}\right)}\right\}(b^2 - y^2)$$

4　求和约定和张量运算

张量的概念，在力学中是一个十分重要的概念，本章将着重讲述张量的概念以及张量的运算规则。为了便于矢量、张量等物理量的书写和描述，将首先介绍力学中通用的求和约定。

4.1　求和约定

标量是一个仅由数的大小表征的量，如温度、质量、能量等。矢量则是由数的大小和方向来表征的量，如力、速度等，它可由空间中的有向线段表示。

如图 4-1 所示，设在直角坐标系 $Ox_1x_2x_3$ 中有矢量 $\boldsymbol{u}$，它在三个坐标轴上的投影分别为 $\boldsymbol{u}_1$，$\boldsymbol{u}_2$，$\boldsymbol{u}_3$，则

$$\begin{aligned}\boldsymbol{u}_1 &= \boldsymbol{u}_{n_1}\\ \boldsymbol{u}_2 &= \boldsymbol{u}_{n_2}\\ \boldsymbol{u}_3 &= \boldsymbol{u}_{n_3}\end{aligned} \tag{4-1}$$

式中，n_1，n_2，n_3 为该矢量的方向余弦。

所以，一个矢量 $\boldsymbol{u}$ 完全可以由三个分量 $\boldsymbol{u}_1$，$\boldsymbol{u}_2$，$\boldsymbol{u}_3$ 来确定。为简便，可以用 $\boldsymbol{u}_i$ 来表示，$\boldsymbol{u}_i$ 的下标应理解为循环取值 1、2、3，这个规则称为变程规则。

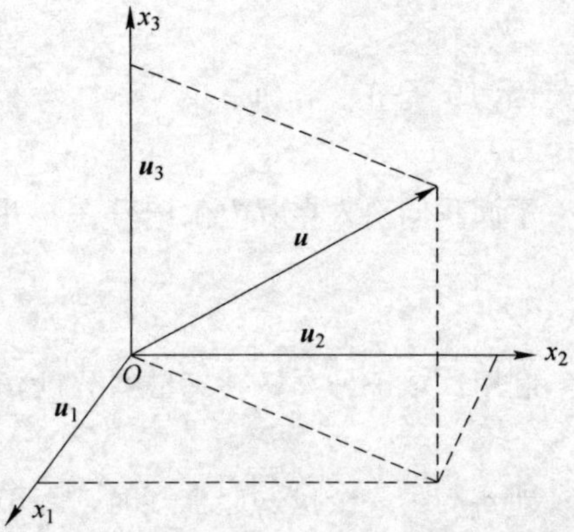

图 4-1　空间中的矢量

现有一与原坐标系 $Ox_1x_2x_3$ 共原点的另一坐标系 $Ox_1'x_2'x_3'$，新旧坐标系坐标轴夹角余弦为

$$a_{ij} = \cos(x_i', x_j) \tag{4-2}$$

则矢量 $\boldsymbol{u}$ 在新坐标系中的三个分量为

$$\begin{aligned}\boldsymbol{u}_1' &= a_{11}\boldsymbol{u}_1 + a_{12}\boldsymbol{u}_2 + a_{13}\boldsymbol{u}_3 = \sum_{j=1}^{3} a_{1j}\boldsymbol{u}_j\\ \boldsymbol{u}_2' &= a_{21}\boldsymbol{u}_1 + a_{22}\boldsymbol{u}_2 + a_{23}\boldsymbol{u}_3 = \sum_{j=1}^{3} a_{2j}\boldsymbol{u}_j\\ \boldsymbol{u}_3' &= a_{31}\boldsymbol{u}_1 + a_{32}\boldsymbol{u}_2 + a_{33}\boldsymbol{u}_3 = \sum_{j=1}^{3} a_{3j}\boldsymbol{u}_j\end{aligned} \tag{4-3}$$

利用变程规则，式（4-3）可写作

$$\boldsymbol{u}_i' = \sum_{j=1}^{3} a_{ij}\boldsymbol{u}_j \tag{4-4}$$

式中，下标 i 应理解为取值 1、2、3。

式(4-4)中求和时下标j出现两次，可以用重复下标表示求和而取消求和记号，这样式(4-4)就简化成

$$\boldsymbol{u}_i' = a_{ij}\boldsymbol{u}_j \tag{4-5}$$

这种简化规则称为加法规则。其中重复字母下标称为哑标，非重复的字母下标称为自由下标。一项中遇到重复的字母下标，就意味着该字母取值为1、2、3时所得各项要相加。这一约定不适用于数字下标。运用加法规则时要注意：

（1）哑标是说明求和的记号，用什么字母表示无关紧要。例如

$$\boldsymbol{\sigma}_m = \frac{1}{3}\boldsymbol{\sigma}_{ii} = \frac{1}{3}\boldsymbol{\sigma}_{jj} = \frac{1}{3}\boldsymbol{\sigma}_{kk}$$

（2）一方程式左右两边的自由下标必须相同。例如

$$p_i = \boldsymbol{\sigma}_{ij} n_j$$

$$p_{ij} q_{jk} = r_{ik}$$

不难理解，式（4-5）的逆变换为

$$u_i = a_{ij} u_j' \tag{4-6}$$

这是因为$\boldsymbol{a}_{ij}$是正交矩阵，有

$$[\boldsymbol{a}_{ij}]^{-1} = [\boldsymbol{a}_{ij}]^{\mathrm{T}} = [\boldsymbol{a}_{ij}]$$

下面我们引入克罗内尔记号δ_{ij}，并定义为

$$\delta_{ij} = \begin{cases} 1 & i=j \\ 0 & i \neq j \end{cases} \tag{4-7}$$

利用这个记号，任一矢量的分量$\boldsymbol{u}_i$可写作

$$\boldsymbol{u}_i = \delta_{ij}\boldsymbol{u}_j$$

即δ_{ij}与另一个量一起求和时，等于把那个量中与δ_{ij}相同的下标变换为δ_{ij}中另一下标，这种运算规则称为代换规则。

此外$\dfrac{\partial f(x_i)}{\partial x_j}$常缩写为$f_{,j0}$，逗号后面的下标表示对相应坐标求导。例如，应变与位移关系的几何方程$\varepsilon_{11} = \dfrac{\partial u_1}{\partial x_1}, \varepsilon_{12} = \dfrac{1}{2}\left(\dfrac{\partial u_1}{\partial x_2} + \dfrac{\partial u_2}{\partial x_1}\right), \cdots$可写成$\varepsilon_{ij} = \dfrac{1}{2}(u_{i,j} + u_{j,i})$。求和约定对含有求导下标也同样适用，此时不管有无表示求导的逗号，在同一项中两重复的下标即为表示求和的哑标。例如，力平衡微分方程$\dfrac{\partial \sigma_{11}}{\partial x_1} + \dfrac{\partial \sigma_{12}}{\partial x_2} + \dfrac{\partial \sigma_{13}}{\partial x_3} = 0, \cdots$可写作$\sigma_{ij,j} = 0$，其中$j$为哑标。

4.2　张量及其性质

首先，我们考虑点应力状态之应力分量的坐标变换。如图4-2所示，假如斜面的法线方向恰为新坐标轴的x_1'方向，我们已知有下述关系

$$\sigma_{11}' = a_{11}^2\sigma_{11} + a_{12}^2\sigma_{22} + a_{13}^2\sigma_{33} + a_{11}a_{12}\sigma_{21} + a_{12}a_{13}\sigma_{22} + a_{12}a_{13}\sigma_{32} + a_{13}a_{11}\sigma_{31} + a_{13}a_{11}\sigma_{13}$$

$$\sigma_{12}' = a_{11}a_{21}\sigma_{11} + a_{12}a_{22}\sigma_{22} + a_{13}a_{23}\sigma_{33} + (a_{11}a_{22} + a_{12}a_{21})\sigma_{12} + (a_{12}a_{23} + a_{13}a_{22})\sigma_{23} + (a_{13}a_{21} + a_{11}a_{23})\sigma_{31}$$

$$\cdots$$

按求和约定可写成

$$\sigma'_{ij}=\sigma_{m}a_{mi}a_{nj}(i,j,m,n=1,2,3) \quad (4\text{-}8)$$

式中 i,j——自由下标；

m，n——哑标；

a_{mi}，a_{nj}——新旧坐标轴间的夹角余弦。

将式（4-8）全面展开，然后归纳整理，可得如下的矩阵方程

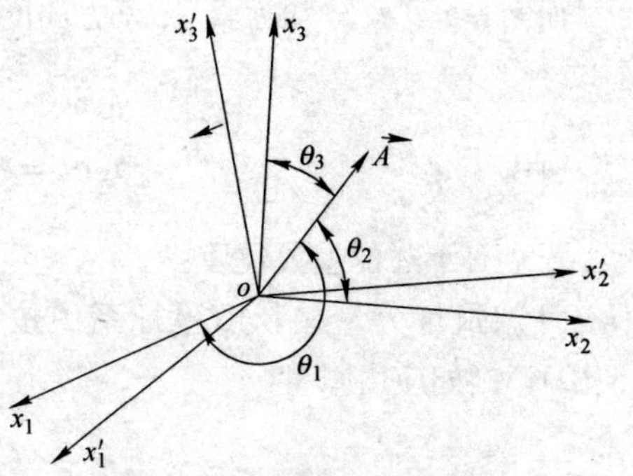

图 4-2 新旧坐标系之间的关系

$$\begin{bmatrix}\sigma'_{11} & \sigma'_{12} & \sigma'_{13}\\ \sigma'_{21} & \sigma'_{22} & \sigma'_{23}\\ \sigma'_{31} & \sigma'_{32} & \sigma'_{33}\end{bmatrix}=\begin{bmatrix}a_{11} & a_{12} & a_{13}\\ a_{21} & a_{22} & a_{23}\\ a_{31} & a_{32} & a_{33}\end{bmatrix}\begin{bmatrix}\sigma_{11} & \sigma_{12} & \sigma_{13}\\ \sigma_{21} & \sigma_{22} & \sigma_{23}\\ \sigma_{31} & \sigma_{32} & \sigma_{33}\end{bmatrix}\begin{bmatrix}a_{11} & a_{21} & a_{31}\\ a_{12} & a_{22} & a_{32}\\ a_{13} & a_{23} & a_{33}\end{bmatrix}$$

或写成

$$\boldsymbol{\sigma}'=\boldsymbol{a}\boldsymbol{\sigma}\boldsymbol{a}^{\mathrm{T}} \quad (4\text{-}9)$$

由于 $\boldsymbol{a}$ 是正交矩阵，故

$$\boldsymbol{a}^{\mathrm{T}}=\boldsymbol{a}^{-1}$$

矩阵方程式（4-9）成为

$$\boldsymbol{\sigma}'=\boldsymbol{a}\boldsymbol{\sigma}\boldsymbol{a}^{-1}$$

将方程两边各左乘 $\boldsymbol{a}^{-1}$，右乘 $\boldsymbol{a}$，得

$$\boldsymbol{\sigma}=\boldsymbol{a}^{-1}\boldsymbol{\sigma}'\boldsymbol{a}$$

按求和约定，写成

$$\boldsymbol{\sigma}_{ij}=\boldsymbol{\sigma}'\boldsymbol{a}_{mn}\boldsymbol{a}_{mi}\boldsymbol{a}_{nj} \quad (4\text{-}10)$$

式（4-8）~式（4-10）为点应力状态的应力分量坐标变换式。

还有一些物理量，如应变、应变速率，它们的分量也都满足式（4-8）~式（4-10）这样的变换关系，这样的量称为二阶张量。写成

$$\boldsymbol{\sigma}_{ij}=\begin{pmatrix}\sigma_{11} & \sigma_{12} & \sigma_{13}\\ \sigma_{21} & \sigma_{22} & \sigma_{23}\\ \sigma_{31} & \sigma_{32} & \sigma_{33}\end{pmatrix}$$

$$\boldsymbol{\varepsilon}_{ij}=\begin{pmatrix}\varepsilon_{11} & \varepsilon_{12} & \varepsilon_{13}\\ \varepsilon_{21} & \varepsilon_{22} & \varepsilon_{23}\\ \varepsilon_{31} & \varepsilon_{32} & \varepsilon_{33}\end{pmatrix}$$

$\boldsymbol{\delta}_{ij}$实际上是一个单位二阶张量

$$\boldsymbol{\delta}_{ij}=\begin{pmatrix}1 & 0 & 0\\ 0 & 1 & 0\\ 0 & 0 & 1\end{pmatrix}$$

此外，可以证明 $\boldsymbol{a}_{ik}\boldsymbol{a}_{jk}=\boldsymbol{\delta}_{ij}$

因为 $\boldsymbol{a}_{ik}\boldsymbol{a}_{jk}=\boldsymbol{e}_{i}\boldsymbol{e}_{k}\boldsymbol{e}_{j}\boldsymbol{e}_{k}$

而 $\boldsymbol{e}_i$，$\boldsymbol{e}_j$，$\boldsymbol{e}_k$ 分别为 i，j，k 方向的单位矢量

且

$$\boldsymbol{e}_k\boldsymbol{e}_k = 1$$

所以

$$\boldsymbol{a}_{ik}\boldsymbol{a}_{jk} = \boldsymbol{e}_i\boldsymbol{e}_j = \begin{Bmatrix} 1, & i=j \\ 0, & i\neq j \end{Bmatrix} = \delta i_j$$

张量有下述的重要性质：

（1）张量分量在新旧坐标系中按一定的规则变换，这就是前面的式（4-8）和式(4-10)。例如应力张量

$$\boldsymbol{\sigma}'_{kh} = \boldsymbol{a}_{ki}\boldsymbol{a}_{hj}\boldsymbol{\sigma}_{ij}$$

应变张量

$$\boldsymbol{\varepsilon}'_{kh} = \boldsymbol{a}_{ki}\boldsymbol{a}_{hj}\boldsymbol{\varepsilon}_{ij}$$

（2）张量 $\boldsymbol{T}_{ij}$对称时，可通过坐标旋转，使坐标轴方向和主轴方向一致，这时 $\boldsymbol{T}'_{ij}$写作

$$T'_{ij} = \begin{pmatrix} T'_{11} & 0 & 0 \\ 0 & T'_{22} & 0 \\ 0 & 0 & T'_{22} \end{pmatrix}$$

（3）虽然张量分量随所选坐标系不同而按一定规律变化，但由于它描述的是物体某一点的物理性质，在一定外界条件下，这种性质并不会因坐标选择而变，这就是张量的不变性。二阶张量有下述一次、二次、三次不变量

$$I_1 = T_{11} + T_{22} + T_{33}$$

$$I_2 = \begin{vmatrix} T_{22} & T_{23} \\ T_{32} & T_{33} \end{vmatrix} + \begin{vmatrix} T_{11} & T_{13} \\ T_{31} & T_{33} \end{vmatrix} + \begin{vmatrix} T_{11} & T_{12} \\ T_{21} & T_{22} \end{vmatrix}$$

$$I_3 = \begin{vmatrix} T_{11} & T_{12} & T_{13} \\ T_{21} & T_{22} & T_{23} \\ T_{31} & T_{32} & T_{33} \end{vmatrix}$$

应当指出，向量也具有这样的性质，向量的模不随所选坐标而变，但是向量在各坐标轴上的分量却随坐标选择而以一定的规律变化。这样，在新旧坐标系中按式（4-5）和式（4-6）那样的规律变换的，称为一阶张量，而按式(4-8)和式(4-10)那样的规律变换的，称为二阶张量，而标量是零阶张量。

力学中，除应力张量外，应变张量、应变速率张量、偏差应力张量、偏差应变张量、偏差应变速率都是二阶对称张量，都具有上述性质。

4.3　张量的运算规则

下面讨论关于张量的加法、乘法等一些简单运算。

（1）张量的加法。同阶张量之和或差为另一同阶张量，这个张量的各个分量分别为上述两个张量相应分量之和或差。例如分量为 $\boldsymbol{A}_{ij}$和 $\boldsymbol{B}_{ij}$的两个二阶张量，其和或差为另一个二阶张量，其分量为

$$\boldsymbol{C}_{ij} = \boldsymbol{A}_{ij} \pm \boldsymbol{B}_{ij} \tag{4-11}$$

已知 $\boldsymbol{A}_{ij} = \boldsymbol{A}'_{mn}\boldsymbol{a}_{mi}\boldsymbol{a}_{nj}$，$\boldsymbol{B}_{ij} = \boldsymbol{B}'_{mn}\boldsymbol{a}_{mi}\boldsymbol{a}_{nj}$为二阶张量，则

$$C_{ij}=A_{ij}\pm B_{ij}=A'_{mn}a_{mi}a_{nj}\pm B'_{mn}a_{mi}a_{nj}=(A'_{mn}\pm B'_{mn})a_{mi}a_{nj}$$

令
$$C_{mn}=A'_{mn}+B'_{mn}$$

则
$$C_{ij}=C'_{mn}a_{mi}a_{nj}$$

由此可见，C_{ij}是二阶张量，因为它满足二阶张量的坐标变换式。这个张量的分量等于两个张量对应分量之和或差。

(2) 张量与数量的乘法。张量与数相乘得到一个同阶张量，其分量等于数与张量分量的乘积。

例如，已知二阶张量为 $A_{ij}=A'_{mn}a_{mi}a_{nj}$，它与数量 λ 之积为

$$\lambda A_{ij}=\lambda A'_{mn}a_{mi}a_{nj}$$

令
$$B_{ij}=\lambda A_{ij},\ \lambda A'_{mn}=B'_{mn}$$

则
$$B_{ij}=B'_{mn}a_{mi}a_{nj}$$

由此可见，张量与数的乘积得到一个同阶张量，因为它符合二阶张量的坐标变换式，这个张量的分量等于数与原张量分量的乘积。

例如一点处的应力状态可写成

$$\sigma_{ij}=S_{ij}+\sigma_m\delta_{ij} \tag{4-12}$$

或
$$\begin{pmatrix}\sigma_{11} & \sigma_{12} & \sigma_{13}\\ \sigma_{21} & \sigma_{22} & \sigma_{23}\\ \sigma_{31} & \sigma_{32} & \sigma_{33}\end{pmatrix}=\begin{pmatrix}s_{11} & s_{12} & s_{13}\\ s_{21} & s_{22} & s_{23}\\ s_{31} & s_{32} & s_{33}\end{pmatrix}+\sigma_m\begin{pmatrix}1 & 0 & 0\\ 0 & 1 & 0\\ 0 & 0 & 1\end{pmatrix}$$

球应力分量

$$\sigma_m=\frac{1}{3}(\sigma_{11}+\sigma_{22}+\sigma_{33})=\frac{1}{3}\sigma_{ii}$$

偏差应力分量

$$s_{11}=\sigma_{11}-\sigma_m \quad s_{12}=\sigma_{12}$$
$$s_{22}=\sigma_{22}-\sigma_m \quad s_{23}=\sigma_{23}$$
$$s_{33}=\sigma_{33}-\sigma_m \quad s_{31}=\sigma_{31}$$

或
$$s_{ij}=\sigma_{ij}-\sigma_m\delta_{ij}$$

(3) 张量的乘法。张量的乘积确定另一张量，其分量分别等于两个张量诸分量的相互乘积，两个张量具有不同的下标时，例如分量为 A_{ij}和 B_{kr}的两个张量，它们的乘积确定一个四阶张量

$$C_{ijkh}=A_{ij}B_{kh}$$

张量的这种乘积称为外积，但两个二阶张量有一个相同的下标时，则其乘积因重复下标求和而得到二阶张量

$$C_{ik}=A_{ij}B_{jk}$$

张量的这种乘积称为内积，在张量相乘时由于下标相同而使乘积张量降阶，称为减缩规则。

例如，已知二阶张量 $A_{ij}=A'_{mn}a_{mi}a_{nj}$，$B_{jk}=B'_{pq}a_{pj}a_{qk}$，则它们的乘积为

$$A_{ij}B_{jk}=A'_{mn}a_{mi}a_{nj}B'_{pq}a_{pj}a_{qk}=A'_{mn}B'_{pq}a_{mi}a_{nj}a_{pj}a_{qk}$$

而

$$\boldsymbol{a}_{nj}\boldsymbol{a}_{pj}=\boldsymbol{\delta}_{np}=\begin{cases}1, & n=p\\0, & n\neq p\end{cases}$$

所以

$$\boldsymbol{A}_{ij}\boldsymbol{B}_{jk}=\boldsymbol{A}'_{mn}\boldsymbol{B}'_{np}\boldsymbol{a}_{mi}\boldsymbol{a}_{qk}$$

令
$$\boldsymbol{C}'_{mq}=\boldsymbol{A}'_{mn}\boldsymbol{B}'_{nq}$$

则
$$\boldsymbol{A}_{ij}\boldsymbol{B}_{jk}=\boldsymbol{C}'_{mq}\boldsymbol{a}_{mi}\boldsymbol{a}_{qk}$$

可见，乘积$\boldsymbol{A}_{ij}\boldsymbol{B}_{jk}$为一个二阶张量，令其为

$$\boldsymbol{C}_{ik}=\boldsymbol{A}_{ij}\boldsymbol{B}_{jk}$$

则
$$\boldsymbol{C}_{ik}=\boldsymbol{A}_{ij}\boldsymbol{B}_{jk}=\boldsymbol{C}'_{mq}\boldsymbol{a}_{mi}\boldsymbol{a}_{qk}$$

（4）矢量与张量的乘积。

1）$\boldsymbol{C}=\boldsymbol{b}\boldsymbol{A}_{ij}$称为矢量$\boldsymbol{b}$对张量$\boldsymbol{A}_{ij}$的左乘相乘后得行矢量$\boldsymbol{C}$，其分量可按矩阵乘法的原则确定。

$$(c_1\quad c_2\quad c_3)=(b_1\quad b_2\quad b_3)\begin{pmatrix}a_{11} & a_{12} & a_{13}\\a_{21} & a_{22} & a_{23}\\a_{31} & a_{32} & a_{33}\end{pmatrix}$$

按求和约定写法证明　　$\boldsymbol{c}_i=\boldsymbol{b}_k\boldsymbol{a}_{ki}$

因为　　$\boldsymbol{b}'_k\boldsymbol{a}'_{ki}=\boldsymbol{a}_{kj}\boldsymbol{b}_j\boldsymbol{a}_{pq}\boldsymbol{a}_{kp}\boldsymbol{a}_{iq}=\boldsymbol{a}_{iq}\boldsymbol{b}_j\boldsymbol{a}_{pq}\boldsymbol{\delta}_{jp}=\boldsymbol{a}_{iq}\boldsymbol{b}_p\boldsymbol{a}_{pq}=\boldsymbol{a}_{iq}\boldsymbol{c}_q=\boldsymbol{c}'_i$

2）$\boldsymbol{C}=\boldsymbol{A}_{ij}\boldsymbol{b}$，称为矢量$\boldsymbol{b}$对张量$\boldsymbol{A}_{ij}$的右乘，相乘后得列矢量$\boldsymbol{C}$，其分量可按矩阵乘法的原则确定

$$\begin{pmatrix}c_1\\c_2\\c_3\end{pmatrix}=\begin{pmatrix}a_{11} & a_{12} & a_{13}\\a_{21} & a_{22} & a_{23}\\a_{31} & a_{32} & a_{33}\end{pmatrix}\begin{pmatrix}b_1\\b_2\\b_3\end{pmatrix}$$

按求和约定写出$\boldsymbol{c}_i=\boldsymbol{a}_{ik}\boldsymbol{b}_k$

证明同上。

（5）张量的分解。

设$\boldsymbol{T}_{ij}$为一二阶张量，若

$$\boldsymbol{T}_{ij}=\boldsymbol{T}_{ji}$$

则$\boldsymbol{T}_{ij}$称为对称二阶张量，若

$$\boldsymbol{T}_{ij}=-\boldsymbol{T}_{ji}$$

则$\boldsymbol{T}_{ij}$称为反对称张量。它的对角线元素为零。

任何一个二阶张量都可以分解为一个分量为$\frac{1}{2}(\boldsymbol{T}_{ij}+\boldsymbol{T}_{ji})$的对称张量和一个分量为$\frac{1}{2}(\boldsymbol{T}_{ij}-\boldsymbol{T}_{ji})$的反对称张量，即

$$\boldsymbol{T}_{ij}=\frac{1}{2}(\boldsymbol{T}_{ij}+\boldsymbol{T}_{ji})+\frac{1}{2}(\boldsymbol{T}_{ij}-\boldsymbol{T}_{ji})$$

相对位移张量为

$$\begin{pmatrix} \frac{\partial u_1}{\partial x_1} & \frac{\partial u_1}{\partial x_2} & \frac{\partial u_1}{\partial x_3} \\ \frac{\partial u_2}{\partial x_1} & \frac{\partial u_2}{\partial x_2} & \frac{\partial u_2}{\partial x_3} \\ \frac{\partial u_3}{\partial x_1} & \frac{\partial u_3}{\partial x_2} & \frac{\partial u_3}{\partial x_3} \end{pmatrix} \quad \text{或} \quad \boldsymbol{u}_{i,j}$$

一般情况下，这个张量相对其主对角线是不对称的，也就是它包含刚性转动所产生的位移。利用上述方法可将 $\boldsymbol{u}_{i,j}$ 分解为对称张量和反对称张量

$$\boldsymbol{u}_{i,j} = \frac{1}{2}(\boldsymbol{u}_{i,j} + \boldsymbol{u}_{j,i}) + \frac{1}{2}(\boldsymbol{u}_{i,j} - \boldsymbol{u}_{j,i})$$

或

$$\begin{pmatrix} \frac{\partial u_1}{\partial x_1} & \frac{\partial u_1}{\partial x_2} & \frac{\partial u_1}{\partial x_3} \\ \frac{\partial u_2}{\partial x_1} & \frac{\partial u_2}{\partial x_2} & \frac{\partial u_2}{\partial x_3} \\ \frac{\partial u_3}{\partial x_1} & \frac{\partial u_3}{\partial x_2} & \frac{\partial u_3}{\partial x_3} \end{pmatrix} = \begin{pmatrix} \frac{1}{2}\left(\frac{\partial u_1}{\partial x_1} + \frac{\partial u_1}{\partial x_1}\right) & \frac{1}{2}\left(\frac{\partial u_1}{\partial x_2} + \frac{\partial u_2}{\partial x_1}\right) & \frac{1}{2}\left(\frac{\partial u_1}{\partial x_3} + \frac{\partial u_3}{\partial x_1}\right) \\ \frac{1}{2}\left(\frac{\partial u_2}{\partial x_1} + \frac{\partial u_1}{\partial x_2}\right) & \frac{1}{2}\left(\frac{\partial u_2}{\partial x_2} + \frac{\partial u_2}{\partial x_2}\right) & \frac{1}{2}\left(\frac{\partial u_2}{\partial x_3} + \frac{\partial u_3}{\partial x_2}\right) \\ \frac{1}{2}\left(\frac{\partial u_3}{\partial x_1} + \frac{\partial u_1}{\partial x_3}\right) & \frac{1}{2}\left(\frac{\partial u_3}{\partial x_2} + \frac{\partial u_2}{\partial x_3}\right) & \frac{1}{2}\left(\frac{\partial u_3}{\partial x_3} + \frac{\partial u_3}{\partial x_3}\right) \end{pmatrix} +$$

$$\begin{pmatrix} 0 & \frac{1}{2}\left(\frac{\partial u_1}{\partial x_2} - \frac{\partial u_2}{\partial x_1}\right) & \frac{1}{2}\left(\frac{\partial u_1}{\partial x_3} - \frac{\partial u_3}{\partial x_1}\right) \\ \frac{1}{2}\left(\frac{\partial u_2}{\partial x_1} - \frac{\partial u_1}{\partial x_2}\right) & 0 & \frac{1}{2}\left(\frac{\partial u_2}{\partial x_3} - \frac{\partial u_3}{\partial x_2}\right) \\ \frac{1}{2}\left(\frac{\partial u_3}{\partial x_1} + \frac{\partial u_1}{\partial x_3}\right) & \frac{1}{2}\left(\frac{\partial u_3}{\partial x_2} + \frac{\partial u_2}{\partial x_3}\right) & 0 \end{pmatrix}$$

等号右侧的对称张量称为无旋张量或纯应变张量，即

$$\boldsymbol{\varepsilon}_{i,j} = \frac{1}{2}(\boldsymbol{u}_{i,j} + \boldsymbol{u}_{j,i})$$

而等号右侧的反对称张量是对应于刚性转动的张量，其分量恰好是刚性转动的角位移矢量的分量。

5 变形力学方程

描述物体变形过程的变形力学方程是我们研究塑性加工变形过程的基本方程。本章在读者已有的塑性加工力学基础之上，给出了变形体的静力平衡方程、几何方程、屈服条件和塑性状态下的本构关系。为便于说明问题，本章以统一的方式给出了描述稳定材料塑性功不可逆的 Drucker 公设和最大塑性功原理。

5.1 静力方程和几何方程

5.1.1 静力方程

（1）力平衡微分方程

$$\sigma_{ij,j} + X = 0 \tag{5-1}$$

（2）应力边界条件

$$p_i = \sigma_{ij} n_j \tag{5-2}$$

这些方程既适用于弹性问题，也适用于塑性问题。

5.1.2 几何方程

（1）应变与位移的关系方程

$$\varepsilon_{ij} = \frac{1}{2}(u_{i,j} + u_{j,i}) \tag{5-3}$$

上式是小变形情况下导出的，只要是小变形，不论是弹性问题还是塑性问题都适用。

（2）应变增量和位移增量的关系方程

$$\mathrm{d}\varepsilon_{ij} = \frac{1}{2}(\mathrm{d}u_{i,j} + \mathrm{d}u_{j,i}) \tag{5-4}$$

应当指出，变形的微小增量也是小变形，所以式(5-4)成立，沿变形路径或沿流线积分，可求出总变形。

（3）应变速率和位移速度关系方程。将式(5-4)两边同除以时间，得 $\mathrm{d}t$，则得

$$\dot{\varepsilon}_{ij} = \frac{1}{2}(v_{i,j} + v_{j,i}) \tag{5-5}$$

当已知变形体内各点的位移速度分量时，按此式很容易确定各点的应变速率，进而可以计算各点的单位体积内部变形功率 $\sigma_{ij}\dot{\varepsilon}_{ij}$。

（4）不可压缩或体积不变方程

$$\varepsilon_{ii} = 0 \quad 或 \quad \mathrm{d}\varepsilon_{ii} = 0 \quad 或 \quad \dot{\varepsilon}_{ii} = 0 \tag{5-6}$$

5.2 屈服条件

屈服条件又称塑性方程，它是塑性变形物理方程之一。在一定的变形条件下，受力物体内某点处的屈服条件是该点处各应力分量的函数，即

$$f(\sigma_{ij})=0 \tag{5-7}$$

$f(\sigma_{ij})$ 称为屈服函数。它与坐标选择无关，也与对应弹性体积变化的球应力分量无关，只与对应形状改变的偏差应力分量有关。

偏差应力的一次不变量

$$J_1'=s_{ii}=\sigma_{ii}-3\sigma_{m}=\sigma_{ii}-J_1=0 \tag{5-8}$$

而三次不变量 J_3' 影响不大，可略去，则屈服条件只与偏差应力的二次不变量 J_2' 有关，只要 J_2' 达到某一定值时，金属便由弹性状态过渡到塑性状态，即产生屈服。因此，屈服条件可以表示为

$$J_2'=\text{const} \tag{5-9}$$

因为

$$J_2'=\frac{1}{2}s_{ij}s_{ij} \tag{5-10}$$

而常数可由简单应力状态屈服实验确定，如由单向拉伸（压缩）实验可确定此常数为 $\sigma_3^2/3$，由薄壁管纯扭转实验可确定此常数为 k^2。

所以屈服条件可写成

$$s_{ij}s_{ij}=\frac{2}{3}\sigma_3^2$$

或

$$s_{ij}s_{ij}=2k^2 \tag{5-11}$$

式中 σ_s——单向应力状态的屈服应力；

k——屈服切应力。

除了 Mises 屈服条件外，还有下述几种屈服条件也常用到。

（1）Tresca 屈服条件。这个屈服条件认为当物体内最大切应力达到屈服切应力时便发生屈服，即

$$\tau_{max}=\frac{1}{2}(\sigma_1-\sigma_3)=k$$

（2）各向异性材料的屈服条件。各向异性材料的屈服应力随方向而异，因此不能用应力不变量来描述屈服条件。Hill 提出了下述屈服条件

$$F(\sigma_y-\sigma_z)^2+G(\sigma_z-\sigma_x)^2+H(\sigma_x-\sigma_y)^2+2L\tau_{yz}{}^2+2M\tau_{zx}{}^2+2N\tau_{xy}{}^2=C$$

式中，F、G、H、L、M、N 为常数。

（3）烧结金属等可压缩材料的屈服条件。烧结金属等可压缩材料的屈服受静水压力的影响，这种材料的屈服条件一般表示成

$$J_2'+aJ_1^2=C$$

大矢根等根据实验，将 a 作为相对密度的函数，C 作为金属的等效应力及相对密度 ρ 的函数，以下式给出其屈服条件

$$\bar{\sigma}^*=f_1\bar{\sigma}=\left\{\frac{1}{2}[(\sigma_x-\sigma_y)^2+(\sigma_y-\sigma_z)^2+(\sigma_z-\sigma_x)^2+6(\tau_{xy}{}^2+\tau_{yz}{}^2+\tau_{zx}^2)]+g\sigma_m^2\right\}^{1/2} \tag{5-12}$$

其中，f_1 和 g 是相对密度 ρ 的函数，以实验求出。

这种屈服条件在主应力空间中用椭球体表示，$\sigma_2=\sigma_3$ 的截面所截取的椭圆如图 5-1 所示。

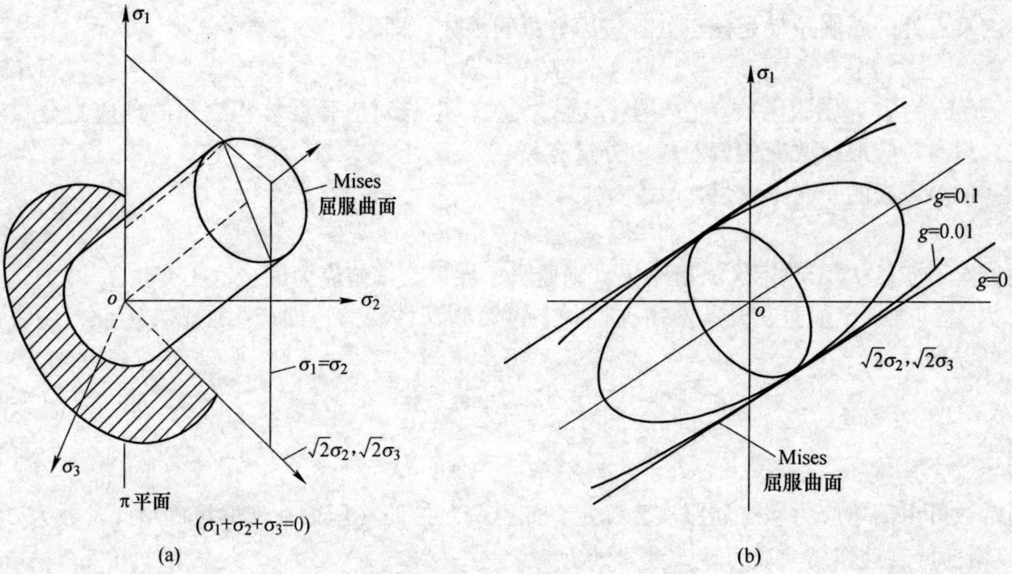

图 5-1　$\sigma_2=\sigma_3$ 截面所截取的椭圆

5.3　等效应力、等效应变和等效应变速率

式(5-11)也可以写成

$$\overline{\sigma}=\sigma_s=\sqrt{\frac{3}{2}s_{ij}s_{ij}}=\sqrt{3J_2'} \tag{5-13}$$

$\overline{\sigma}$ 称为等效应力（或称应力强度），利用它将复杂应力状态等效为单向应力状态。把

$$J_2'=\frac{1}{6}[(\sigma_{11}-\sigma_{22})^2+(\sigma_{22}-\sigma_{33})^2+(\sigma_{33}-\sigma_{11})^2+6(\sigma_{12}^2+\sigma_{23}^2+\sigma_{31}^2)]$$

代入式（5-13），有

$$\overline{\sigma}=\frac{1}{\sqrt{2}}\sqrt{(\sigma_{11}-\sigma_{22})^2+(\sigma_{22}-\sigma_{33})^2+(\sigma_{33}-\sigma_{11})^2+6(\sigma_{12}^2+\sigma_{23}^2+\sigma_{31}^2)} \tag{5-14}$$

我们用加工硬化程度来表征塑性变形过程中一般应力状态和简单应力状态之间的等效关系。加工硬化程度实质上表示两者储存的变形潜能，所以用塑性变形功相等的原则，可以确定等效应变（或应变强度）

$$\overline{\varepsilon}=\frac{2}{\sqrt{3}}\sqrt{I_2'} \tag{5-15}$$

但

$$I_2'=\frac{1}{2}e_{ij}\,e_{ij} \tag{5-16}$$

$$=\frac{1}{6}[(\varepsilon_{11}-\varepsilon_{22})^2+(\varepsilon_{22}-\varepsilon_{33})^2+(\varepsilon_{33}-\varepsilon_{11})^2+6(\varepsilon_{12}^2+\varepsilon_{23}^2+\varepsilon_{31}^2)] \tag{5-17}$$

式中 e_{ij}——偏差应变张量。

将式(5-16)和式(5-17)代入式(5-15)，有

$$\bar{\varepsilon}=\sqrt{\frac{2}{3}e_{ij}e_{ij}} \tag{5-18}$$

或

$$\bar{\varepsilon}=\sqrt{\frac{2}{9}[(\varepsilon_{11}-\varepsilon_{22})^2+(\varepsilon_{22}-\varepsilon_{33})^2+(\varepsilon_{33}-\varepsilon_{11})^2+6(\varepsilon_{12}^2+\varepsilon_{23}^2+\varepsilon_{31}^2)]} \tag{5-19}$$

对简单拉伸 $\bar{\varepsilon}=\varepsilon_1$

对简单压缩 $\bar{\varepsilon}=\varepsilon_3$

对平面变形 $\bar{\varepsilon}=\frac{3}{\sqrt{2}}\varepsilon_1$

对照式（5-19），可写出等效应变增量为

$$d\bar{\varepsilon}=\sqrt{\frac{2}{3}de_{ij}e_{ij}}$$

或

$$d\bar{\varepsilon}=\sqrt{\frac{2}{9}[(d\varepsilon_{11}-d\varepsilon_{22})^2+(d\varepsilon_{22}-d\varepsilon_{33})^2+(d\varepsilon_{33}-d\varepsilon_{11})^2+6(d\varepsilon_{12}^2+d\varepsilon_{23}^2+d\varepsilon_{31}^2)]} \tag{5-20}$$

等效应变速率为

$$\dot{\bar{\varepsilon}}=\sqrt{\frac{2}{3}d\dot{e}_{ij}\dot{e}_{ij}}$$

$$\dot{\bar{\varepsilon}}=\sqrt{\frac{2}{9}[(\dot{\varepsilon}_{11}-\dot{\varepsilon}_{22})^2+(\dot{\varepsilon}_{22}-\dot{\varepsilon}_{33})^2+(\dot{\varepsilon}_{33}-\dot{\varepsilon}_{11})^2+6(\dot{\varepsilon}_{12}^2+\dot{\varepsilon}_{23}^2+\dot{\varepsilon}_{31}^2)]} \tag{5-21}$$

5.4 变形抗力模型

为进行实际工程计算，需要知道等效应力和等效应变的关系曲线，即 $\bar{\sigma}=f(\bar{\varepsilon})$。

由于一般应力状态下的等效应力和等效应变与单向拉（压）时的绝对值最大的应力和应变等效，因此常用单向拉（压）试验确定应力（真应力）和应变的关系曲线作为变形抗力曲线（也称真应力曲线）。根据这些实验曲线，经过数据处理可以建立有关的数学模型，称为变形抗力模型。

单向拉（压）实验中，金属试样在承受外载后，先发生弹性变形，当应力达到某一数值后，开始发生塑性变形，这个初始的屈服应力用 σ_0 表示。此后由于加工硬化的结果，欲使试样继续发生塑性变形，则所需屈服应力将增加，继续屈服应力用 σ_s 表示。在一般应力状态下，当等效应力 $\bar{\sigma}$ 等于 σ_s 时便发生继续屈服，不仅受变形程度的影响，也受变形温度和应变速率的影响。

冷加工时，变形程度是影响 σ_s 的主要因素，当应变速率很高时，也应考虑温度和应变速率的影响，一般冷加工时常忽略应变速率的影响，常用的变形抗力模型为

$$\bar{\sigma}=\sigma_s=A+B\bar{\varepsilon}^n \tag{5-22}$$

式中 A，B，n——由实验确定的系数或指数；

$\bar{\varepsilon}$——等效变形程度。

热加工时，σ_s 受到变形温度、应变速率、变形程度的影响，常用的变形抗力模型为

$$\bar{\sigma} = \sigma_s = A\bar{\varepsilon}^a \dot{\bar{\varepsilon}}^b e^{B/T} \tag{5-23}$$

式中 A，a，b，B——由实验确定的系数或指数；

T——变形温度，K；

$\bar{\varepsilon}$，$\dot{\bar{\varepsilon}}$——等效变形程度和等效应变速率。

5.5 塑性状态下的本构关系

应力－应变关系方程是塑性力学和弹性力学基本方程的差别之一。在塑性情况下，应力和应变不再具有线性关系，应力不但与应变有关，还与整个变形历史及物质微观结构有关。为了反映物质本性变化对应力－应变关系的影响，采用了“本构关系”这个词。

5.5.1 弹性状态下的本构关系

材料处于弹性状态时，本构关系就是广义胡克定律

$$\varepsilon_{ij} = \frac{\sigma_{ij}}{2G} - \frac{3\nu}{E}\sigma_m\delta_{ij} \tag{5-24}$$

或用张量表示

$$\begin{pmatrix} \varepsilon_{11} & \varepsilon_{12} & \varepsilon_{13} \\ \varepsilon_{21} & \varepsilon_{22} & \varepsilon_{23} \\ \varepsilon_{31} & \varepsilon_{32} & \varepsilon_{33} \end{pmatrix} = \frac{1}{2G}\begin{pmatrix} \sigma_{11} & \sigma_{12} & \sigma_{13} \\ \sigma_{21} & \sigma_{22} & \sigma_{23} \\ \sigma_{31} & \sigma_{32} & \sigma_{33} \end{pmatrix} - \frac{3\nu}{E}\begin{pmatrix} \sigma_m & 0 & 0 \\ 0 & \sigma_m & 0 \\ 0 & 0 & \sigma_m \end{pmatrix} \tag{5-25}$$

其中，$G = \dfrac{E}{2(1+\nu)}$，代表剪切弹性模量。

注意到

$$\sigma_{ij} = s_{ij} + \sigma_m\delta_{ij}$$

则胡克定律又可写成

$$\varepsilon_{ij} = \frac{1}{2G}s_{ij} + \frac{1-2\nu}{E}\sigma_m\delta_{ij} \tag{5-26}$$

用张量表示，则有

$$\begin{pmatrix} \varepsilon_{11} & \varepsilon_{12} & \varepsilon_{13} \\ \varepsilon_{21} & \varepsilon_{22} & \varepsilon_{23} \\ \varepsilon_{31} & \varepsilon_{32} & \varepsilon_{33} \end{pmatrix} = \frac{1}{2G}\begin{pmatrix} S_{11} & S_{12} & S_{13} \\ S_{21} & S_{22} & S_{23} \\ S_{31} & S_{32} & S_{33} \end{pmatrix} + \frac{1-2\nu}{E}\begin{pmatrix} \sigma_m & 0 & 0 \\ 0 & \sigma_m & 0 \\ 0 & 0 & \sigma_m \end{pmatrix} \tag{5-27}$$

5.5.2 关于 Drucker 公设和最大塑性功原理

塑性状态下应力和应变的关系，都是建立在 Drucker 公设的基础上。所以在叙述塑性状态的本构关系之前，先介绍 Drucker 公设。

为便于理解，先研究单向拉伸。如图 5-2 所示，首先加初始应力 σ^0 使物体处于弹性状态。然后加载至 σ，材料开始屈服。此后再继续加载到 $\sigma + \Delta\sigma$，则发生了塑性变形

$d\varepsilon^p$。最后再将载荷卸去，使应力恢复到 σ^0。在这个应力循环中，对稳定材料所做的塑性功，即图中的阴影面积，不应小于零。所以

$$(\sigma + d\sigma - \sigma^0)\,d\varepsilon^p \geqslant 0$$

如果 $d\sigma$ 无穷小，则

$$(\sigma - \sigma^0)\,d\varepsilon^p \geqslant 0$$

上面的结果不难理解，因为在此应力循环中，可逆的弹性功必为零，而塑性功是不可逆的，故在此循环中所做的塑性功不小于零。

不过，对于不稳定材料，在应力循环中所做的塑性功会小于零（图 5-3），因为此时 σ^0 非常接近于 σ，阴影的面积为负（即 $d\sigma < 0$，$d\varepsilon^p > 0$）。

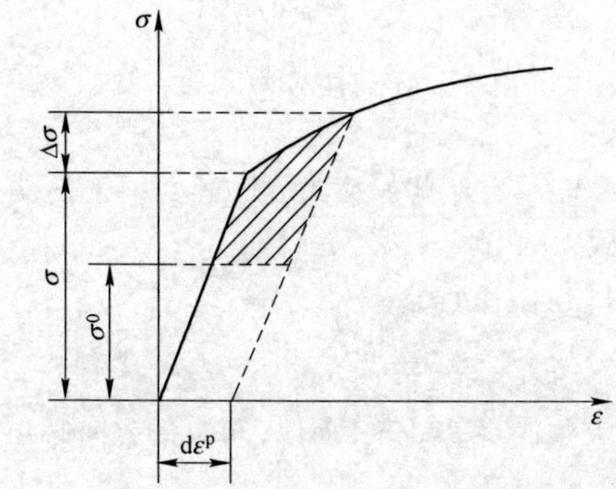

图 5-2　对稳定材料所做的塑性功

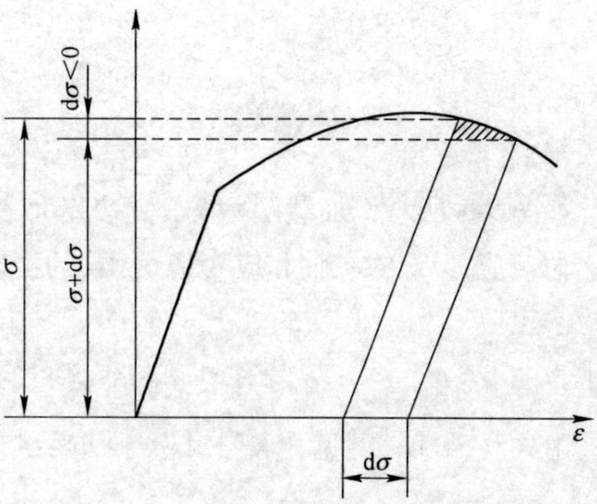

图 5-3　对非稳定材料所做的塑性功

上面讨论的结果也适用于复杂应力状态。在叙述一般应力状态下的 Drucker 公设之前，先说明加载面的概念。我们知道，屈服面是以屈服函数 $f(\sigma_{ij}) = 0$ 所表示的主应力空间中的曲面，如果采用 Mises 屈服条件，则屈服面是以三个主应力为直角坐标系三个自变量时的一个无限长圆柱面，其轴线通过原点，并与三个坐标轴成等倾角（图 5-4）。

对于理想塑性材料，屈服面即为加载面。对于应变硬化材料，由于硬化而改变了屈服条件。我们用加载函数 $\varphi(\sigma_{ij}) = 0$ 表示随应变强化而改变的屈服函数。表示函数 $\varphi(\sigma_{ij}) = 0$ 的曲面称为加载面。对等向硬化材料，根据 Mises 屈服条件，随应变硬化发展加载面仍为圆柱面，但圆柱半径增大。对非等向硬化材料，加载面就不一定是圆柱面了。

下面将一般应力状态下的 Drucker 公设叙述如下：

考虑某一应力循环，初始应力 σ_{ij}^0 在加载面内，加载使其到达 σ_{ij}，恰好处于加载面上，在加载面上再继续加载到 $\sigma_{ij} + d\sigma_{ij}$，在这个阶段将产生塑性应变增量 $d\varepsilon_{ij}^p$，最后卸载又回到 σ_{ij}^*。对于稳定材料，在整个应力循环过程中所做的塑性功不小于零，即

$$(\sigma_{ij} + d\sigma_{ij} - \sigma_{ij}^*)\,d\varepsilon_{ij}^p \geqslant 0 \tag{5-28}$$

当 $d\sigma_{ij}$无限小时

$$(\sigma_{ij} - \sigma_{ij}^0)\,d\varepsilon_{ij}^p \geqslant 0 \tag{5-29}$$

当 $\sigma_{ij} = \sigma_{ij}^*$ 时

$$d\sigma_{ij}\,dq_{ij}^p \geqslant 0 \tag{5-30}$$

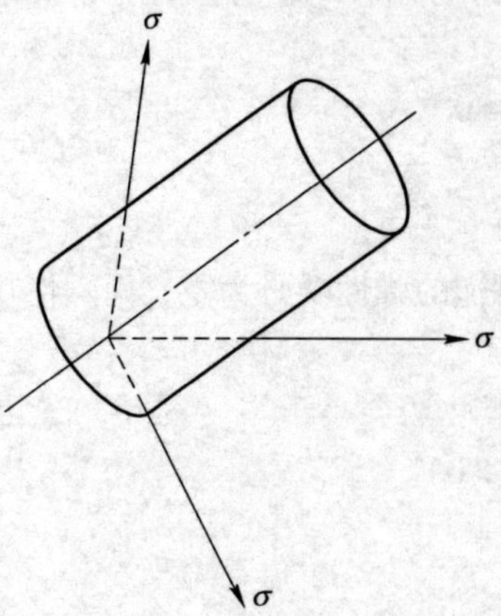

图 5-4　屈服面

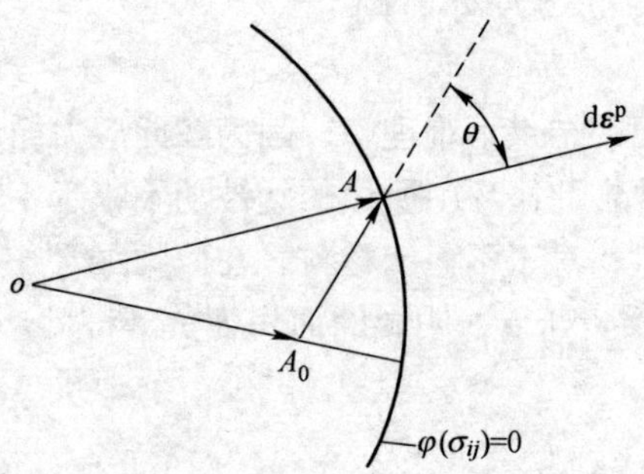

图 5-5　Drucker 公设

如图 5-5 所示，加载函数 $\varphi=0$ 表示加载面，A_0 点对应初始应力 $\boldsymbol{\sigma}_{ij}^0$，$A$ 点对应应力 $\boldsymbol{\sigma}_{ij}$。假定应力 $\boldsymbol{\sigma}_{ij}$的主轴和应变增量 $\mathrm{d}\boldsymbol{\varepsilon}_{ij}^{\mathrm{p}}$的主轴一致，则由式（5-29）可知

$$(\boldsymbol{\sigma}_{ij}-\boldsymbol{\sigma}_{ij}^{*})\mathrm{d}\boldsymbol{\varepsilon}_{ij}^{\mathrm{p}}=|\boldsymbol{A}_0\boldsymbol{A}||\mathrm{d}\boldsymbol{\varepsilon}^{\mathrm{p}}|\cos\theta\geqslant 0 \tag{5-31}$$

式中，$\boldsymbol{A}_0\boldsymbol{A}=\boldsymbol{\sigma}_{ij}-\boldsymbol{\sigma}_{ij}^0$；$\theta$ 为 $\boldsymbol{A}_0\boldsymbol{A}$ 和 $\mathrm{d}\boldsymbol{\varepsilon}^{\mathrm{p}}$ 间的夹角。

由式（5-31）可见，矢量 $\boldsymbol{A}_0\boldsymbol{A}$ 和 $\mathrm{d}\boldsymbol{\varepsilon}^{\mathrm{p}}$ 之间的夹角满足 $\theta\leqslant\frac{\pi}{2}$，所以，$\mathrm{d}\boldsymbol{\varepsilon}^{\mathrm{p}}$ 的方向必与加载面上 A 点的外法线方向一致，且加载面必须是外凸的。否则必然会找出一点 A，使 $\boldsymbol{A}_0\boldsymbol{A}$ 与 $\mathrm{d}\boldsymbol{\varepsilon}^{p}$ 间夹角大于 90°，这与条件式（5-31）不符。

变形某瞬间的加载面即为加载函数的等值面，根据等值面和梯度的关系可知，在该加载面上一点的梯度方向是等值面的法线方向，既然矢量 $\mathrm{d}\boldsymbol{\varepsilon}^{\mathrm{p}}$ 和梯度矢量都是加载面上相应点的法矢量，则 $\mathrm{d}\boldsymbol{\varepsilon}^{\mathrm{p}}$ 的分量 $\mathrm{d}\varepsilon_{ij}^{\mathrm{p}}$必与梯度矢量的分量$\frac{\partial\varphi}{\partial\sigma_{ij}}$成比例，即

$$\mathrm{d}\boldsymbol{\varepsilon}_{ij}^{\mathrm{p}}=\mathrm{d}c-\frac{\partial\varphi}{\partial\boldsymbol{\sigma}_{ij}}=\mathrm{d}c\,\mathrm{grad}\varphi \tag{5-32}$$

式中 $\mathrm{d}c$ 为大于或等于零的比例系数。由式（5-32）可见，矢量场 $\mathrm{d}\boldsymbol{\varepsilon}_{ij}^{\mathrm{p}}$是一个有势场，而函数 φ 即为一势函数，故称加载函数 φ 为塑性势。

在上面叙述的 Drucker 公设中，A_0 点，即初始的应力状态 $\boldsymbol{\sigma}_{ij}^{*}$ 可以位于加载曲面之内，也可以位于加载曲面之上，现考虑满足 Mises 屈服条件的两个应力状态 σ_{ij}和 σ_{ij}^0，其中应力状态 σ_{ij}和应变增量 $\mathrm{d}\boldsymbol{\varepsilon}_{ij}^{\mathrm{p}}$满足 Levy-Mises 流动法则，即 $\boldsymbol{\sigma}_{ij}$的应力主轴和 $\mathrm{d}\boldsymbol{\varepsilon}^{\mathrm{p}}$ 的主轴方向一致，而另一应力状态 $\boldsymbol{\sigma}_{ij}^0$与 $\mathrm{d}\boldsymbol{\varepsilon}_{ij}^{\mathrm{p}}$并不满足 Levy-Mises 流动法则。

根据 Drucker 公设，可按式（5-29）对整个体积积分，可有

$$\iiint_V(\sigma_{ij}-\sigma_{ij}^0)\mathrm{d}\boldsymbol{\varepsilon}_{ij}^{\mathrm{p}}\mathrm{d}V\geqslant 0 \tag{5-33}$$

由于

$$\sigma_{ij}=s_{ij}+\delta_{ij}\sigma_{\mathrm{m}}$$

并考虑到

$$\delta_{ij}\mathrm{d}\boldsymbol{\varepsilon}_{ij}^{\mathrm{p}}=0$$

则可得到

$$\iiint_V (s_{ij}-s_{ij}^*)\mathrm{d}\boldsymbol{\varepsilon}_{ii}^{\mathrm{p}}\mathrm{d}V \geqslant 0$$

为了形象地说明式（5-33）的意义，将 σ_{ij} 和 σ_{ij}^0 对应的主应力矢量投影到 π 平面，如图 5-6 所示。

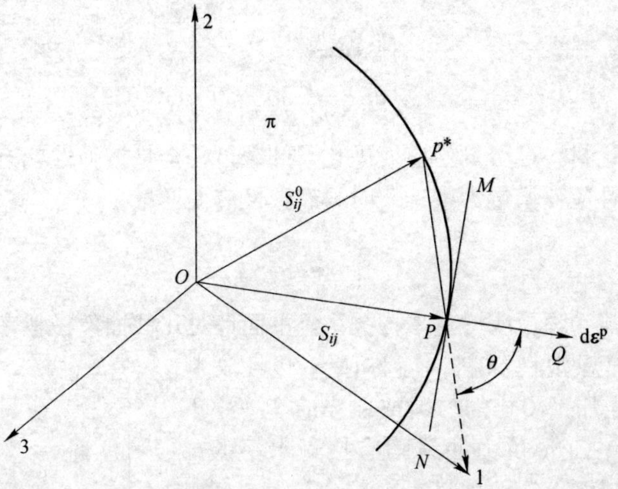

图 5-6 在平面上偏差应力矢量和应变增量

由于 σ_{ij}，即 S_{ij} 和 $\mathrm{d}\varepsilon_{ij}^{\mathrm{p}}$ 符合 Levy-Mises 流动法则，所以 S_{ij} 和 $\mathrm{d}\varepsilon_{ij}^{\mathrm{p}}$ 方向一致，则图中 OP 和 PQ 方向一致；而其他的应力状态 σ_{ij}^0 虽然符合 Mises 屈服条件，但它们与 $\mathrm{d}\varepsilon_{ij}^{\mathrm{p}}$ 不满足 Levy-Mises 流动法则，OP^* 和 PQ 方向不一致。因此，式（5-33）说明对于一定的应变增量场，在所有符合屈服条件的应力场中，与该应变增量场符合 Levy-Mises 应力－应变关系的应力场所做的塑性功最大，此即最大塑性功原理。由上面的讨论可见，最大塑性功原理和 Drucker 公设是等价的。

5.5.3 关于加载和卸载

加载函数中 $\varphi(\sigma_{ij})=0$ 时，屈服，而加载函数 $\varphi(\sigma_{ij})<0$ 时，未屈服。势函数 $\varphi(\sigma_{ij})$ 的增量或全微分可用来表示加载、卸载和中性过程。

$$\mathrm{d}\varphi=\frac{\partial\varphi}{\partial\sigma_{ij}}\mathrm{d}\sigma_{ij} \tag{5-34}$$

对于任何一组应力增量而言，可有

（1）$\mathrm{d}\varphi>0$，为加载过程；

（2）$\mathrm{d}\varphi=0$，为中性过程；

（3）$\mathrm{d}\varphi<0$，为卸载过程。

中性过程是指该点既非加载又非卸载的过程。若某时刻 $\varphi(\sigma_{ij})=0$，$\mathrm{d}\varphi>0$，则下一时刻 $\varphi(\sigma_{ij})>0$，故为加载过程。同理，若某时刻 $\varphi(\sigma_{ij})=0$，$\mathrm{d}\varphi<0$，则下一时刻为

$\varphi(\sigma_{ij})<0$，就是处于弹性状态，即为卸载。显然中性过程 $d\varphi=0$。

对理想塑性材料（无应变硬化），由于屈服面就是加载面，在 $f(\sigma_{ij})=\varphi(\sigma_{ij})=0$ 时，便可产生塑性流动。$f(\sigma_{ij})<0$ 为弹性状态。所以，对于理想塑性材料，其加载过程为

$$\begin{cases} f(\sigma_{ij})=0 \\ df=\dfrac{\partial f}{\partial\sigma_{ij}}d\sigma_{ij}=0 \end{cases} \tag{5-35}$$

其卸载过程为

$$\begin{cases} f(\sigma_{ij})=0 \\ df=\dfrac{\partial f}{\partial\sigma_{ij}}d\sigma_{ij}<0 \end{cases} \tag{5-36}$$

应当指出，不论材料是否发生应变硬化，卸载过程全是按弹性状态的应力－应变规律进行，即卸载时塑性应变增量为零，此时只有弹性应变增量。

5.5.4 增量理论

增量理论又称流动理论或增量本构关系。下面针对几种抽象材料来叙述这个理论。

（1）刚性－理想塑性材料，简称刚－塑性材料（图 5-7）。经过预先加工硬化的材料或在小应变速率下进行热变形的材料，变形抗力曲线均有接近水平的部分，这部分可抽象成刚－塑性材料。

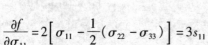

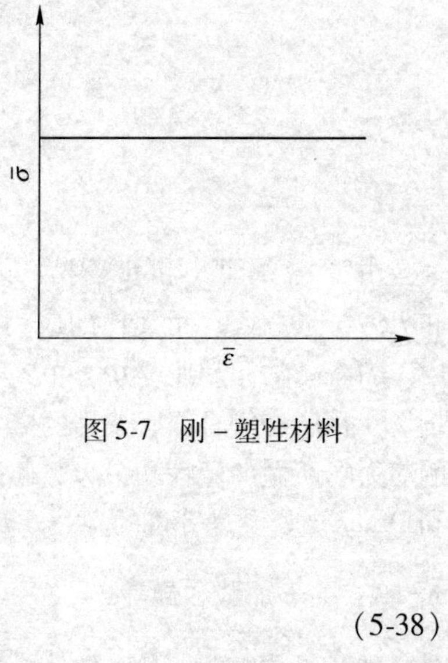

图 5-7 刚－塑性材料

这时加载函数 φ 取为 Mises 屈服函数 $f(\sigma_{ij})=0$，且注意到 $\bar{\sigma}=\sigma_s=\text{const}$，按式（5-14），有

$$f(\sigma_{ij})=\frac{1}{2}[(\sigma_{11}-\sigma_{22})^2+(\sigma_{22}-\sigma_{33})^2+(\sigma_{33}-\sigma_{11})^2+6(\sigma_{12}^2+\sigma_{23}^2+\sigma_{31}^2)]-\sigma_s^2 \tag{5-37}$$

$$\frac{\partial f}{\partial\sigma_{11}}=2\left[\sigma_{11}-\frac{1}{2}(\sigma_{22}-\sigma_{33})\right]=3s_{11}$$

或

$$\frac{\partial f}{\partial\sigma_{ij}}=3s_{ij} \tag{5-38}$$

代入式（5-32），有

$$d\varepsilon_{ij}^p=3dcs_{ij}$$

令

$$d\lambda=3dc \tag{5-39}$$

则

$$d\varepsilon_{ij}^p=d\lambda s_{ij} \tag{5-40}$$

或

$$\frac{d\varepsilon_{ij}^p}{s_{ij}}=d\lambda$$

对于刚－塑性材料

$$d\varepsilon_{ij}^p=d\varepsilon_{ij}$$

故

$$\frac{d\varepsilon_{ij}}{s_{ij}}=d\lambda \tag{5-41}$$

此式即为 Levy-Mises 理论的基本方程，也称 Levy-Mises 流动法则。

式(5-40)也可写成
$$\dot{\varepsilon}_{ij}^{p} = \dot{\lambda} s_{ij} \tag{5-42}$$
对于刚－塑性材料
$$\dot{\varepsilon}_{ij}^{p} = \dot{\varepsilon}_{ij}$$
由式（5-40）
$$d\varepsilon_{ij}^{p} d\varepsilon_{ij}^{p} = d\lambda^{2} s_{ij} s_{ij}$$
由式（5-11）和式（5-20），并注意到
$$de_{ij} = d\varepsilon_{ij} - d\varepsilon_{m}\delta_{ij} = d\varepsilon_{ij} = d\varepsilon_{ij}^{p}$$
则得
$$\frac{3}{2}d\overline{\varepsilon}^{2} = d\lambda^{2}\frac{2}{3}\sigma_{s}^{2}$$
所以
$$d\lambda = \frac{3}{2}\frac{\overline{d\varepsilon}}{\sigma_{s}} \tag{5-43}$$
或
$$\dot{\lambda} = \frac{3}{2}\frac{\dot{\overline{\varepsilon}}}{\sigma_{s}} \tag{5-44}$$
将式（5-43）和式（5-44）代入式（5-40）和式（5-42），则有
$$d\varepsilon_{ij}^{p} = \frac{3}{2}\frac{d\overline{\varepsilon}}{\sigma_{s}} \tag{5-45}$$
或
$$\dot{\varepsilon}_{ij}^{p} = \frac{3}{2}\frac{\dot{\overline{\varepsilon}}}{\sigma_{s}}s_{ij} \tag{5-46}$$

（2）刚性－硬化材料。凡弹性变形可以忽略的应变硬化材料，均可抽象成刚性－硬化材料模型，此时变形抗力曲线 $\overline{\sigma} = \psi(\overline{\varepsilon})$ 的斜率为 $\Psi' = \frac{d\overline{\sigma}}{d\overline{\varepsilon}}$，对等向硬化且满足 Mises 屈服条件的材料（图 5-8）

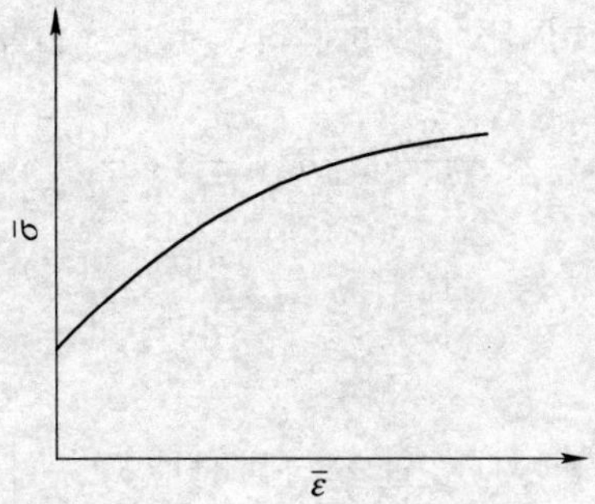

图 5-8 刚性－硬化材料

$$\varphi(\sigma_{ij}) = \frac{1}{2}[(\sigma_{11}-\sigma_{22})^{2} + (\sigma_{22}-\sigma_{33})^{2} + (\sigma_{33}-\sigma_{11})^{2} + 8(\sigma_{12}^{2}+\sigma_{23}^{2}+\sigma_{31}^{2})] - \sigma^{2} = 0 \tag{5-47}$$
同样可得
$$d\varepsilon_{ij}^{p} = \frac{3}{2}\frac{d\overline{\varepsilon}}{\overline{\sigma}}s_{ij} = \frac{3}{2}\frac{d\overline{\varepsilon}}{\overline{\sigma}}s_{ij} = \frac{3}{2}\frac{d\overline{\sigma}}{\Psi'\overline{\sigma}}s_{ij} \tag{5-48}$$

（3）弹性－理想塑性材料（图 5-9）。凡弹性变形不可忽略的无应变硬化材料，都可

抽象成弹性－理想塑性模型，此时

$$\mathrm{d}\varepsilon_{ij}=\mathrm{d}\varepsilon_{ij}^{\mathrm{e}}+\mathrm{d}\varepsilon_{ij}^{\mathrm{p}}$$

式中 $\mathrm{d}\varepsilon_{ij}^{\mathrm{e}}$——弹性应变增量；

$\mathrm{d}\varepsilon_{ij}^{\mathrm{p}}$——塑性应变增量。

所以

$$\mathrm{d}\varepsilon_{ij}=\frac{1-2\nu}{E}\mathrm{d}\sigma_{\mathrm{m}}\delta_{ij}+\frac{\mathrm{d}s_{ij}}{2G}+\frac{\partial f}{\partial\sigma_{ij}}\mathrm{d}c \tag{5-49}$$

（4）弹性－硬化材料（图 5-10）。

凡弹性变形不可忽略的应变硬化材料均可抽象成这种模型。

$$\begin{aligned}\mathrm{d}\varepsilon_{ij}&=\mathrm{d}\varepsilon_{ij}^{\mathrm{e}}+\mathrm{d}\varepsilon_{ij}^{\mathrm{p}}\\ \mathrm{d}\varepsilon_{ij}&=\frac{1-2\nu}{E}\mathrm{d}\sigma_{\mathrm{m}}\delta_{ij}+\frac{\mathrm{d}s_{ij}}{2G}+\mathrm{d}c\,\frac{\partial\Psi}{\partial\sigma_{ij}}\end{aligned} \tag{5-50}$$

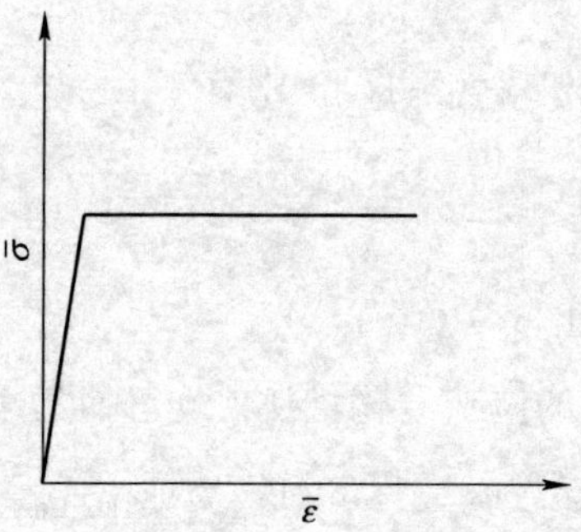

图 5-9 弹性－理想塑性材料

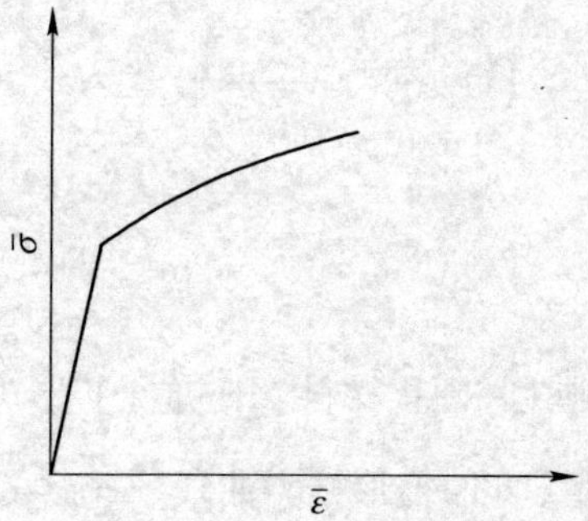

图 5-10 弹性－硬化材料

对于等向硬化且满足 Mises 屈服条件的材料，由式（5-48）可得

$$\mathrm{d}\varepsilon_{ij}=\frac{1-2\nu}{E}\mathrm{d}\sigma_{\mathrm{m}}\delta_{ij}+\frac{\mathrm{d}s_{ij}}{2G}+\frac{3\mathrm{d}\bar{\sigma}}{2\Psi'\bar{\sigma}}s_{ij} \tag{5-51}$$

此式也称为 Prandtl-Reuss 方程，其中 Ψ' 应为 $\dfrac{\mathrm{d}\bar{\sigma}}{\mathrm{d}\bar{\varepsilon}^{\mathrm{p}}}\approx\dfrac{\mathrm{d}\bar{\sigma}}{\mathrm{d}\bar{\varepsilon}}$

（5）刚－黏塑性材料。

对刚－黏塑性材料，其黏塑性应变速率与瞬时应力之间的关系，如图 5-11 所示。Perzyna 给出下述表达式

$$\dot{\varepsilon}_{ij}=\gamma_0<\psi(f)>\frac{\partial f}{\partial\sigma_{ij}} \tag{5-52}$$

式中 f——刚－黏塑性材料的屈服函数；

ψ——根据材料特性确定的函数关系

$$\psi(f)=\begin{cases}0 & (f\leqslant 0)\\ \psi(f) & (f>0)\end{cases}$$

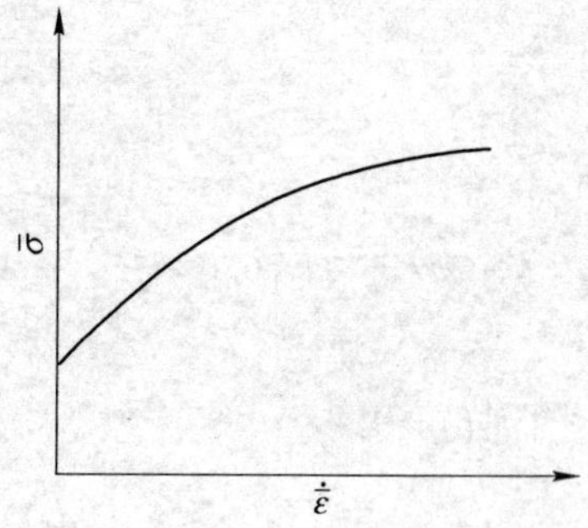

图 5-11 刚－黏塑性材料

这里假定曲面 $f=0$ 是规则的、外凸的。若 $f<0$，则表示材料处于弹性状态；若 $f=0$，则表示材料即将屈服，黏

塑性应变速率为零；若 $f>0$，则表示材料已经屈服（以一定的应变速率）。

按式(5-9)，并注意其中常数等于$\frac{\sigma_s^2}{3}$，则

$$f=\sqrt{J_2'}-\frac{1}{\sqrt{3}}\sigma_s \quad \frac{\partial f}{\partial \sigma_{ij}}=\frac{s_{ij}}{2\sqrt{J_2'}}$$

γ_0 为材料参数，可能是时间、温度等的函数，所以有

$$\dot{\varepsilon}_{ij}=\gamma_0\left[\Psi\left(\sqrt{J_2'}-\frac{1}{\sqrt{3}}\sigma_s\right)\right]\frac{s_{ij}}{2\sqrt{J_2'}} \tag{5-53}$$

两端平方，有

$$\dot{\varepsilon}_{ij}\dot{\varepsilon}_{ij}=\gamma_0^2\left[\Psi\left(\sqrt{J_2'}-\frac{1}{\sqrt{3}}\sigma_s\right)\right]^2\frac{s_{ij}s_{ij}}{4J_2'}$$

因为

$$\dot{\varepsilon}_{ij}\dot{\varepsilon}_{ij}=2\dot{I}_2, \quad s_{ij}s_{ij}=2\dot{I}_2$$

故有

$$\frac{1}{4}\gamma_0^2\left[\Psi\left(\sqrt{J_2'}-\frac{1}{\sqrt{3}}\sigma_s\right)\right]^2=\dot{I}^2$$

代入式（5-53），有

$$\dot{\varepsilon}_{ij}=\frac{\sqrt{\dot{I}_2}}{\sqrt{J_2'}}s_{ij}$$

考虑到

$$\sqrt{\dot{I}_2}=\frac{\sqrt{3}}{2}\dot{\bar{\varepsilon}}, \quad \sqrt{J_2'}=\frac{1}{\sqrt{3}}\bar{\sigma}$$

则得

$$\dot{\varepsilon}_{ij}=\frac{3}{2}\frac{\dot{\bar{\varepsilon}}}{\bar{\sigma}}s_{ij} \tag{5-54}$$

这就是刚－黏塑性材料的本构方程。

5.5.5 全量理论

全量理论又称形变理论。

材料进入塑性阶段以后，由于加载和卸载的规律不同，应力和应变之间不再是一一对应的单值关系，但是，若已知从某个初始状态到某时刻的全部变形历史及每时刻应力增量和应变增量之间的关系，就可以跟踪变形历史对增量积分，求得应力全量和应变全量之间的关系，即建立全量理论。

本节讨论的只限于加载过程，且是简单加载过程。简单加载是指单元体应力张量的各分量之间的比值在加载过程中保持不变，即按同一参量成比例增加，这样在加载过程中主方向不变，不遵循这个规则而进行的加载是复杂加载。

在简单加载的情况下，$d\boldsymbol{\varepsilon}^p$ 方向仍然是沿加载面法矢量方向，所以仍然有

$$d\varepsilon_{ij}^p=d\lambda s_{ij}$$

此时偏差应变增量为

$$de_{ij}=\frac{ds_{ij}}{2G}+d\lambda s_{ij} \tag{5-55}$$

假定应力相对同一参量 t 按比例增加，则可写成

$$\sigma_{ij}=\sigma_{ij}^*t, \quad s_{ij}=s_{ij}^*t$$

代入式（5-55），进行积分，则得

$$\int_0^t \mathrm{d}e_{ij} = \frac{s_{ij}^0}{2G}\int_0^t \mathrm{d}t + \dot{s}_{ij}\int_0^t t\mathrm{d}\lambda = \frac{s_{ij}^0}{2G}t + \dot{s}_{ij}\frac{1}{t}\int_0^t t\mathrm{d}\lambda = \frac{s_{ij}}{2G} + s_{ij}\frac{1}{t}\int_0^t t\mathrm{d}\lambda$$

令

$$A = \frac{1}{t}\int_0^t t\mathrm{d}\lambda$$

则

$$e_{ij} = \left(\frac{1}{2G} + A\right)s_{ij}$$

令

$$H = \frac{1}{2G} + A$$

则

$$e_{ij} = Hs_{ij} \tag{5-56}$$

由式（5-56）得

$$e_{ij}e_{ij} = H^2 s_{ij}s_{ij}$$

由式（5-11）和式（5-18）得到

$$H = \frac{3}{2}\frac{\overline{\varepsilon}}{\overline{\sigma}} \tag{5-57}$$

代入式（5-56），则偏差应变分量为

$$e_{ij} = \frac{3}{2}\frac{\overline{\varepsilon}}{\overline{\sigma}}s_{ij} \tag{5-58}$$

球应变分量为

$$\varepsilon_{\mathrm{m}} = \frac{1-2\nu}{E}\sigma_{\mathrm{m}} \tag{5-59}$$

在简单加载情况下，$\overline{\varepsilon}$ 和 $\overline{\sigma}$ 彼此是单值函数，所以由式（5-58）反推可得出

$$s_{ij} = \frac{2}{3}\frac{\overline{\sigma}}{\overline{\varepsilon}}e_{ij} \tag{5-60}$$

应当指出，有很多不太符合简单加载条件的变形过程，也常用全量理论，因为应用这种理论时应力全量和应变全量一一对应，计算方便。更为有趣的是，解出结果与实验符合得很好，目前正在研究偏离简单加载多大程度时全量理论仍然是可以适用的。

6　塑性变分原理

为了确定塑性加工过程的力能参数、变形参数以及应力和应变在工件内的分布，必须在一定的初始和边界条件下求解有关的方程组，也就是解塑性加工力学的边值问题。塑性变分原理是用变分法（或称能量法）和有限元法解塑性加工力学边值问题的基础。在建立塑性变分原理时，还将用到虚功（功率）原理。本章从塑性加工力学边值问题的提法和虚功（功率）原理入手，分别对刚－塑性材料、刚－黏塑性材料和弹塑性硬化材料，建立变分原理。

6.1　塑性加工力学边值问题的提法

6.1.1　方程组

由表面 S 所围的体积 V 中，应力 σ_{ij}、位移 u_{ij}（或位移速度 v_{ij}），应变 ε_{ij}（或应变速率 $\dot{\varepsilon}_{ij}$）和温度 θ 应满足下列方程。

（1）运动方程

$$\sigma_{ij,j}=\rho(w_i-g_i) \tag{6-1}$$

式中　ρ——工件的密度；

w_i——工件质点的加速度分量；

g_i——单位质量的质量力分量。

如果忽略质量力和惯性力，此运动方程即为力平衡微分方程

$$\sigma_{ij,j}=0 \tag{6-2}$$

（2）本构方程。如第 5 章所述的式(5-45)、式(5-48)、式(5-49)、式(5-51)、式(5-54)，其一般形式可写成

$$s_{ij}=s_{ij}(\dot{\varepsilon}_{ij},\theta,\Delta,\varepsilon_{\Sigma},\cdots,t) \tag{6-3}$$

$$\sigma_{\mathrm{m}}=\sigma_{\mathrm{m}}(\dot{\varepsilon}_{ij},\theta,\Delta,\varepsilon_{\Sigma},\cdots,t) \tag{6-4}$$

式中　ε_x——累积变形程度，$\varepsilon_{\Sigma}=\int_0^t\dot{\varepsilon}\mathrm{d}t$；

Δ——相对体积变化，$\Delta=\int_0^t\dot{\varepsilon}_{\mathrm{m}}\mathrm{d}t$；

t——变形时间。

（3）几何方程

$$\varepsilon_{ij}=\frac{1}{2}(u_{i,j}+u_{j,i}) \tag{6-5}$$

$$\dot{\varepsilon}_{ij}=\frac{1}{2}(v_{i,j}+v_{j,i}) \tag{6-6}$$

（4）热传导方程。假定内力功全转变为热，则有

$$\frac{\partial\theta}{\partial t}=\left(\frac{\partial^2\theta}{\partial x^2}+\frac{\partial^2\theta}{\partial y^2}+\frac{\partial^2\theta}{\partial z^2}\right)+\frac{\sigma_{ij}\dot{\varepsilon}_{ij}}{c\rho}\tag{6-7}$$

式中　λ——工件的导热系数，工件为均匀导体时 λ 为常数；

c，ρ——分别为工件的比热容和密度，若工件为均匀体，则它们都是常数。

6.1.2　边界条件

我们研究某一固定时刻的力学边界条件。工件的表面可分为给定外力的表面 S_p 和给定速度的表面 S_v（或给定位移的表面 S_u）。

在 S_p 上　$$\sigma_{ij}n_j=\bar{p}_i\tag{6-8}$$

在 S_v 上　$$v_i=\bar{v}_i\tag{6-9}$$

或在 S_u 上　$$u_i=\bar{u}_i\tag{6-10}$$

应指出，即使是同一个平面，常常既为 S_p，又为 S_v 或 S_u。

例如轧制时（图 6-1），前、后张应力 q_f、q_b 作用的面，轧件和轧辊接触摩擦应力作用的面，没有力作用的自由表面都属于 S_p。由于轧件紧包轧辊（轧件不与辊面分离，也不压进辊面），故在轧件与轧辊的接触面上，轧件质点速度的法向分量（等于零）是已知的，因此这个接触面也就属于 S_v。

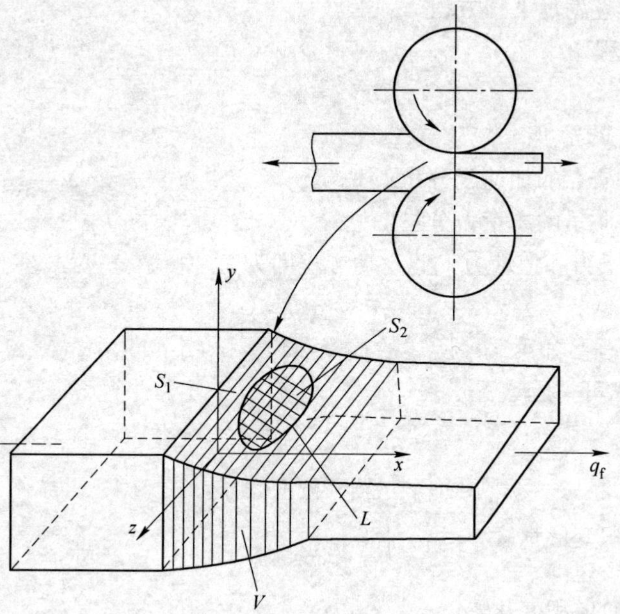

图 6-1　轧制过程

应指出，一般轧件和轧辊的接触面是由两部分组成（S_1+S_2）：S_1 是轧件与轧辊产生相对滑动的表面，S_2 是轧件与轧辊产生黏着的表面。在 S_2 上轧件与轧辊的速度矢量相等，是已知的。在 S_1 上轧件的质点仅法向速度分量是已知的。在 S_1 和 S_2 的交界 L 上应力和速度都是连续的。

后面将要讲到，当知道任意中间时刻 t_x（$0 \leqslant t_x \leqslant t$）的速度场时，我们便会求出塑性变形区的外形、温度场以及应变场 ε_{ij}和应力场 σ_{ij}，这样，塑性加工力学的边值问题，就是对于在外力作用下而出现的工件瞬时外形，在 V 中由上述方程组解出满足边界条件的速度 v_i 或位移 u_i、应变速率 $\dot{\varepsilon}_{ij}$或应变 ε_{ij}和应力 σ_{ij}沿坐标 x_i 的分布。目前，在解塑性加工力学的边值问题时，多半认为工件是进行等温变形，故不考虑热传导方程式（6-7）；且常常忽略质量力和惯性力，故常用力平衡微分方程式（6-2），而少用运动方程式（6-1）。近来也正在建立考虑热传导方程式（6-7）的塑性加工边值问题的解法。

应指出，满足初始和边界条件来联立求解上述方程组是困难的，因此寻求另外求解的途径，即利用变分原理来求解，可以证明，后者与前者是等价的。

在建立变分原理时，将会用到如下的一些定义。

定义 1：在 V 中的应力场 σ_{ij}，满足平衡方程式（6-2），此外，在塑性区满足屈服条件式（5-11），在刚性区和弹性区不违反屈服条件（$s_{ij}s_{ij} \leqslant 2k^2$），而在 S_p 上满足式（6-8），则此应力场称为静力许可应力场。

定义 2：速度场 v_i，在 S_v 上满足式（6-9）和在 V 内满足几何方程式（6-6），此外，塑性应变应满足体积不变方程式（5-6），则此速度场称为运动许可速度场。

定义 3：在 S_v 上满足 $\delta \bar{v}_i = 0$，且在体内满足 $\delta\dot{\varepsilon}_{ij} = \frac{1}{2}(\delta v_{i,j} + \delta v_{j,i})$ 的速度场 δv_i称为虚速度场；在 S_p 上满足 $\delta p_i = 0$，在 V 内满足 $\delta\sigma_{ij,j} = 0$ 的应力场 $\delta\sigma_{ij}$称为虚应力场。应指出，在约束条件不随时间而变的情况下，运动许可的速度与虚速度两者无区别。

定义 4：运动许可的速度场与静力许可的应力场彼此间适合于本构方程式（6-3）和式（6-4），则分别称为真实速度场和真实应力场。所谓虚速度场虚应力场，彼此间未必适合于本构方程，故它们并非是真实速度场和真实应力场。

应指出，若速度场 v_i 改为位移场 u_i，可仿照上面关于速度场的定义，说出运动许可位移场、虚位移场和真实位移场的定义。

6.2 虚功（功率）原理

在建立虚功（功率）原理时，要用到下面的数学公式。在用 S 包围的封闭域 V 内，给定矢量 $\boldsymbol{b}$ 和对称张量 $\boldsymbol{T}_A = [a_{ij}]$，则有如下分部积分式

$$\iiint_V a_{ij,j} b_i \mathrm{d}V = \iiint_V (a_{ij} b_i)_{,j} \mathrm{d}V - \iiint_V a_{ij} b_{i,j} \mathrm{d}V$$

按求和约定整理等号右边第二项，并按高斯公式变换第一项，则得

$$\iiint_V a_{ij,j} b_i \mathrm{d}V = \iint_{S=S_p+S_v} a_{ij} b_i n_j \mathrm{d}s - \iiint_V a_{ij} \frac{1}{2}(b_{i,j} + b_{j,i}) \mathrm{d}V \tag{6-11}$$

为了简明，在建立虚功（功率）原理时，先忽略惯性力和质量力。

所谓虚功率原理就是对于任何虚速度（δv_i），静力许可的应力场（$\sigma_{ij} = \sigma_{ji}$）满足如下的虚功率方程

$$\iiint_V \sigma_{ij} \delta \dot{\varepsilon}_{ij} \mathrm{d}V = \iint_{S_p} \bar{p}_i \delta v_i \mathrm{d}s \tag{6-12}$$

式中
$$\delta\dot{\varepsilon}_{ij}=\frac{1}{2}(\delta v_{i,j}+\delta v_{j,i})$$

虚功率方程式（6-12）是虚功率原理的数学表达式。下面证明此式。

由上节的定义1可知，静力许可应力场（$\sigma_{ij}=\sigma_{ji}$）满足式（6-2）和式（6-8），把这两个式子两边分别乘以在 S_v 上满足 $\delta v_i=0$，且 $\delta\dot{\varepsilon}_{ij}=\frac{1}{2}(\delta v_{i,j}+\delta v_{j,i})$ 的虚速度 δv_i，则下式成立

$$\iiint_V \sigma_{ij,j}\delta v_i \mathrm{d}V+\iint_{S_p}(\bar{p}_i-\sigma_{ij}n_j)\delta v_i \mathrm{d}s=0 \tag{6-13}$$

若令式(6-11)中 $a_{ij}=\sigma_{ij}$、$b_i=\delta v_i$，然后把式(6-11)代入式(6-13)，则得式(6-12)，于是虚功率原理得证。

应强调指出，在虚功率方程式（6-12）中，σ_{ij} 与 ε_{ij} 或与 v_i 之间无须以任何方式相联系也就是说不管是什么样的材料（弹性的、塑性的或黏塑性的等），只要应力是静力许可的，其虚速度在 S_v 上满足 $\delta v_i=0$，且 $\delta\dot{\varepsilon}_{ij}=\frac{1}{2}(\delta v_{i,j}+\delta v_{j,i})$，则虚功率原理就成立。

若把运动方程式（6-1）和应力边界条件式（6-8）两边分别乘以虚速度 δv_i，则下式成立

$$\iiint_V[\sigma_{ij,j}-\rho(w_i-g_i)]\delta v_i \mathrm{d}V+\iint_{S_p}(\bar{p}_i-\sigma_{ij}n_j)\delta v_i \mathrm{d}s=0 \tag{6-14}$$

同样，令式（6-11）中 $a_{ij}=\sigma_{ij}$，$b_i=\delta v_i$，并注意在 S_v 上 $\delta v_i=0$，然后把式（6-11）代入式（6-14），则得考虑质量力和惯性力的虚功率方程

$$\iiint_V \sigma_{ij}\dot{\varepsilon}_{ij}\mathrm{d}V+\iiint_V \rho w_i\delta v_i \mathrm{d}V=\iint_{S_p}\bar{p}_i\delta v_i \mathrm{d}s+\iiint_V \rho g_i\delta v_i \mathrm{d}V \tag{6-15}$$

若令式（6-11）中 $a_{ij}=\sigma_{ij}$、$b_i=\delta u_i$，并注意，$\delta\dot{\varepsilon}_{ij}=\frac{1}{2}(\delta v_{i,j}+\delta u_{j,i})$，则用同上方法可以得到虚功方程，即虚功原理的数学表达式

$$\iiint_V \sigma_{ij}\delta\varepsilon_{ij}\mathrm{d}V=\iint_{S_p}\bar{p}_i\delta u_i \mathrm{d}s \tag{6-16}$$

$$\iiint_V \sigma_{ij}\delta\varepsilon_{ij}\mathrm{d}V+\iiint_V \rho w_i\delta u_i \mathrm{d}V=\iint_{S_p}\bar{p}_i\delta u_i \mathrm{d}s+\iiint_V \rho g_i\delta u_i \mathrm{d}V \tag{6-17}$$

若把满足式（6-6）和式（6-9）的运动许可速度场 v_i 分别乘以式（6-2）和式（6-8）得两边，并令式（6-11）中 $a_{ij}=\sigma_{ij}$、$b_i=v_i$，且注意到在 S_v 上的外力功率为 $\iint_{S_v}\sigma_{ij}n_j\bar{v}_i \mathrm{d}s$，则用同上方法可得到如下的方程

$$\iiint_V \sigma_{ij}\dot{\varepsilon}_{ij}\mathrm{d}V=\iint_{S_p}\bar{p}_i v_i \mathrm{d}s+\iint_{S_v}\sigma_{ij}n_j\bar{v}_i \mathrm{d}s \tag{6-18}$$

若把平衡方程式（6-2）和应力边界条件式（6-8）分别对时间求导，则得

$$\dot{\sigma}_{ij,j}=0 \tag{6-19}$$

$$\bar{p}_i-\dot{\sigma}_{ij}n_j=0 \tag{6-20}$$

如果把满足式(6-5)和式(6-9)的运动许可速度场 v_i，分别乘以式（6-19）和式（6-20）的两边，并令式（6-11）中 $a_{ij}=\sigma_{ij}$、$b_i=v_i$，用同上方法可得速率问题的如下方程

$$\iiint_V \dot{\sigma}_{ij}\dot{\varepsilon}_{ij}\mathrm{d}V = \iint_{S_p}\bar{p}_i v_i \mathrm{d}s + \iint_{S_v}\dot{\sigma}_{ij}n_j\bar{v}_i\mathrm{d}s \tag{6-21}$$

这些方程，在下节建立变分原理时将要用到。

下面顺便讲一下虚余功（功率）原理。

所谓虚余功率原理就是对于任何虚应力（$\delta\sigma_{ij}$），满足式（6-6）和式（6-9）的运动许可应变速率场（$\dot{\varepsilon}_{ij}=\dot{\varepsilon}_{ji}$）使如下虚余功率方程成立

$$\iiint_V \dot{\varepsilon}_{ij}\delta\sigma_{ij}\mathrm{d}V = \iint_{S_v}\bar{v}_i\delta p_i\mathrm{d}s \tag{6-22}$$

式中　p_i——在 S_v 面上的单位体积上的外力。

用 $\delta\sigma_{ij}$乘以几何方程式（6-6）的两边；用 δp_i 乘以 S_v 面上的速度边界条件式（6-9），则下式成立

$$\iiint_V \left[\frac{1}{2}(v_{i,j}+v_{j,i})-\dot{\varepsilon}_{ij}\right]\delta\sigma_{ij}\mathrm{d}V + \iint_{S_v}(\bar{v}_i - v_i)\delta p_i\mathrm{d}s = 0 \tag{6-23}$$

令式（6-11）中 $a_{ij}=\delta\sigma_{ij}$和 $b_i=v_i$，则式（6-11）可写成

$$\iiint_V \frac{1}{2}(v_{i,j}-v_{j,i})\delta\sigma_{ij}\mathrm{d}V = \iint_S v_i n_j\delta\sigma_{ij}\mathrm{d}s - \iiint_V \delta\sigma_{ij,j}v_i\mathrm{d}V \tag{6-24}$$

由上节定义 3 可知，对于虚应力 $\delta\sigma_{ij,j}=0$ 和在 S_p 上，$\delta\bar{p}_i=\delta\sigma_{ij}n_j=0$，并注意到在 S_v 上 $n_j\delta\sigma_{ij}=\delta p_i$，把式（6-24）代入式（6-23），得虚余功率方程式（6-22），即虚余功率原理的数学表达式。

若式（6-11）中 $a_{ij}=\delta\sigma_{ij}$、$b_i=u_i$，同理可得到虚余功方程，即虚余功率原理的数学表达式

$$\iiint_V \dot{\varepsilon}_{ij}\delta\sigma_{ij}\mathrm{d}V = \iint_{S_u}\bar{u}_i\delta p_i\mathrm{d}s \tag{6-25}$$

应指出，虚余功（功率）原理，目前在塑性加工中应用很少，普遍应用的是虚功（功率）原理。

上面所述的虚功（功率）方程是在连续应力场和位移（或速度）场的条件下得到的。但是，对刚－塑性材料进行力学的极限分析时，我们经常利用应力间断和速度间断来简化计算。那么有间断面存在对虚功（功率）原理有何影响呢？下面就来讲述这个问题。

6.2.1 存在应力间断面的虚功率原理

为容易理解先研究一下平面塑性流动问题。在应力间断面 S_D 两侧单元的应力图和莫尔圆如图 6-1 所示。为简明，取间断面的法向为 y 轴，切向为 x 轴。按力平衡条件，则

$$\sigma_y^{(1)}=\sigma_y^{(2)},\quad \tau_{xy}^{(1)}=\tau_{xy}^{(2)}$$

而

$$\sigma_x^{(1)}\neq\sigma_x^{(2)}$$

由图 6-1（b）可见，如果应力间断面不是滑移面（最大切应力达到屈服切应力的面），则应力间断面上速度应连续。

下面分析只存在应力间断面的情况。为清晰，先设有一个应力间断面 S_v，把变形体分成两个部分（1）、（2）（图6-2）。

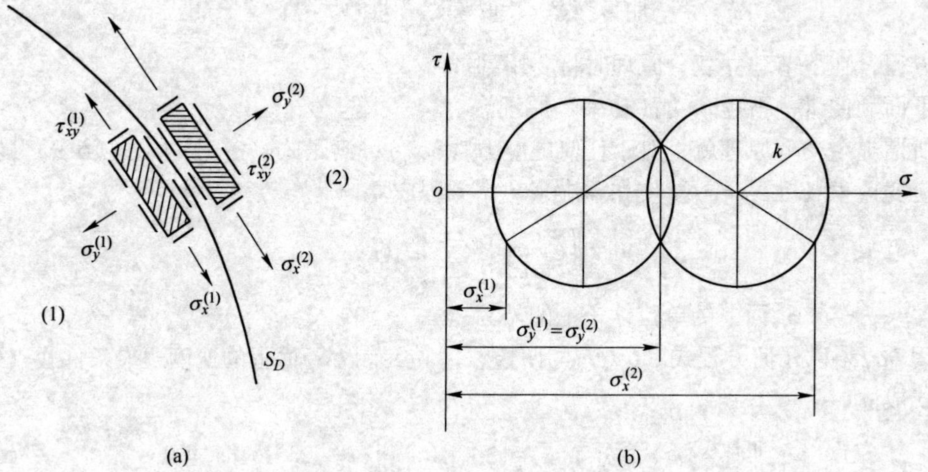

图6-2 应力图（a）和莫尔圆（b）

由于作用在间断面两侧的作用力和反作用力大小相等、方向相反，则有

$$\sigma_{ij}^{(1)} n_j = p_i^1 = -p_i^2 = \sigma_{ij}^2 n_j$$

如取 y 轴与此间断面的法向一致，对于一般情况，由平衡关系得到 $\sigma_y^{(1)} = \sigma_y^{(2)}$、$\tau_{xy}^{(1)} = \tau_{xy}^{(2)}$、$\tau_{y_z}^{(1)} = \tau_{y_z}^{(2)}$，而其他应力分量允许有间断。

如图6-3所示，除了应力间断面外，其他条件与上面导出无间断面虚功率原理的条件相同。为简明而忽略质量力和惯性力。按上节讲的虚功（功率）原理，可分区写出各表达式，如按式（6-12），则

（1）区

$$\iiint_{V_1} \sigma_{ij} \delta \dot{\varepsilon}_{ij} \mathrm{d}V = \iint_{S_{p_1}} \bar{p}_i \delta v_i \mathrm{d}s + \iint_{S_D} p_i^{(1)} \delta v_i \mathrm{d}s \tag{6-25a}$$

（2）区

$$\iiint_{V_2} \sigma_{ij} \delta \dot{\varepsilon}_{ij} \mathrm{d}V = \iint_{S_{p_2}} \bar{p}_i \delta v_i \mathrm{d}s + \iint_{S_D} p_i^{(2)} \delta v_i \mathrm{d}s \tag{6-25b}$$

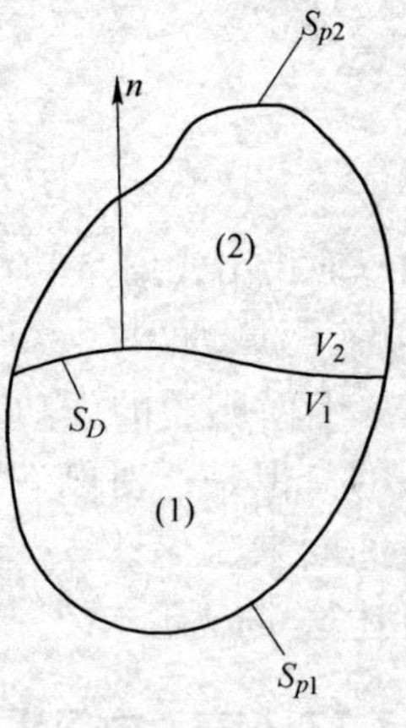

图6-3 用间断面分区

式（6-25a）+式（6-25b），并注意到在 S_D 上，$p_i^{(1)} = p_i^{(2)}$ 和假定应力间断面上速度连续，则得

$$\iiint_V \dot{\varepsilon}_{ij} \delta \sigma_{ij} \mathrm{d}V = \iint_{S_p} \bar{p}_i \delta v_i \mathrm{d}s$$

即为式（6-12）。

当有多个应力间断面存在时，式（6-12）也成立。

可见，有应力间断面对虚功（功率）原理无影响。

6.2.2 存在速度间断面的虚功（功率）原理

大家知道，刚性区和塑性区的分界就是速度不连续面，即速度间断面。在速度间断面上法向速度必须连续，否则会产生物体的堆积或出裂缝，所谓速度间断是指沿速度间断面上切向速度的间断。如平面塑性流动问题，速度间断面两侧的速度如图 6-4 所示。对于一般情况，如取 y 轴与速度间断面垂直，则 $v_y^{(1)} = v_y^{(2)}$，而在 x、z 方向允许有速度间断。例如 x 轴方向存在速度间断面如图 6-5 所示，将速度间断面看作一个薄层，其层厚为 Δy，速度在层内变化急剧，但变化是连续的。

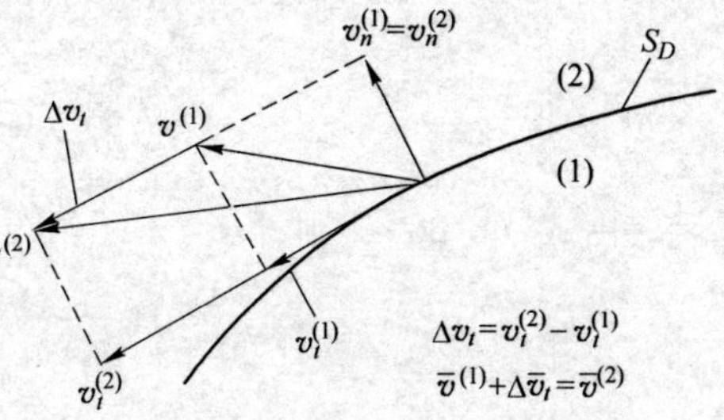

图 6-4 速度间断面两侧的速度

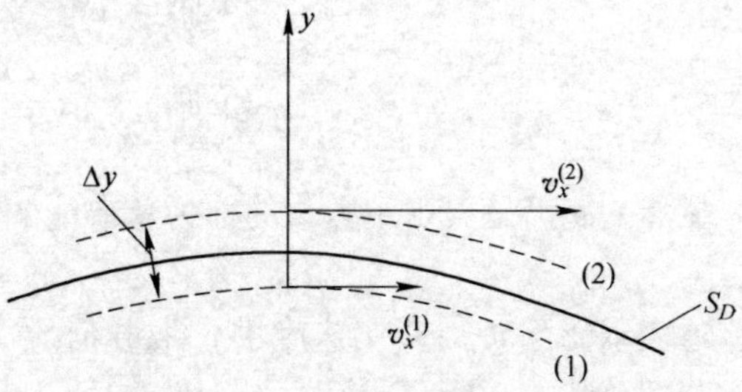

图 6-5 速度间断面的薄层

由于

$$\dot{\varepsilon}_{yx} = \frac{1}{2}\left(\frac{\partial v_x}{\partial y} + \frac{\partial v_y}{\partial x}\right)$$

$$\dot{\varepsilon}_{yz} = \frac{1}{2}\left(\frac{\partial v_z}{\partial y} + \frac{\partial v_y}{\partial z}\right) \tag{6-26}$$

当薄层 Δy 趋于零时，这两个切应变速率将趋于无穷大。实际上速度间断面是应变速率变化相当大的剪切层面，在此层内将消耗塑性功。所以虚功（功率）方程要加上修正项。

为简明，用一个速度间断面把物体分为两部分（1）和（2）（如图 6-3 所示，此时 S_D 为速度间断面），除了在物体内存在速度间断面外，其他条件同上面导出虚功（功率）方程时一样。于是，可分区与出虚功（功率）原理的各表达式。如按式（6-18），则

（1）区

$$\iiint_{V_1} \sigma_{ij}\dot{\varepsilon}_{ij}\mathrm{d}V = \iint_{S_{p_1}} \bar{p}_i v_i \mathrm{d}s + \iint_{S_{v_1}} \sigma_{ij} n_j v_i \mathrm{d}s + \iint_{S_D} \sigma_{ij} n_j^{(1)} v_i^{(1)} \mathrm{d}s \tag{6-26a}$$

（2）区

$$\iiint_{V_2} \sigma_{ij}\dot{\varepsilon}_{ij}\mathrm{d}V = \iint_{S_{p_2}} \bar{p}_i v_i \mathrm{d}s + \iint_{S_{v_2}} \sigma_{ij} n_j v_i \mathrm{d}s + \iint_{S_D} \sigma_{ij} n_j^{(2)} v_i^{(2)} \mathrm{d}s \tag{6-26b}$$

式（6-26a）+ 式（6-26b），并注意先规定好间断面的法向方向 n，此时 $-n_i^{(1)} = n_i^{(2)}$，间断面两侧应力和法向速度都是连续的，刚好抵消，剩下的是切向速度间断量，于是得

$$\iiint_{V_2} \sigma_{ij}\dot{\varepsilon}_{ij}\mathrm{d}V = \iint_{S_p} \bar{p}_i v_i \mathrm{d}s + \iint_{S_v} \sigma_{ij} n_j \bar{v}_i \mathrm{d}s - \iint_{S_D} \tau |\Delta v_t| \mathrm{d}s \tag{6-27}$$

当有多个速度间断面时，应把各间断面上的附加剪切功率都加起来，此时式（6-27）

右边的第三项应为这些剪切功率之和。

最后，再把虚功（功率）原理做进一步解释。

设 v_i^* 是任一偏离真实速度场 v_i 的运动许可场。因为在 S_v 上，v_i^* 和 $\bar{v}_i$ 都满足速度边界条件，即 $\bar{v}_i^* = \bar{v}_i$，于是 $\delta v_i = \bar{v}_i^* - \bar{v}_i = 0$，在变形区内存在 $\delta\dot{\varepsilon}_{ij} = \frac{1}{2}(\delta v_{i,j} + \delta v_{j,i})$，面真实应力场 σ_{ij}必为静力许可的，所以虚功率原理的数学表达式（6-12）成立。假定 δv_i 以及与其对应的 $\delta\dot{\varepsilon}_{ij}$为无限小，则式（6-12）中的 σ_{ij} 和 $\bar{p}_i$ 认为是不变的，此时 δ 可以作为变分符号提到积分号外面去，移项后，则得

$$\delta\left(\iiint_V \sigma_{ij}\dot{\varepsilon}_{ij}\mathrm{d}V - \iint_{S_p}\bar{p}_i v_i \mathrm{d}s\right) = 0 \tag{6-28}$$

令

$$\delta\left(\iiint_V \sigma_{ij}\dot{\varepsilon}_{ij}\mathrm{d}V - \iint_{S_p}\bar{p}_i v_i \mathrm{d}s\right) = 0 \tag{6-29}$$

显然，ϕ 仍是关于函数 v_i的称为总势能的泛函，由式（6-28），则

$$\delta\phi = 0 \tag{6-30}$$

这表示泛函 ϕ 对真实速度场 v_i 取驻值。

若把总势能泛函写成

$$\phi = \iiint_V E(\dot{\varepsilon}_{ij})\mathrm{d}V - \iint_{S_p}\bar{p}_i v_i \mathrm{d}s \tag{6-31}$$

对式（6-31）取变分，则

$$\delta\phi = \iiint_V \frac{\partial E}{\partial\dot{\varepsilon}_{ij}}\delta\dot{\varepsilon}_{ij}\mathrm{d}V - \iint_{S_p}\bar{p}_i \delta v_i \mathrm{d}s \tag{6-32}$$

6.1 节已讲过，对真实速度场 v_i 是运动许可的，与它相对应的应力场 σ_{ij}是静力许可的，两者之间用本构关系相适合，假定在本构方程中 σ_{ij}是 $\dot{\varepsilon}_{ij}$的光滑函数，且满足

$$\frac{\partial\sigma_{ij}}{\partial\dot{\varepsilon}_{ki}} = \frac{\partial\sigma_{ki}}{\partial\dot{\varepsilon}_{ij}} \tag{6-33}$$

则一定在一个势函数 $E(\dot{\varepsilon}_{ij})$，且有梯度场

$$\sigma_{ij} = \frac{\partial E}{\partial\dot{\varepsilon}_{ij}} \tag{6-34}$$

把式（6-34）代入式（6-32），并注意虚功率方程式（6-12），则得

$$\delta\phi = 0 \tag{6-35}$$

这样，无论材料具有什么样的本构关系，只要式（6-33）和式（6-34）的条件成立，也就是存在势函数 $E(\dot{\varepsilon}_{ij})$，便有式（6-31）和式（6-35）表示的最小势能原理。虽然从 $\sigma_{ij,j} = 0$ 和 $\sigma_{ij}n_j = \bar{p}_i$ 出发建立的虚功方程式（6-12）也能导出由式（6-29）和式（6-30）表示的最小势能原理，但却掩盖了最小势能原理成立的上述物理条件。因此，不要把最小势能原理和虚功原理笼统地混为一谈。我们知道，虚功原理成立的条件与材料的性质无关，也就是说，不论是弹性的或是塑性的问题均可应用虚功原理，其原因是在上述各类问题中力平衡方程均成立而且是一样的。

同理，对真实的位移场 u_i 也存在如下的关系：

$$\phi = \iiint_V E(\varepsilon_{ij})\mathrm{d}V - \iint_{S_p} p_i u_i \mathrm{d}s$$

$$\delta\phi = 0 \tag{6-36}$$

采用同上方法，利用式（6-22）和式（6-25），对真实应力场可得

$$R = \iiint\limits_V E_R(\sigma_{ij})\mathrm{d}V - \iint\limits_{S_v} \sigma_{ij} n_j \bar{v}_i \mathrm{d}s \tag{6-37}$$

$$E_R(\sigma_{ij}) = \int_0^{\sigma_{ij}} \dot{\varepsilon}_{ij} \mathrm{d}\sigma_{ij}$$

$$\delta\phi = 0$$

$$r = \iiint\limits_V E_r(\sigma_{ij})\mathrm{d}V - \iint\limits_{S_p} \sigma_{ij} n_j \bar{u}_i \mathrm{d}s \tag{6-38}$$

$$E_r = \int_0^{\sigma_{ij}} \varepsilon_{ij} \mathrm{d}\sigma_{ij}$$

$$\delta r = 0$$

应指出，变分原理的具体形式，取决于不同材料的具体应力和应变关系。考虑到适用于塑性加工力学的边值问题，下面仅就刚－塑性材料和刚－黏性材料以及弹－塑性硬化材料分别讲述变分原理。

6.3 刚－塑性材料的变分原理

5.5 节已讲述了刚－塑性材料的流动模型（图 5-7）。为了简明，我们忽略质量力和惯性力以及暂不考虑存在速度间断面。此时在塑性区内应满足的方程和边界条件如下：

（1）平衡方程（式（6-2））

$$\sigma_{ij,j} = 0$$

（2）Mises 屈服条件（式（5-11））

$$s_{ij}s_{ij} = 2k^2 = \frac{2}{3}\sigma_3^2$$

（3）几何方程（式（6-6））

$$\dot{\varepsilon}_{ij} = \frac{1}{2}(v_{i,j} + v_{j,i})$$

（4）本构关系（式（5-46））

$$\dot{\varepsilon}_{ij}^p = \frac{3}{2}\frac{\dot{\bar{\varepsilon}}}{\sigma_s}S_{ij}$$

（5）体积不变条件（式（5-6））

$$\dot{\varepsilon}_{ij}\delta_{ij} = 0$$

（6）边界条件（式（6-8）和式（6-9））

在 S_P 上 $\quad \sigma_{ij}n_j = \bar{p}_i$

在 S_V 上 $\quad v_i = \bar{v}_i$

6.3.1 刚－塑性材料的第一变分原理

此原理的内容是在满足式（6-6）、式（5-6）和式（6-9）的一切运动许可得速度场 v_i^* 中，使泛函

$$\phi_1 = \sqrt{\frac{2}{3}}\sigma_s \iiint_V \sqrt{\dot{\varepsilon}_{ij}\dot{\varepsilon}_{ij}}\,dV - \iint_{S_p} \bar{p}_i v_i\,ds \tag{6-39}$$

的 $\delta\phi_1 = 0$，且取最小值（ϕ_1 取最小值）的 v_i，必为本问题的真实解，现证明如下。

设本问题真实解的应力、应变速率和位移速度为 σ_{ij}、$\dot{\varepsilon}_{ij}$ 和 v_i，而运动许可的解为 σ_{ij}^*、$\dot{\varepsilon}_{ij}^*$ 和 v_i^*。

由本构关系式（5-46），并注意 $\dot{\varepsilon}_{ij}\delta_{ij} = 0$ 和 $\dot{\varepsilon}_{ij} = \sqrt{\frac{3}{2}}\frac{\sqrt{\dot{\varepsilon}_{kl}\dot{\varepsilon}_{kl}}}{\sigma_b}s_{ij}$，则

$$\sqrt{\frac{2}{3}}\sigma_s \sqrt{\dot{\varepsilon}_{ij}\dot{\varepsilon}_{ij}} = s_{ij}\dot{\varepsilon}_{ij} = \left(\sigma_{ij} - \frac{1}{3}\sigma_{kk}\delta_{ij}\right)\dot{\varepsilon}_{ij} = \sigma_{ij}\dot{\varepsilon}_{ij} \tag{6-40}$$

对于泛函式(6-39)中的$\sqrt{\frac{2}{3}}\sigma_s \sqrt{\dot{\varepsilon}_{ij}\dot{\varepsilon}_{ij}} = \sigma_{ij}\dot{\varepsilon}_{ij}$，相当于泛函式(6-31)中的$E(\dot{\varepsilon}_{ij})$，并满足式（6-33）和式（6-34）的条件，因此对真实速度场 v_i 有

$$\delta\phi_1 = 0$$

即 ϕ_1 取驻值。下面将进一步证明，对真实速度场 v_i、ϕ_1 取最小值。

按 Drucker 公设

$$\iiint_V (\sigma_{ij}^* - \sigma_{ij})\dot{\varepsilon}_{ij}^*\,dV \geqslant 0 \tag{6-41}$$

其中 σ_{ij}^* 是由 $\dot{\varepsilon}_{ij}^*$ 按本构关系确定的，应指出，σ_{ij}^* 未必满足静力平衡条件，而有无数运动许可的 $\dot{\varepsilon}_{ij}^*$ 与真实应力场 σ_{ij} 也未必都适合本构关系。但是前已述及对于真实解的 σ_{ij} 和运动许可的 v_i^*、$\dot{\varepsilon}_{ij}^*$ 应满足式(6-18)。

$$\iiint_V \sigma_{ij}\dot{\varepsilon}_{ij}^*\,dV = \iint_{S_p}\bar{p}_i v_i^*\,ds + \iint_{S_v}\sigma_{ij}n_j\bar{v}_i\,ds \quad （注意在 S_v 上 \bar{v}_i = \bar{v}_i^*）$$

把此式代入式（6-41）中，得

$$\iiint_V \sigma_{ij}^*\dot{\varepsilon}_{ij}^*\,dV - \iint_{S_p}\bar{p}_i v_i^*\,ds \geqslant \iint_{S_v}\sigma_{ij}n_j\bar{v}_i\,ds \tag{6-42}$$

对真实解的 σ_{ij}、$\dot{\varepsilon}_{ij}$、v_i，也应满足式（6-18）

$$\iint_{S_v}\sigma_{ij}n_j\bar{v}_i\,ds = \iiint_V \sigma_{ij}\dot{\varepsilon}_{ij}\,dV - \iint_{S_p}\bar{p}_i v_i\,ds$$

把此式代入式(6-42)，得

$$\iiint_V \sigma_{ij}^*\dot{\varepsilon}_{ij}^*\,dV - \iint_{S_p}\bar{p}_i v_i^*\,ds \geqslant \iiint_V \sigma_{ij}^*\dot{\varepsilon}_{ij}^*\,dV - \iint_{S_v}\sigma_{ij}n_j\bar{v}_i\,ds \tag{6-43}$$

把式(6-40)代入式(6-43)，则得

$$\iiint_V \sigma_{ij}^*\dot{\varepsilon}_{ij}^*\,dV - \iint_{S_p}\bar{p}_i v_i^*\,ds \geqslant \iiint_V \sigma_{ij}^*\dot{\varepsilon}_{ij}^*\,dV - \iint_{S_v}\bar{p}_i\bar{v}_i\,ds$$

即

$$\phi_1^* \geqslant \phi_1$$

可见，泛函 ϕ_1 取最小值，于是刚－塑性材料第一变分原理得证。此原理又称为安德列 · 马尔可夫（Марков）原理。

注意到，在 S_v 面 $\sigma_{ij}n_j = p_i$，则式（6-42）可写成

$$\iint_{S_v} p_i \bar{v}_i \mathrm{d}s \leqslant \iiint_V \sigma_{ij}^* \dot{\varepsilon}_{ij}^* \mathrm{d}V - \iint_{S_p} \bar{p}_i v_i^* \mathrm{d}s \tag{6-44}$$

此式即为上界定理的数学表达式：在速度已知面上的真实外力功率不会大于按式(6-44)右面由运动许可速度场所确定的功率。

应指出，在证明上述变分原理过程中，引用方程式（6-18）时暂时忽略了质量力和惯性力以及未考虑存在速度间断面。如果考虑这些方面，则须应用式（6-15）和式(6-27)。此外，在 S_p 上的外力功率可结合塑性加工的具体情况给出，如对于第一节所说的轧制情况，在 S_p 面上的外力功率为

$$\iint_{S_p} p_i v_i \mathrm{d}s = -\iint_{S_\mathrm{f}} \tau_\mathrm{f} |\Delta v_\mathrm{f}| \mathrm{d}s - q_\mathrm{b} F_\mathrm{b} v_\mathrm{b} + q_\mathrm{f} F_\mathrm{f} v_\mathrm{f} \tag{6-45}$$

式中 τ_f——单位摩擦力，通常取 $\tau_\mathrm{f} = m\dfrac{\sigma_\mathrm{s}}{\sqrt{3}}$，$m$ 为摩擦因子，$0 \leqslant m \leqslant l$；

Δv_f——轧件与轧辊的相对速度；

v_f，v_b——分别为轧件前、后外端的移动速度；

F_f，F_b——分别为轧件前、后外端的横截面面积。

应指出式(6-45)右边后两项，力与速度方向相同取正号、相反取负号。

考虑到存在质量力、惯性力和速度间断面，并用式（6-45）代替 S_p 面上的外力功率，于是式(6-39)中的泛函可写成

$$\phi_1 = \sqrt{\frac{2}{3}}\sigma_\mathrm{s} \iiint_V \sqrt{\dot{\varepsilon}_{ij}\dot{\varepsilon}_{ij}} \mathrm{d}V + \iiint_V \rho(w_i - g_i) v_i \mathrm{d}V + \iint_{S_\mathrm{f}} \tau_\mathrm{f} |\Delta v_\mathrm{f}| \mathrm{d}s + \iint_{S_D} k |\Delta v_\mathrm{t}| \mathrm{d}s + q_\mathrm{b} F_\mathrm{b} v_\mathrm{b} - q_\mathrm{f} F_\mathrm{f} v_\mathrm{f} \tag{6-46}$$

或按（6-44）写成上界定理的表达式

$$\iint_{S_v} p_i \bar{v}_i \mathrm{d}s \leqslant \iiint_V \sigma_{ij}^* \dot{\varepsilon}_{ij}^* \mathrm{d}V + \iiint_V \rho(w_i - g_i) v_i^* \mathrm{d}V + \iint_{S_\mathrm{f}} \tau_\mathrm{f} |\Delta v_\mathrm{f}^*| \mathrm{d}s + \iint_{S_D} k |\Delta v_\mathrm{t}^*| \mathrm{d}s + q_\mathrm{b} F_\mathrm{b} v_\mathrm{b}^* - q_\mathrm{f} F_\mathrm{f} v_\mathrm{f}^* \tag{6-47}$$

此不等式右边带＊号的为运动许可的。

6.3.2 刚－塑性材料完全的广义变分原理

由于在上述的第一变分原理中，所选择的速度场必须满足式（6-6）、式（5-6）和式（6-9）这三个条件。在处理实际问题时，有些条件较易满足，而有些条件预先不易满足。因此，可以设法引用拉格朗日乘子 $a_{ij}(=a_{ji})$、μ_i 和 λ，把必须满足的三个约束条件引入原泛函中，于是便得到一个新的泛函

$$\phi_1^* = \sqrt{\frac{2}{3}}\sigma_\mathrm{s} \iiint_V \sqrt{\dot{\varepsilon}_{ij}\dot{\varepsilon}_{ij}} \mathrm{d}V - \iint_{S_p} \bar{p}_i v_i \mathrm{d}s - \iiint_V a_{ij}\left[\dot{\varepsilon}_{ij} - \frac{1}{2}(v_{i,j} + v_{j,i})\right] \mathrm{d}V + \iiint_V \lambda \dot{\varepsilon}_{ij} \delta_{ij} \mathrm{d}V - \iint_{S_v} \mu_i (v_i - \bar{v}_i) \mathrm{d}s \tag{6-48}$$

可以证明，在一切的 σ_{ij}、$\dot{\varepsilon}_{ij}$ 和 v_i 的函数中，使泛函式(6-48)取驻值的 σ_{ij}、$\dot{\varepsilon}_{ij}$ 和 v_i 是

真实解。这就是刚－塑性材料完全广义变分原理。此时，可以预先无约束地任选 v_i 和 $\dot{\varepsilon}_{ij}$ 使新泛函 $\phi_1{}^*$（式（6-48））的一阶变分等于零。

为证明此变分原理，只要证明使泛函式(6-48)一阶变分为零，则 σ_{ij}、v_i、$\dot{\varepsilon}_{ij}$满足全部方程和相应的边界条件即可。

对式(6-48)变分，并令其为零，得

$$\delta\phi_1^* = \sqrt{\frac{2}{3}}\sigma_s\iiint_V \frac{2\dot{\varepsilon}}{2\sqrt{\dot{\varepsilon}_{ij}\dot{\varepsilon}_{ij}}}\delta\dot{\varepsilon}_{ij}\mathrm{d}V - \iint_{S_p}\bar{p}_i v_i \mathrm{d}s - \iiint_V \delta a_{ij}\left[\dot{\varepsilon}_{ij} - \frac{1}{2}(v_{i,j} + v_{j,i})\right]\mathrm{d}V -$$
$$\iiint_V a_{ij}\left[\delta\dot{\varepsilon}_{ij} - \frac{1}{2}(\delta v_{i,j} + \delta v_{j,i})\right]\mathrm{d}V + \iiint_V \delta\lambda\dot{\varepsilon}_{ij}\delta_{ij}\mathrm{d}V + \iiint_V \lambda\delta\dot{\varepsilon}_{ij}\delta_{ij}\mathrm{d}V -$$
$$\iint_{S_v}\delta u_i(v_i - \bar{v}_i)\mathrm{d}s - \iint_{S_u}\mu_i(\delta v_i)\mathrm{d}s = 0$$

考虑到本构关系 $s_{ij} = \sqrt{\frac{2}{3}}\frac{\sigma_s\dot{\varepsilon}_{ij}}{\sqrt{\dot{\varepsilon}_{ij}\dot{\varepsilon}_{ij}}}$和 $s_{ij} = \sigma_{ij} - \frac{1}{3}\sigma_{kk}\delta_{ij}$以及 $a_{ij}\frac{1}{2}(\delta v_{i,j} + \delta v_{j,i}) = a_{ij}\delta v_{i,j}$，整理后得

$$\delta\phi_1^* = \iiint_V\left(\sigma_{ij} - \frac{1}{3}\sigma_{kk}\delta_{ij} - a_{ij} + \lambda\delta_{ij}\right)\delta\dot{\varepsilon}_{ij}\mathrm{d}V - \iint_{S_p}\bar{p}_i\delta v_i\mathrm{d}s - \iiint_V\dot{\varepsilon}_{ij} - \frac{1}{2}(v_{i,j} + v_{j,i})\mathrm{d}V +$$
$$\iiint_V a_{ij}\delta v_{i,j}\mathrm{d}V + \iiint_V\delta\lambda\dot{\varepsilon}_{ij}\delta_{ij}\mathrm{d}V - \iint_{S_v}\delta u_i(v_i - \bar{v}_i)\mathrm{d}s - \iint_{S_u}\mu_i\delta v_i\mathrm{d}s = 0$$

用分部积分和高斯公式

$$\iiint_V a_{ij}\delta v_{i,j}\mathrm{d}V = \iiint_V(a_{ij}\delta v_i)_{,j}\mathrm{d}V - \iiint_V a_{ij,j}\delta v_i\mathrm{d}V = \iint_{S_p+S_v} a_{ij}\delta v_i n_j\mathrm{d}s - \iiint_V a_{ij,j}\delta v_i\mathrm{d}V$$

代入上式，整理后得

$$\delta\phi_1^* = \iiint_V(\sigma_{ij} - a_{ij})\delta\dot{\varepsilon}_{ij}\mathrm{d}V + \iiint_V\left(\lambda - \frac{1}{3}\sigma_{kk}\right)\delta_{ij}\dot{\varepsilon}_{ij}\mathrm{d}V + \iint_{S_D}(a_{ij}n_j - \bar{p})\delta v_i\mathrm{d}s +$$
$$\iiint_V\left[\dot{\varepsilon}_{ij} - \frac{1}{2}(v_{i,j} + v_{j,i})\right]\delta a_{ij}\mathrm{d}v - \iint_{S_v}(a_{ij}n_j - u_i)\delta v_i\mathrm{d}s -$$
$$\int_V a_{ij,j}\delta v_i\mathrm{d}V + \iiint_V\dot{\varepsilon}_{ij}\delta_{ij}\delta_\lambda\mathrm{d}V - \iint_{S_v}(v_i - \bar{v}_i)\mu_i\mathrm{d}s = 0$$

注意自变量函数变分的任意性，所以得到在体积 V 上

$$\sigma_{ij} - a_{ij} = 0 \quad 或 \quad \sigma_{ij} = a_{ij}$$
$$a_{ij,j} = 0$$
$$\dot{\varepsilon}_{ij} - \frac{1}{2}(v_{i,j} - v_{j,i}) = 0$$
$$\lambda - \frac{1}{3}\sigma_{kk} = 0$$
$$\dot{\varepsilon}_{ij}\delta_{ij} = 0$$

在 S_p 面上　　$a_{ij}n_j - \bar{p} = 0$

在 S_v 面上　　$v_i - \bar{v}_i = 0$，$a_{ij}n_j - u_i = 0$

由上可知，$\sigma_{ij} = a_{ij}$。所以，以上诸式分别为平衡方程、几何方程、边界条件和体积不

变条件，且 $\lambda=\frac{1}{3}\sigma_{kk}$和$\mu_i=\sigma_{ij}n_j$。所以 λ 为平均应力；μ_i 为 S_v 面上的单位表面力。

这就证明了预先任选 $\dot{\varepsilon}_{ij}$和 v_i 只要使泛函式（6-48）的一阶变分为零，则它们以及与其相应的应力 σ_{ij}一定满足基本方程组和边界条件。所以为真实解。也就是按此变分原理求解，与在给定边界条件下求解基本方程组是等价的。

应指出，用第一变分原理和完全广义变分原理求精确解两者是没有区别的，因为两者都能满足基本方程组和相应的边界条件。但是求近似解时两者是有区别的。这是因为在第一变分原理中，所选择的 v_i 和 $\dot{\varepsilon}_{ij}$，只要求满足运动许可条件，静力许可条件是通过变分近似满足。面广义变分原理预选的 v_i 和 $\dot{\varepsilon}_{ij}$不受任何约束，所有的方程均由变分近似满足，所以，由第一变分原理算出的近似结果较广义变分原理计算的精确，但是前者预选满足运动许可条件的速度场时比后者困难。

6.3.3 刚－塑性材料不完全的广义变分原理

因为预选择速度场时应变速率与位移速度的关系式(6-6)和速度边界条件式(6-9)容易满足，而体积不变条件难以满足，所以可把体积不变条件用拉格朗日乘子 λ 引入泛函中，于是得到如下的新泛函

$$\sigma_1^*=\sqrt{\frac{2}{3}}\sigma_s\iiint_V\sqrt{\dot{\varepsilon}_{ij}\dot{\varepsilon}_{ij}}\,\mathrm{d}V-\iint_{S_p}\bar{p}_i v_i\,\mathrm{d}s+\iiint_V\lambda\dot{\varepsilon}_{ij}\delta_{ij}\,\mathrm{d}V \tag{6-49}$$

用同上方法可证明（读者自行证明）在一切满足应变速率与位移速度关系和速度边界条件的 v_i 中，使泛函式（6-49）取驻值的 v_i 是真实解。这就是刚－塑性材料不完全的广义变分原理。同时也可证明 $\lambda=\frac{1}{3}\sigma_{kk}$。在下面讲刚－塑性有限元法时，我们将要用到这个原理。

6.3.4 刚－塑性材料的第二变分原理

此原理的内容是在满足平衡方程式（6-2）、Mises 屈服条件式（5-11）和应力边界条件式（6-8）的一切静力许可的应力场 σ_{ij}^* 中，使泛函

$$\phi_2=-\iint_{S_v}\sigma_{ij}n_j\bar{v}_i\,\mathrm{d}s \tag{6-50}$$

取最小值的 σ_{ij}必为本问题的真实解。

证明如下：

设本问题的真实解为 σ_{ij}、$\dot{\varepsilon}_{ij}$、v_i；静力许可解为 σ_{ij}^*。

注意到静力许可的应力 σ_{ij}^* 与真实解的应变速率 $\dot{\varepsilon}_{ij}$未必适合本构关系。则按 Drucker 公设

$$\iiint_V(\sigma_{ij}-\sigma_{ij}^*)\dot{\varepsilon}_{ij}\,\mathrm{d}V\geqslant 0 \tag{6-51}$$

真实解的 σ_{ij}、$\dot{\varepsilon}_{ij}$和 v_i 应满足式（6-18）

$$\iiint_V\sigma_{ij}\dot{\varepsilon}_{ij}\,\mathrm{d}V=\iint_{S_p}\bar{p}_i v_i\,\mathrm{d}s+\iint_{S_v}\sigma_{ij}n_j\bar{v}_i\,\mathrm{d}s$$

真实解的 $\dot{\varepsilon}_{ij}$和静力许可的 σ_{ij}^* 也应满足式（6-18）

$$\iiint_V \sigma_{ij}^* \dot{\varepsilon}_{ij} \mathrm{d}V = \iint_{S_p} \bar{p}_i v_i \mathrm{d}s + \iint_{S_v} \sigma_{ij}^* n_j \bar{v}_i \mathrm{d}s \tag{6-52}$$

（注意在 S_p 上 $\bar{p}_i = p_i^*$）

把式（6-18）和式（6-52）代入式（6-51），移项得

$$\iint_{S_v} \sigma_{ij} n_j \bar{v}_i \mathrm{d}s \geqslant \iint_{S_v} \sigma_{ij}^* n_j \bar{v}_i \mathrm{d}s \tag{6-53}$$

或

$$-\iint_{S_v} \sigma_{ij} n_j \bar{v}_i \mathrm{d}s \leqslant -\iint_{S_v} \sigma_{ij}^* n_j \bar{v}_i \mathrm{d}s \tag{6-54}$$

即

$$\phi_2^* \geqslant \phi_2$$

可见，真实解的应力 σ_{ij}使泛函 ϕ_2 取最小值，于是刚－塑性材料第二变分原理得证。此原理又称为希尔（Hill）原理。

注意到，$p_i^* = \sigma_{ij}^* n_j$，$p_i = \sigma_{ij} n_j$，则式（6-53）可写成

$$\iint_{S_v} p_i^* \bar{v}_i \mathrm{d}s \leqslant \iint_{S_v} p_i \bar{v}_i \mathrm{d}s \tag{6-55}$$

此式即为下界定理的数学表达式，在速度已知面上与静力许可应力场 σ_{ij}^* 相对应的外力功率小于或等于与真实应力场 σ_{ij}相对应的功率。

6.4　刚－黏塑性材料的变分原理

本节是建立大塑性变形的速度敏感材料，即弹性变形可以忽略的刚－黏塑性材料的变分原理。

前已述及，无论材料具有什么样的本构关系，只要式(6-33)和式(6-34)成立，则一切运动许可的速度场 v_i^* 和 $\dot{\varepsilon}_{ij}^*$ 中，真实速度场 v_i 和 $\dot{\varepsilon}_{ij}$，使泛函式（6-31）的一阶变分为零，即

$$\delta\phi = \iiint_V E(\varepsilon_{ij}) \mathrm{d}V - \iint_{S_p} \bar{p}_i v_i \mathrm{d}s = 0 \tag{6-56}$$

也就是泛函 ϕ 取极值。

对于刚－黏塑性材料，式（6-33）和式（6-34）也成立，因此也就存在式（6-56）。下面就来说明这个问题。

按式（5-53），刚－黏塑性材料的本构方程为

$$\dot{\varepsilon}_{ij} = \frac{3}{2} \frac{\dot{\bar{\varepsilon}}}{\bar{\sigma}} s_{ij} \tag{6-57}$$

或

$$s_{ij} = \frac{2}{3} \frac{\bar{\sigma}}{\dot{\bar{\varepsilon}}} \dot{\varepsilon}_{ij} \tag{6-58}$$

按 F. E. Hausmer 以及 U. S. Lindholn 等人所推荐的，$\bar{\sigma}$ 由下式确定

$$\bar{\sigma} = \sigma_{sc} \left[1 + \left(\frac{\dot{\bar{\varepsilon}}}{\gamma_0} \right)^n \right] \tag{6-59}$$

式中 σ_{sc}——静屈服应力，$\sigma_{sc}=\sigma_{sc}(\varepsilon)$；

γ_0——流动参数。

本构方程式（6-57）和式（6-58）是单值函数，故满足式（6-33），且

$$E(\dot{\varepsilon}_{ij}) = \int_0^{\dot{\varepsilon}_{ij}} \sigma_{ij}\,\mathrm{d}\dot{\varepsilon}_{ij} = \int_0^{\dot{\varepsilon}_{ij}} s_{ij}\,\mathrm{d}\dot{\varepsilon}_{ij} = \int_0^{\dot{\bar{\varepsilon}}} \bar{\sigma}\mathrm{d}\,\dot{\bar{\varepsilon}}$$

把式（6-59）代入此式，并注意 $\dot{\varepsilon}_{ij}\delta_{ij}=0$ 和 $\dot{\bar{\varepsilon}}=\sqrt{\frac{2}{3}\dot{\varepsilon}_{ij}\dot{\varepsilon}_{ij}}$，则得

$$E(\dot{\varepsilon}_{ij}) = \int_0^{\dot{\bar{\varepsilon}}} \sigma_{sc}\left[1+\left(\frac{\dot{\bar{\varepsilon}}}{\gamma_0}\right)^n\right]\mathrm{d}\,\dot{\bar{\varepsilon}} = \frac{1}{n+1}(n\sigma_{sc}+\bar{\sigma})\,\dot{\bar{\varepsilon}} \tag{6-60}$$

和

$$\frac{\partial E}{\partial\dot{\varepsilon}_{ij}} = \frac{1}{n+1}\left[(n\sigma_{sc}+\bar{\sigma})-\frac{2}{3}\frac{\dot{\varepsilon}_{ij}}{\dot{\bar{\varepsilon}}}+n\sigma_{sc}\left(\frac{\dot{\bar{\varepsilon}}}{\gamma_0}\right)^n\frac{2}{3}\frac{\dot{\varepsilon}_{ij}}{\dot{\bar{\varepsilon}}}\right]$$

$$=\frac{1}{n+1}\frac{2}{3}\frac{\dot{\varepsilon}_{ij}}{\dot{\bar{\varepsilon}}}(\bar{\sigma}+\overline{n\sigma}) = \frac{2}{3}\frac{\bar{\sigma}}{\dot{\bar{\varepsilon}}}\dot{\varepsilon}_{ij} = s_{ij}$$

在 $\dot{\varepsilon}_{ij}\delta_{ij}=0$ 时，则有

$$\frac{\partial E}{\partial\dot{\varepsilon}_{ij}} = \sigma_{ij}$$

所以，满足式（6-34），因此式（6-56）成立。

下面将进一步证明 ϕ 取最小值。

为此，须证明 $\delta^2\phi\geqslant 0$。

注意到式（6-56）第二项 $\bar{p}_i v_i$ 是 v_i 的线性函数，因之 $\delta^2\iint_{S_p}\bar{p}_i v_i\mathrm{d}s=0$，所以只需证明

$\delta^2\phi=\iiint\delta^2 E(\dot{\varepsilon}_{ij})\mathrm{d}V\geqslant 0$ 或 $\delta^2 E(\dot{\varepsilon}_{ij})\geqslant 0$ 即可。

式中

$$E(\dot{\varepsilon}_{ij}) = \int_0^{\dot{\bar{\varepsilon}}} \bar{\sigma}(\dot{\bar{\varepsilon}})\mathrm{d}\,\dot{\bar{\varepsilon}}$$

$$\delta E = \frac{\partial E}{\partial\dot{\bar{\varepsilon}}}\delta\,\dot{\bar{\varepsilon}} = \sigma\delta\,\dot{\bar{\varepsilon}}$$

$$\delta^2 E = \delta(\delta E) = \delta(\sigma\delta\,\dot{\bar{\varepsilon}}) = \delta\bar{\sigma}\delta\,\dot{\bar{\varepsilon}}+\bar{\sigma}\delta^2\,\dot{\bar{\varepsilon}} = \frac{\delta\bar{\sigma}}{\delta\,\dot{\bar{\varepsilon}}}(\delta\,\dot{\bar{\varepsilon}})^2+\bar{\sigma}\delta^2\,\dot{\bar{\varepsilon}}$$

假定材料是稳定的，即 $\bar{\sigma}$ 随 $\dot{\bar{\varepsilon}}$ 的增加而增加，则 $\frac{\delta\bar{\sigma}}{\delta\,\dot{\bar{\varepsilon}}}\geqslant 0$，所以 $\frac{\delta\bar{\sigma}}{\delta\,\dot{\bar{\varepsilon}}}(\delta\,\dot{\bar{\varepsilon}})\geqslant 0$，下面继续

证明 $\sigma\delta^2\,\dot{\bar{\varepsilon}}\geqslant 0$，注意到 $\dot{\bar{\varepsilon}}=\sqrt{\frac{2}{3}\dot{\varepsilon}_{ij}\dot{\varepsilon}_{ij}}$，则

$$\bar{\sigma}\delta^2\dot{\bar{\varepsilon}} = \bar{\sigma}\frac{\partial^2}{\partial\xi^2}\bigg|_{\xi=0}\sqrt{\frac{2}{3}(\dot{\varepsilon}_{ij}+\xi\delta\dot{\varepsilon}_{ij})(\dot{\varepsilon}_{ij}+\xi\delta\dot{\varepsilon}_{ij})}$$

$$=\bar{\sigma}\frac{\partial}{\partial\xi}\bigg|_{\xi=0}\left[\frac{\frac{2}{3}(\dot{\varepsilon}_{ij}+\xi\delta\dot{\varepsilon}_{ij})\delta\dot{\varepsilon}_{ij}}{\sqrt{\frac{2}{3}(\dot{\varepsilon}_{kl}+\xi\delta\dot{\varepsilon}_{kl})(\dot{\varepsilon}_{kl}+\xi\delta\dot{\varepsilon}_{kl})}}\right]$$

$$=\overline{\sigma}\left[\frac{\frac{2}{3}\delta\dot{\varepsilon}_{ij}\ \delta\dot{\varepsilon}_{ij}}{\sqrt{\frac{2}{3}(\dot{\varepsilon}_{kl}\dot{\varepsilon}_{kl})}}-\frac{\left(\frac{2}{3}\dot{\varepsilon}_{ij}\ \delta\dot{\varepsilon}_{ij}\right)^2}{\sqrt{\frac{2}{3}(\dot{\varepsilon}_{kl}\dot{\varepsilon}_{kl})^3}}\right]$$

$$=\frac{\overline{\sigma}}{\dot{\overline{\varepsilon}}}\left\{(\delta\dot{\overline{\varepsilon}})^2-\frac{1}{4\dot{\overline{\varepsilon}}^2}[\delta(\dot{\overline{\varepsilon}}^2)]^2\right\}$$

可以证明{ }号内的值是非负的。因为$\dot{\overline{\varepsilon}}$与坐标的选取无关，故可用主应变速率来表示，即

$$\dot{\overline{\varepsilon}}^2=\frac{2}{3}(\dot{\varepsilon}_{12}+\dot{\varepsilon}_{22}+\dot{\varepsilon}_{32}),(\delta\dot{\overline{\varepsilon}})^2=\frac{2}{3}(\delta\dot{\varepsilon}_{12}+\delta\dot{\varepsilon}_{22}+\delta\dot{\varepsilon}_{32})$$

经简单变换后，则

$$\{\cdots\}=\frac{2}{3}\frac{(\dot{\varepsilon}_1\delta\dot{\varepsilon}_2-\dot{\varepsilon}_2)^2+(\dot{\varepsilon}_2\delta\dot{\varepsilon}_3-\dot{\varepsilon}_3\delta\dot{\varepsilon}_2)^2+(\dot{\varepsilon}_3\delta\dot{\varepsilon}_1-\dot{\varepsilon}_1\delta\dot{\varepsilon}_3)^2}{\dot{\varepsilon}_1^2+\dot{\varepsilon}_2^2+\dot{\varepsilon}_3^2}\geqslant 0$$

因为$\frac{\overline{\sigma}}{\dot{\overline{\varepsilon}}}$为证，所以 $\overline{\sigma}\delta^2\dot{\overline{\varepsilon}}\geqslant 0$，于是泛函 ϕ 取最小值得证。

如果把体积不变条件用拉格朗日乘子 λ 引入泛函中，则用6.3 节所述的同样方法，以得到不完全的广义变分原理，即在一切运动许可速度场 v_i 中，真实解使新泛函

$$\phi^*=\iiint_V E(\dot{\varepsilon}_{ij})\mathrm{d}V-\iint_{S_p}\overline{p}_i v_i\mathrm{d}s+\iiint_V\lambda\varepsilon_{ij}\delta_{ij}\mathrm{d}V \tag{6-61}$$

取驻值，即 $\delta\phi^*=0$，此时拉格朗日乘子等于平均应力，即 $\lambda=\frac{1}{3}\sigma_{kk}$。

应指出，若在 S_p 面上，把接触摩擦所引起的功率单独写出，则式（6-61）可写成

$$\phi^*=\iiint_V E(\dot{\varepsilon}_{ij})\mathrm{d}V-\iint_{S_p}\overline{p}_i v_i\mathrm{d}s-\iint_{S_f}\tau_f\left|\Delta v_f\mathrm{d}s+\iiint_V\lambda\dot{\varepsilon}_{ij}\delta_{ij}\mathrm{d}V\right| \tag{6-62}$$

在接触面上取决于相对速度的摩擦应力。可引用 Chen 和 Kabayashi 的计算方法得出

$$\tau_f=-mk\left[\frac{2}{\pi}\tan^{-1}\left(\frac{|\Delta\boldsymbol{v}_f|}{a|\boldsymbol{v}_0|}\right)\right]\boldsymbol{t} \tag{6-63}$$

式中 m——摩擦因子（$0\leqslant m\leqslant 1$）；

k——屈服切应力；

$|\Delta\boldsymbol{v}_f|$——工件与工具的相对速度；

$|\boldsymbol{v}_0|$——工具的速度；

$\boldsymbol{t}$——在相对速度方向的单位矢量。

采用式(6-63)，对于处理如轧制以及圆环压缩等存在中性面的塑性加工问题，可以得到较精确的解。

6.5 弹-塑性硬化材料的变分原理

6.5.1 全量理论的变分原理

前章已述及，全量理论的塑性应力-应变关系，就相当于非线性弹性关系。和线性弹

性情况一样，对应地也存在最小势能原理和最小余能原理。

为简明，采用 Mises 等向强化加载面，取泊松系数 $\nu=\frac{1}{2}$以及采用单一曲线假设。

如取

$$\bar{\sigma}=\Lambda\bar{\varepsilon}^{q} \tag{6-64}$$

并认为材料是稳定的，因之$\frac{\mathrm{d}\bar{\sigma}}{\mathrm{d}\bar{\varepsilon}}\geqslant 0$。如第 5 章所述，此时的本构关系为单值函数，即

$$s_{ij}=\frac{2}{3}\frac{\bar{\sigma}}{\bar{\varepsilon}}\varepsilon_{ij} \tag{6-65}$$

或

$$E(\varepsilon_{ij})=\int_0^{\varepsilon_{ij}}\sigma_{ij}\mathrm{d}\varepsilon_{ij}=\int_0^{\bar{\varepsilon}}\bar{\sigma}\mathrm{d}\bar{\varepsilon}=\int_0^{\bar{\varepsilon}}A\bar{\varepsilon}n\mathrm{d}\bar{\varepsilon}=\frac{1}{n+1}\bar{\sigma}\,\bar{\varepsilon} \tag{6-66}$$

同式（6-60）导出相同，可得到$\frac{\partial E}{\partial\varepsilon_{ij}}=\sigma_{ij}$，所以式（6-33）和式（6-34）成立（注意此时式中之 $\dot{\varepsilon}_{ij}$用 ε_{ij}代替）。这样，在一切运动许可的位移场（u_i 和 ε_{ij}）中，真实的 u_i 和 ε_{ij}使如下泛函一阶变分为零，即

$$\phi=\iiint_V E(\varepsilon_{ij})\mathrm{d}V-\iint_{S_p}p_iu_i\mathrm{d}s$$

$$\delta\phi=0$$

同上的证明方法，可以证明 $\delta^2\phi\geqslant 0$，即泛函 ϕ 式（6-36）取最小值。这就是全量理论的最小势能原理。前已述及，全量理论解出的结果有时与试验符合得相当好，这说明全量理论的适用范围实际上比简单加载广。在冷塑性加工时，应变速率影响较小，此时采用包含位移和应变的最小势能原理式（6-36），较为方便。

可用类似方法证明，在一切静力许可的应力场中真实的应力场将使泛函式(6-37)和式(6-38)取最小值，这就是全量理论的最小余能原理。

6.5.2 增量理论的最小势能和最小余能原理

为了简明，忽略质量力和惯性力。并用“·”表示对时间的变化率。设在加载某时刻 t，在 S_p 面上给定 $\bar{p}_i$，在 S_v 面上给定 $\bar{v}_i=\bar{u}_i$，并知道在 t 以前所有时刻 t_x（$0\leqslant t_x\leqslant t$）的应力场 σ_{ij}、应变场 ε_{ij}和位移场 u_i，此时真实解的 $\dot{\sigma}_{ij}$、$\dot{\varepsilon}_{ij}$和 v_i 应满足：（1）应力率平衡方程 $\dot{\sigma}_{ij,j}=0$；（2）在 S_p 面上 $\dot{\sigma}_{ij}n_i=\dot{\bar{p}}_i$；（3）几何方程 $\dot{\varepsilon}_{ij}=\frac{1}{2}(v_{i,j}+v_{j,i})$；（4）在 S_v 面上 $v_i=\bar{v}_i=\dot{\bar{u}}$；（5）$\dot{\varepsilon}_{ij}$与 $\dot{\sigma}_{ij}$之间的本构关系。

在 t 时刻以前的结果为已知时，在加载情况下，对于强化材料 $\dot{\sigma}_{ij}$与 $\dot{\varepsilon}_{ij}$之间存在的线性关系，而且这种可逆的关系是唯一的，在卸载情况下 $\dot{\sigma}_{ij}$与 $\dot{\varepsilon}_{ij}$之间满足线性弹性关系。

为了导出速率问题的最小势能和最小余能原理，须利用速率问题不等式。

从满足真实解条件的状态（1）：$\sigma_{ij}^{(1)}$、$\varepsilon_{ij}^{(1)}$变到另一状态（2）：$\sigma_{ij}^{(2)}$、$\varepsilon_{ij}^{(2)}$。在变载过程中位于加载面上的应力为 σ_{ij}，它与 $\mathrm{d}\varepsilon_{ij}$适合本构关系，而 $\sigma_{ij}^{(1)}$与 $\mathrm{d}\varepsilon_{ij}$未必适合本构关系。按 Drucke 公设，将有

$$\int_{(1)}^{(2)} (\sigma_{ij} - \sigma_{ij}^{1}) \mathrm{d}\varepsilon_{ij} \geqslant 0 \tag{6-67}$$

为将此式变成相应的速率问题的不等式，而在变载中任选一状态 σ_{ij}^{s}，于是

$$\sigma_{ij} = \sigma_{ij}^{s} + \dot{\sigma}_{ij}\mathrm{d}t$$

$$\sigma_{ij}^{(1)} = \sigma_{ij}^{s} + \dot{\sigma}_{ij}^{(1)}\mathrm{d}t$$

$$\varepsilon_{ij} = \varepsilon_{ij}^{s} + \dot{\varepsilon}_{ij}\mathrm{d}t \tag{6-68}$$

其中 $\mathrm{d}t > 0$，把式（6-68）代入式（6-67），得

$$\int_{(1)}^{(2)} (\dot{\omega}_{ij} - \sigma_{ij}^{(1)}) \mathrm{d}\dot{\varepsilon}_{ij} \geqslant 0 \tag{6-69}$$

由于 $\dot{\sigma}_{ij}$与 $\dot{\varepsilon}_{ij}$之间满足线性关系

$$\int_{(1)}^{(2)} \dot{\sigma}_{ij}\mathrm{d}\dot{\varepsilon}_{ij} = \int_{(1)}^{(2)} \dot{\varepsilon}_{ij}\mathrm{d}\dot{\sigma}_{ij} = \frac{1}{2}\dot{\sigma}_{ij}\dot{\varepsilon}_{ij}$$

于是不等式(6-69)可写成

$$\frac{1}{2}\sigma_{ij}^{*}\dot{\varepsilon}_{ij}^{*} - \dot{\sigma}_{ij}\dot{\varepsilon}_{ij} \geqslant \frac{1}{2}\dot{\sigma}_{ij}\dot{\varepsilon}_{ij} - \dot{\sigma}_{ij}\ \varepsilon_{ij} \tag{6-70}$$

注意到此式中已令状态（1）为速率问题的真实解（σ_{ij}，$\dot{\varepsilon}_{ij}$），并令状态（2）为运动许可（ε_{ij}^{*}，σ_{ij}^{*}）（其中 σ_{ij}^{*} 是由 ε_{ij}^{*} 按本构关系求得），则式（6-70）可写成

$$\frac{1}{2}\sigma_{ij}^{*}\dot{\varepsilon}_{ij}^{*} - \dot{\sigma}_{ij}\dot{\varepsilon}_{ij} \geqslant \frac{1}{2}\dot{\sigma}_{ij}\dot{\varepsilon}_{ij} - \dot{\sigma}_{ij}\ \varepsilon_{ij}$$

或

$$\dot{E}(\varepsilon_{ij}^{*}) - \dot{\sigma}_{ij}\dot{\varepsilon}_{ij}^{*} \geqslant \dot{E}(\dot{\varepsilon}_{ij}) - \dot{\sigma}_{ij}\dot{\varepsilon}_{ij}$$

将该式写成积分形式

$$\iiint_V E(\dot{\varepsilon}_{ij}^{*})\mathrm{d}V - \iiint_V \dot{\sigma}_{ij}\dot{\varepsilon}_{ij}^{*}\mathrm{d}V \geqslant \iiint_V E(\dot{\varepsilon}_{ij})\mathrm{d}V - \iiint_V \dot{\sigma}_{ij}\dot{\varepsilon}_{ij}\mathrm{d}V$$

对于其实解的 $\dot{\sigma}_{ij}$和 $\dot{\varepsilon}_{ij}$以及对于真实应力场（$\dot{\sigma}_{ij}$）和运动许可的速度场（v_i^{*} 和 $\dot{\varepsilon}_{ij}$）都满足方程式(6-21)；利用式(6-21)，并注意到在 S_v 面上 $\bar{v}_i = \bar{v}_i^{*}$ 和上式不等号两边的 $\iint_{S_v} \dot{\sigma}_{ij} n_j \bar{v}_i \mathrm{d}s$ 项相消，则得

$$\iiint_V \dot{E}(\dot{\varepsilon}_{ij}^{*})\mathrm{d}V - \iint_{S_p} \dot{\bar{p}}_i v_i^{*}\mathrm{d}s \geqslant \iiint_V \dot{E}(\dot{\varepsilon}_{ij})\mathrm{d}V - \iint_{S_p} \dot{\bar{p}}_i v_i \mathrm{d}s$$

或

$$\phi^{*} \geqslant \phi$$

从而得到，在一切运动许可的应变速率场中，真实的场使泛函

$$\phi = \iiint_V \dot{E}(\dot{\varepsilon}_{ij})\mathrm{d}V - \iint_{S_p} \dot{\bar{p}}_i v_i \mathrm{d}V \tag{6-71}$$

取最小值。这就是速率问题的最小势能原理。此原理在弹－塑性有限元分析中将用到。

类似地，也可以得到，在一切静力许可应力速率场中，真实的场使泛函

$$\dot{R} = \iiint_V \dot{E}_R(\dot{\sigma}_{ij})\mathrm{d}V - \iint_{S_p} \dot{\sigma}_{ij} n_j \bar{v}_i \mathrm{d}s \tag{6-72}$$

取最小值，这就是速率问题的最小余能原理，此原理目前在塑性加工力学中应用很少。

7 应用能量法解压力加工问题

能量法，也称为变分法，它的基本思想如下。

先设定某瞬间工件的表面形状。在给定的边界条件下假定运动许可的速度（或位移）场或静力许可的应力场，并把它们写成含有几个待定参数的数学式。根据变分原理，使相应的泛函（功率或功，余功率或余功）最小化。把相应的泛函作为这些待定参数的多元函数。求此函数对这些特定参故的偏导数，并分别令其等于零，便得到以这些待定参数为变量的联立方程组。解此方程组可求出这些待定参数。利用这些参数就可求出更接近真实的运动许可速度（或位移）场或静力许可应力场。已知位移场或速度场，按几何方程便可求出应变场或应变速率场。已知工件边缘点的位移就可确定工件的外形尺寸。由外力功（功率）和内力功（功率）平衡便可求出力能参数。对于具有流动分界面的加工变形过程（如镦粗圆环和轧制等），可把中性面位置的坐标作为待定参数；如果欲求缺陷的压合条件还可以把与缺陷压合有关的因子作为待定参数。

可见，能量法能够确定变形参数（如轧制时的宽展和前滑、孔型和锻模的充满条件等），力能参数（如轧制力和力矩以及其他加工过程的变形力和功率等），自由面的鼓形和凹形，轧件前、后端的鱼尾以及内部缺陷的压合条件等。这些都是合理设计工具和完善加工变形工艺所必需的。

上述这些压力加工实际问题，有的是定常变形问题，有的是非定常变形问题。应用能量法解这两方面问题时，在程序略有不同。

对于定常变形问题，变形区的形状不随时间而变（如稳定轧制等）。在用能量法确定最适速度场时，必须对初始假设的表面形状进行反复修正，直到满足定常变形条件，即工件的表面形状不再改变了为止。

对非定常变形问题，变形区的形状随时间而变（如镦粗等）。此时可用步进小变形计算大变形问题。从初始已知的表面形状开始，用能量法求出第一步最适速度场（位移场），便可求出第一步后的工件表面形状。然后把此表面形状作为下一步的初始条件，用能量法再求出第二步最适速度场，便可求出第二步后的工件表面形状。依此类推，一直进行到所要求的终了变形。一般每一步的变形程度小于10%（如锻压镦粗时每步压下率小于或等于10%），视要求的计算精度而定。

由于设定运动许可的位移场或速度场比设定静力许可的应力场容易，所以目前在解塑性加工边值问题时所应用的能量法主要是根据塑性变分原理中的最小能（功率）原理来确定最适的位移场或速度场，进而确定变形参数和力能参数等。当然也有为数不多的例子应用最小余能原理来确定应力场的。

运动许可速度场（或位移场）的设定与具体的加工变形过程有关。所以，下面分别以锻压上、轧制、挤压和拉拔等主要的具体加工变形过程为例，讲述能量法的应用。

7.1 平面变形锻压矩形坯

7.1.1 边界条件

一般情况下，接触面上存在滑动区和黏着区。这两个区之间的比值，取决于$\frac{l}{h}$ [h，l 分别为矩形坯的高和宽（指窄边）] 和摩擦条件。

在$\frac{l}{h}<4\sim6$ 和工具表面粗糙的条件下，黏着区几乎遍及整个接触面，变形是不均匀的。$\frac{l}{h}$很大时，甚至摩擦系数$f=0.5$，黏着区的相对值也是很小的。

在压缩$\frac{l}{h}<0.5\sim0.6$ 的坯料时，侧面出现双鼓形；$\frac{l}{h}>0.5\sim0.6$ 时，出现单鼓形。

由于金属质点从侧面向接触表面转移（或称翻平）的功难以计算，故用接触摩擦功来考虑。假定沿整个接触面产生工件对工具的相对移动，并对接触面上的切应力取均值，令其为

$$\tau_{\mathrm{f}} = m_{\mathrm{k}} = m\frac{\sigma_{\mathrm{s}}}{\sqrt{3}}$$

按 H. R. TapHOBcHnn 建议，用下式计算摩擦因子 m

$$m = f + \frac{1}{8} - \frac{l}{h}(1-f)\sqrt{f} \tag{7-1}$$

式中 f——滑动摩擦系数。

m 也可以实测。

实验表明，长试样压缩（相当平面变形）后横断面的网格如图 7-1 所示。可见垂直线条具有抛物线的特征。

7.1.2 位移函数的选择

按所采用的假设和所选的坐标系（图 7-2），x 方向的位移函数可取为

$$u_x = a_0x + ax\left(1-\frac{3y^2}{h^2}\right)\left(1-\frac{1}{3}\frac{x^2}{l^2}\right) \tag{7-2}$$

$$\varepsilon_x = \frac{\partial u_x}{\partial x} = a_0 + a\left(1-3\frac{y^2}{h^2}\right)\left(1-\frac{x^2}{l^2}\right) \tag{7-3}$$

由体积不变条件

$$\varepsilon_y = -\varepsilon_x \tag{7-4}$$

$$u_y = \int \varepsilon_y \mathrm{d}y + \varphi(x)$$

把式(7-3)代入此式，积分后，按 $u_y\Big|_{y=0}=0$，确定 $\varphi(x)$，则得

$$u_y = -\left[a_0y + ay\left(1-\frac{y^2}{h^2}\right)\left(1-\frac{x^2}{l^2}\right)\right] \tag{7-5}$$

$$\varepsilon_{xy} = \frac{1}{2}\left(\frac{\partial u_x}{\partial y}+\frac{\partial u_y}{\partial x}\right) = -3a\frac{xy}{h^2}\left(1-\frac{1}{3}\frac{x^2}{l^2}\right) + a\frac{xy}{l^2}\left(1-\frac{y^2}{h^2}\right)$$

$$\varepsilon_{xz} = \varepsilon_{zy} = 0 \tag{7-6}$$

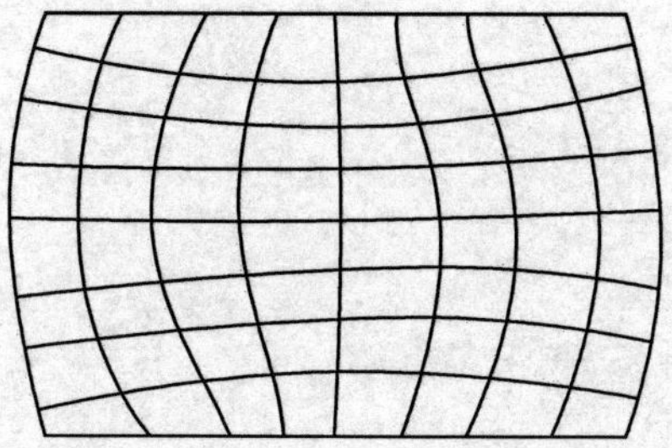

图 7-1 长件压缩后横断面的网格

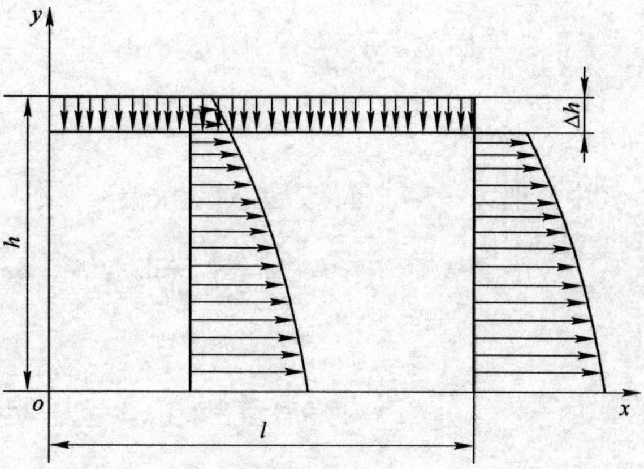

图 7-2 坐标系和函数 u_x 的选择

按体积不变条件可确定 a_0，即

$$\Delta hl = \int_0^h u_x \big|_{x=l} \mathrm{d}y$$

可求出 $a_0 = \dfrac{\Delta h}{h} = \varepsilon$。

由上可知，如能确定参数 a，上述速度场便确定。下面按最小能原理确定 a，进而可确定位移和工件的外形。

7.1.3 a 和工件外形的确定

假定工件材料为刚－塑性体，且忽略质量力和惯性力。按式（6-36）或参照式（6-39）（把其中的 v_i 用 u_i、$\dot{\varepsilon}_{ij}$用 ε_{ij}代替），此时相应的泛函为

$$\varphi = \sigma_s \int_0^l \int_0^h \bar{\varepsilon} \mathrm{d}x\mathrm{d}y + m\frac{\sigma_s}{\sqrt{3}} \int_0^l u_x \big|_{y=h} \mathrm{d}x \tag{7-7}$$

注意到式(7-7)中等效应变 $\bar{\varepsilon}$（式(5-18)）和位移 u_x（式（7-2））中均含有待定参数 a，所以式（7-7）可写成

$$\varphi = \varphi(a)$$

按里兹法泛函 φ 取极值的条件为

$$\frac{\partial \varphi}{\partial a} = 0 \tag{7-8}$$

为了便于积分而运用 Byhrkobcknn（或 Sohwarz）不等式

$$\iint_S F_1 F_2 \mathrm{d}x\mathrm{d}y \leqslant \sqrt{\iint_S F_1^2 \mathrm{d}x\mathrm{d}y} \sqrt{F_2^2 \mathrm{d}x\mathrm{d}y}$$

现令 $F_1 = 1$、$F_2 = \bar{\varepsilon}$，则式(7-7)第一项可写成

$$\sigma_s \int_0^l \int_0^h \bar{\varepsilon} \mathrm{d}x\mathrm{d}y \approx \sigma_s \sqrt{S \int_0^l \int_0^h \bar{\varepsilon}^2 \mathrm{d}x\mathrm{d}y}$$

其中 $S = lh$，对 a 求偏导

$$\sigma_s\int_0^l\int_0^h \frac{\partial\bar{\varepsilon}}{\partial a}\mathrm{d}x\mathrm{d}y \approx \sigma_s\frac{\partial}{\partial a}\sqrt{S\int_0^l\int_0^h\bar{\varepsilon}^2\mathrm{d}x\mathrm{d}y} = \frac{\sigma_s}{2}\frac{S\int_0^l\int_0^h\frac{\partial\bar{\varepsilon}^2}{\partial a}\mathrm{d}x\mathrm{d}y}{\sqrt{S\int_0^l\int_0^h\bar{\varepsilon}^2\mathrm{d}x\mathrm{d}y}} = \frac{\sigma_s}{2\bar{\varepsilon}_m}\int_0^l\int_0^h\frac{\partial\bar{\varepsilon}^2}{\partial a}\mathrm{d}x\mathrm{d}y \tag{7-9}$$

式中，把式（7-7）的第二项对 a 求偏导，则

$$m\frac{\sigma_s}{\sqrt{3}}\int_0^l\frac{\partial u}{\partial a}\mathrm{d}x = -0.833m\frac{\sigma_s}{\sqrt{3}}l^2 \tag{7-10}$$

式中

$$u = u = u_x\big|_{y=h} = \varepsilon_x - 2ax + \frac{2}{3}a\frac{x^3}{l^2}$$

因为工具沿 x 轴方向无位移，所以接触面上工件对工具的相对位移为 $u = u_x\big|_{y=b}$。

把式（7-9）和式（7-10）代入式（7-8）中，得

$$\frac{\sigma_s}{2\bar{\varepsilon}_m}\int_0^l\int_0^h\frac{\partial\bar{\varepsilon}^2}{\partial a}\mathrm{d}x\mathrm{d}y - 0.833m\frac{\sigma_s}{\sqrt{3}}l^2 = 0 \tag{7-11}$$

把式（7-3）、式（7-4）和式（7-6）表示的 ε_x、ε_y、ε_{xy} 代入等效应变表达式（5-19）中，并注意其他应变分量为零，则得

$$3\bar{\varepsilon}^2 = 4\varepsilon^2 + \left(1-3\frac{y^2}{h^2}\right)^2\left(1-\frac{x^2}{l^2}\right) + 8a\varepsilon\left(1-3\frac{y^3}{h^2}\right)\left(1-\frac{x^2}{l^2}\right) + 36a^2\frac{x^2y^2}{h^4}\left(1-\frac{1}{3}\frac{x^2}{l^2}\right)^2 + 4a^2\frac{x^2y^2}{l^4} - \left(1-\frac{y^2}{h^2}\right)^2 - 24a^2\frac{x^2y^2}{l^2h^2}\left(1-\frac{1}{3}\frac{x^2}{l^2}\right)\left(1-\frac{y^2}{h^2}\right) \tag{7-12}$$

为了简化计算，假定均匀变形时的 $\bar{\varepsilon}_m$ 与同一坯料在相同压下率下不均匀变形时的 $\bar{\varepsilon}_m$ 相同。均匀变形时各点的等效应变相同，都等于 $\bar{\varepsilon}_m$，它可按下法计算：把 $\varepsilon_x = \varepsilon = -\varepsilon_y$，其余应变均为零，代入式（5-19）可得

$$\bar{\varepsilon}_m = \frac{2}{\sqrt{3}}\varepsilon \tag{7-13}$$

把式（7-12）和式（7-13）代入式（7-11）中，便可以得到只含一个未知数 a 的方程，解此方程可求出

$$\frac{a}{\varepsilon} = \frac{0.416m\dfrac{l}{h}}{0.213 + 0.648\dfrac{l^2}{h^2} + 0.026\dfrac{h^2}{l^2}} \tag{7-14}$$

把式（7-14）代入式（7-2），并令 $x = l$，可以得到压缩后工件横断面形状。

7.1.4　实验验证

在压力机上用粗糙砧面压缩长的铅件。此时可取 $f = 0.5$。

试样的尺寸为 $H_0 = 2h_0 = 40\text{mm}$，$L_0 = 2l = 40\text{mm}$。压下量为 $\Delta H = 2\Delta h = 7.6\text{mm}$。

为提高计算精度分两步压缩：第一步 $\Delta h_1 = 2\text{mm}$；第二步 $\Delta h_2 = 1.8\text{mm}$。

第一步 $\varepsilon=\dfrac{2.0}{20}=0.1$；$h=\dfrac{20+18}{2}=10\text{mm}$；$l=\dfrac{20+22.2}{2}=21.1\text{mm}$；$\dfrac{l}{h}=1.105$ 现用 $\bar{h}$ 代替式（7-14）中的 h，而用 $\bar{l}$ 代替 l，于是可求出 $\dfrac{a}{\varepsilon}=0.246$。当 $x=l$ 时，由式（7-2）并令 $x=l$，可求出侧面的位移。

第二步 $\varepsilon=\dfrac{3.6}{36}=0.1$；$\bar{h}=17.1\text{mm}$，$l=23.45\text{mm}$；$\dfrac{l}{h}=1.375$。同理由式（7-14）可求出 $\dfrac{a}{\varepsilon}=0.221$，由式（7-2）可求出侧面位移。

与实验结果比较可知，计算的外形与实验结果相符（图 7-3）。但应指出，对于其他点（$x\neq\bar{l}$）的位移，计算与实验的结果就不甚符合。

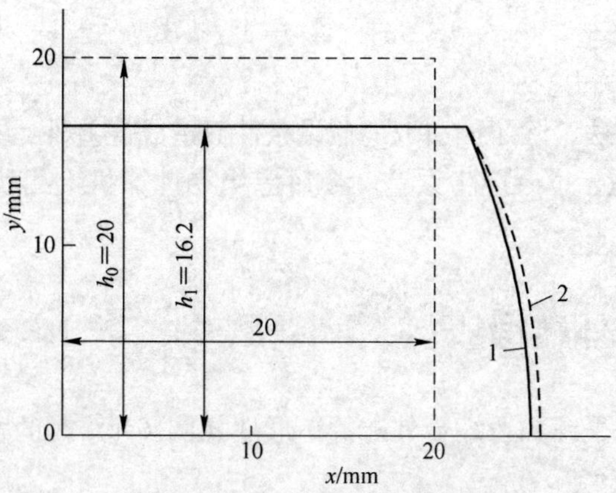

图 7-3 压缩后的侧面形状

1—实验；2—按式(7-14)计算的（$x=l$）

7.1.5 变形力的计算

由外力功与内力功平衡，可求出接触面上总压力 P 为

$$P=\frac{1}{\Delta h}\left(\sigma_s\int_0^l\int_0^h\bar{\varepsilon}\mathrm{d}x\mathrm{d}y+m\frac{\sigma_s}{\sqrt{3}}\int_0^l u_x\Big|_{y=h}\mathrm{d}x\right) \tag{7-15}$$

如上述由 Byhrkobcknn 不等式，可知

$$\sigma_s\int_0^l\int_0^h\bar{\varepsilon}\mathrm{d}x\mathrm{d}y\approx\sigma_s\sqrt{hl\int_0^l\int_0^h\bar{\varepsilon}^2\mathrm{d}x\mathrm{d}y} \tag{7-16}$$

注意到 $u_x\Big|_{y=h}=\varepsilon x-2ax\left(1-\dfrac{4}{3}\dfrac{x^2}{l^2}\right)$，则

$$\int_0^l u_x\big|_{y=h}\mathrm{d}x=\varepsilon l^2\left(0.5-0.833\frac{a}{\varepsilon}\right) \tag{7-17}$$

由式（7-12）、式（7-15）~式（7-17），得

$$P = 1.15\sigma_s l\left\{\left[1+\left(\frac{a}{\varepsilon}\right)^2\left(0.213+0.648\frac{l^2}{h^2}+0.026\frac{h^2}{l^2}\right)\right]^{\frac{1}{2}}+m\frac{l}{h}\left(0.25-0.416\frac{a}{\varepsilon}\right)\right\} \tag{7-18}$$

对于平面变形，取坯料为单位长度，则平均单位压力 $\bar{p}=\frac{p}{l\times 1}$，于是得

$$\frac{\bar{p}}{1.15\sigma_s}=\left[1+\left(\frac{a}{\varepsilon}\right)^2\left(0.213+0.648\frac{l^2}{h^2}+0.026\frac{h^2}{l^2}\right)\right]^{\frac{1}{2}}+m\frac{l}{h}\left(0.250-0.416\frac{a}{\varepsilon}\right) \tag{7-19}$$

其中$\frac{a}{\varepsilon}$由式（7-14）可知

$$\frac{\bar{p}}{1.15\sigma_s}=\frac{\bar{p}}{K}=F\left(f,\frac{l}{h}\right)$$

式中　K——平面变形抗力。

应指出，对上述方法，除了因所取的假设条件面造成误差外，在数学上利用 Byhrkob-cknn 不等式来近似处理，也会产生误差。今后应当在计算机上用优化程序来求泛函的极值，以提高计算精度。

7.2　用平锤头带外端锻压

本例题主要研究用平锤头压缩带外端的矩形件（图 7-4）时的宽展和变形力。

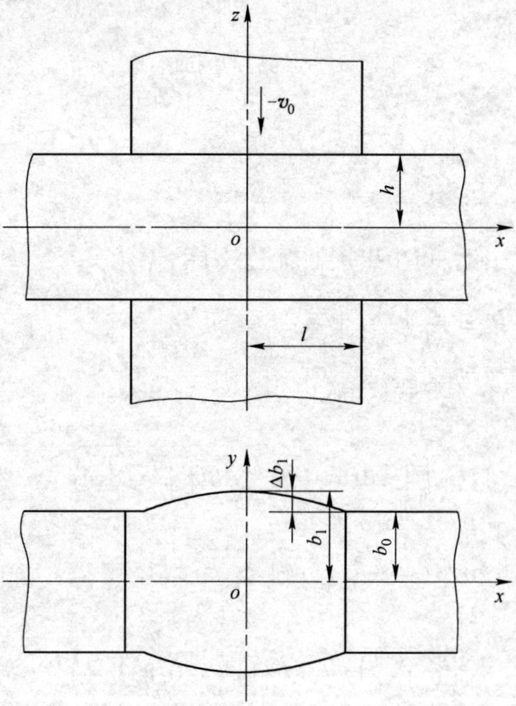

图 7-4　平锤头压缩矩形件

7.2.1　假设条件

（1）工件是刚-塑性材料；

（2）工件与工具间的摩擦力为常数；

$$\tau_{\mathrm{f}} = m\frac{\sigma_{\mathrm{s}}}{\sqrt{3}}$$

（3）由于外端的作用，认为 v_x 与 y、z 无关，只与 x 有关；

（4）v_y 与 x 和 y 有关，而与 z 无关；

（5）在外端上所消耗的变形功，用外端与几何变形区界面上所耗的剪切功来计算，并认为此界面上的切应力等于屈服切应力 k。

7.2.2　速度场的确定

由于变形的对称性，故只研究八分之一部分。

假定在垂直对称面处

$$\frac{\Delta b_1}{b_0} = a\frac{\Delta h}{h} \tag{7-20}$$

两边除以 Δt，则

$$\frac{v_{01}}{b_0} = a\frac{v_0}{h} \tag{7-21}$$

假定 v_z 沿 z 轴呈线性分布，且 $z=0$、$z=b$、$v_z=-v_0$，所以

$$v_z = -\frac{v_0}{h}z \tag{7-22}$$

如图 7-4 所示，认为 $\Delta b = b - b_0$ 沿 x 轴按幂函数分布，即

$$\Delta b = A + Bx + Cx^2 + Dx^3$$

式中，A、B、C、D 可按下面边界条件确定

$$x=0,\ \Delta b = \Delta b_1;\ \Delta b = 0;\ x=0,\ \frac{\mathrm{d}(\Delta b)}{\mathrm{d}x}=0;\ x=l,\ \frac{\mathrm{d}(\Delta b)}{\mathrm{d}x}=0$$

由此得出

$$A=\Delta b_1,\ B=0,\ C=\frac{-3\Delta b_1}{l^2},\ D=\frac{2\Delta b_1}{l^3}$$

$$\Delta b = \Delta b_1\left(1-\frac{3}{l^2}+\frac{2}{l^3}x^3\right)$$

两边除以 Δt，得边缘点的横向位移速度为

$$v_{\mathrm{b}} = v_{b_1}\left(1-\frac{3}{l^2}x^2+\frac{2}{l^3}x^3\right)$$

假定 v_y 沿 y 轴呈线性分布，且 $y=0$、$v_y=0$；$y=b_0$、$v_y=v_{\mathrm{b}}$，所以

$$v_y = \frac{v_{\mathrm{b}}}{b_0}y = \frac{v_{b_1}}{b_0}\left(1-\frac{3}{l^2}x^2+\frac{2}{l^3}x^3\right)y \tag{7-23}$$

按几何方程式（6-6），则由式（7-22）、式（7-23）和式（7-21），得

$$\dot{\varepsilon}_z = \frac{\partial v_z}{\partial z} = -\frac{v_0}{h} \tag{7-24}$$

$$\dot{\varepsilon}_y = a\frac{v_0}{h}\left(1 - \frac{3}{l^2}x^2 + \frac{2}{l^3}x^3\right) \tag{7-25}$$

由体积不变条件 $\dot{\varepsilon}_x + \dot{\varepsilon}_y + \dot{\varepsilon}_z = 0$，所以

$$\dot{\varepsilon}_x = -(\dot{\varepsilon}_y + \dot{\varepsilon}_z) = \frac{v_0}{h}\left[1 - a\left(1 - \frac{3}{l^2}x^2 + \frac{2}{l^3}x^3\right)\right] \tag{7-26}$$

$$v_x = \int \dot{\varepsilon}_x \mathrm{d}x + \varphi(z,y)$$

由 $x=0$、$v_x=0$，确定 $\varphi(z,y)$，从而得到

$$v_x = \frac{v_0}{h}\left[1 - a\left(1 - \frac{x^2}{l^2} + \frac{x^3}{2l^3}\right)\right]x$$

$$\dot{\varepsilon}_{xy} = \frac{1}{2}\left(\frac{\partial v_x}{\partial y} + \frac{\partial v_x}{\partial x}\right) = \frac{1}{2}\frac{\partial v_y}{\partial x}$$

注意到式（7-23）和式（7-21），则

$$\dot{\varepsilon}_{xy} = \frac{a}{2}\frac{v_0}{h}\left(\frac{6}{l^3}x^2 - \frac{6}{l^2}x\right)y \tag{7-27}$$

其中，$\dot{\varepsilon}_{xz} = \dot{\varepsilon}_{xy} = 0$。

7.2.3　确定待定参数 *a*

按刚－塑性材料第一变分原理式（6-39）并参照式（6-46），对于该例的条件，真实速度场应使下列泛函 ϕ_1 取最小值

$$\phi_1 = N_\mathrm{d} + N_\mathrm{f} + N_\mathrm{s} \tag{7-28}$$

（1）内部变形功率（N_d）

$$N_\mathrm{d} = \int_V \bar{\sigma}\,\dot{\bar{\varepsilon}}\mathrm{d}V = \sqrt{\frac{2}{3}}\sigma_\mathrm{s}\int_0^b\int_0^l (\dot{\varepsilon}_x^2 + \dot{\varepsilon}_y^2 + \dot{\varepsilon}_z^2 + 2\dot{\varepsilon}_{xy}^2)^{1/2} h\mathrm{d}x\mathrm{d}y \tag{7-29}$$

（2）摩擦功率（N_f）

$$N_\mathrm{f} = \frac{m\sigma_\mathrm{s}}{\sqrt{3}}\int_0^b\int_0^l (|v_x|^2 + |v_y|^2)^{1/2}\mathrm{d}x\mathrm{d}y \tag{7-30}$$

（3）外端与几何变形区界面上的剪切功率（N_s）

$$N_\mathrm{s} = kb_0 h\Delta v_i$$

$$\Delta v_\mathrm{t} = \frac{1}{h}\int_0^h v_z \mathrm{d}z \tag{7-31}$$

以前许多作者认为在外端与几何变形区界面上 v_z 呈线性分布，即

$$\Delta v_\mathrm{t} = \bar{v}_z = \frac{1}{h}\int_0^h \frac{v_0}{h} z\mathrm{d}z = \frac{v_0}{2} \tag{7-32}$$

按此式计算常常给出偏高的结果。实验表明，此界面上 v_z 沿 z 的分布与几何变分区内

的情况大不相同，我们认为此处 $v_z = \frac{v_0}{h^2}z^2$ 较为合适，代入式（7-31），得

$$\Lambda v_t = \frac{v_0}{3}$$

$$N_s = \frac{v_0}{3}b_0 h \frac{\sigma_s}{\sqrt{3}} \tag{7-33}$$

把式（7-29）、式（7-30）和式（7-33）代入式（7-28），并由 $-\frac{\partial \phi_1}{\partial a} = 0$，可得出合适的 a 值，进而可求出最合适的速度场。不用 Byhrkobcknn 不等式，在计算机上直接进行优化的程序框图，如图 7-5 所示。

7.2.4 确定 $\bar{p}/\sigma_z$

由内外力功率平衡可知

$$\bar{p}\left(b_0 l + \frac{2}{3}\Delta b_1 l\right)v_0 = N_d + N_f + N_s \tag{7-34}$$

对于非定常的锻压过程，为提高计算精度，每步压下率不大于 10%。由于压下率较小，在按式（7-29）和式（7-30）确定 N_d 和 N_f 时，积分上限 b 可取初值 b_0，与此同时，式（7-34）右边也可忽略 $\frac{2}{3}\Delta b_1 l v_0$ 项。这种处理工程上是允许的。当然，也可以进行较繁的迭代计算，求出更加精确的值。

当忽略 $\frac{2}{3}\Delta b_1 l v_0$ 项时，由式（7-34）可得

$$\frac{\bar{p}}{\sigma_s} = \frac{N_d + N_f + N_s}{\sigma_s v_0 b_0 l} = F\left(a, m, \frac{b_0}{h}, \frac{l}{h}\right) \tag{7-35}$$

此时

$$\frac{\partial \phi_1}{\partial a} = \frac{\partial F}{\partial a} = 0$$

按图 7-5 的程序框图计算出的 a 和 $\bar{p}/\sigma_s$ 的数值做出图 7-6 所示的 $\bar{p}/\sigma_s$ 与 m、b_0/h、l/h 的关系曲线。此图应用起来比较方便。只要知道 m 和压缩某瞬间的 b/h 和 l/h 值便可求出扣除工件材料性能影响的 $\bar{p}/\sigma_s$ 值。对于具体材料如已知该变形条件下的 σ_s 值，由 $\bar{p}/\sigma_s$ 可求出 $\bar{p}$，进而可算出变形力 p。

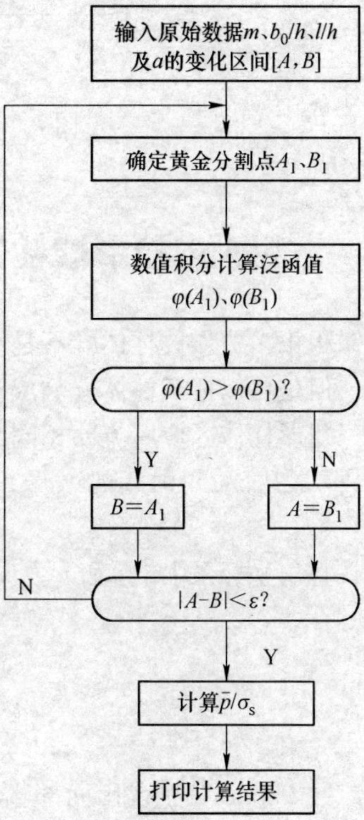

图 7-5 确定 a 和 $\bar{p}/\sigma_s$ 的框图

$$p = 4\bar{p}\left(b_0 l + \frac{2}{3}\Delta b_1 l\right) \tag{7-36}$$

按已求出的 a 值，由式（7-20）可求出宽展

$$\Delta b_1 = a b_0 \frac{\Delta h}{h} \tag{7-37}$$

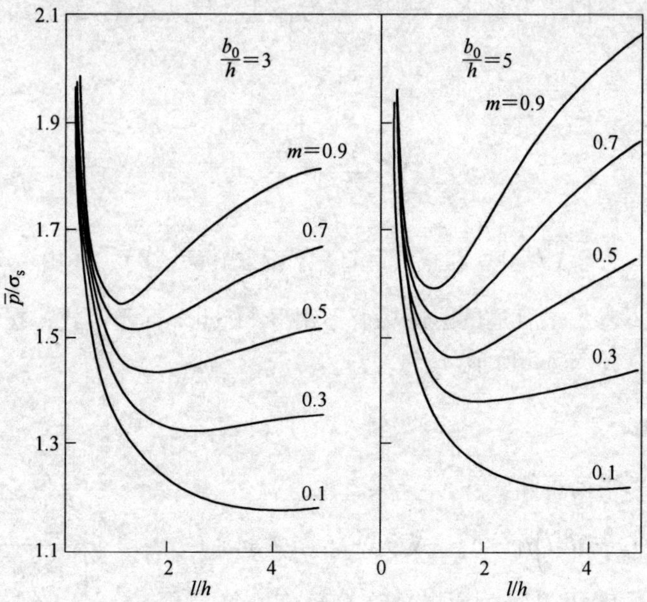

图 7-6　$\bar{p}/\sigma_s$ 与 m、b_0/h、l/h 的关系曲线

7.3　镦粗正多边形棱柱体

镦粗正多边形棱柱体既不是平面变形问题，也不是轴对称问题，而是非定常三维流动问题。但是可以把棱柱体分割成流动相同的三角形柱体区 $OBCO'B'C'$（图 7-7）。因为相邻的三角形柱体区金属流动相同，所以在分界面上没有速度间断。这里我们仅考虑由于沿件厚不均匀流动而引起的鼓形，上砧以 $-v_0$ 的速度向下运动，下砧以 $+v_0$ 的速度向上运动。

在直角坐标系中，x 和 y 方向的质点速度可用下式表示

$$\begin{cases} v_x = xB\dfrac{v_0}{h}e^{-Cz/h} \\ v_y = yB\dfrac{v_0}{h}e^{-Cz/h} \end{cases} \tag{7-38}$$

参数 B 和 C 分别表示面部宽展和鼓形程旋。后面将要讲到 B 实际上是 C 的函数。因此在方程中仅仅 C 是待定参数。

由式（7-38），在 x 和 y 方向的应变速率为

$$\varepsilon_x = B\frac{v_0}{h}e^{-Cz/h}$$

$$\bar{\varepsilon}_y = B\frac{v_0}{h}e^{-Cz/h}$$

按体积不变条件 $\dot{\varepsilon}_x + \dot{\varepsilon}_y + \dot{\varepsilon}_z = 0$，则

$$\dot{\varepsilon}_z = \frac{\partial v_z}{\partial z} = -2B\frac{v_0}{h}\mathrm{e}^{-Cz/h}$$

积分得

$$v_z = 2B\frac{v_0}{C}\mathrm{e}^{-Cz/h} + f(x,y) \tag{7-39}$$

$z=0$ 时，对所有 x 和 y，$v_z=0$

$z=h$ 时，$v_z=-v_0$

由此边界条件，可得

$$f(x,y) = -2B\frac{v_0}{C}$$

和

$$B = \frac{C}{2(1-\mathrm{e}^{-C})}$$

代入式（7-39）和式（7-38），则

$$\begin{cases} v_x = \dfrac{Cx}{2(1-\mathrm{e}^{-C})}\dfrac{v_0}{h}\mathrm{e}^{-Cz/h} \\ v_y = \dfrac{Cy}{2(1-\mathrm{e}^{-C})}\dfrac{v_0}{h}\mathrm{e}^{-Cz/h} \\ v_z = \dfrac{-v_0}{2(1-\mathrm{e}^{-C})}(1-\mathrm{e}^{-Cz/h}) \end{cases} \tag{7-40}$$

应变速率为

$$\begin{aligned} \dot{\varepsilon}_x &= \frac{C}{2(1-\mathrm{e}^{-C})}\frac{v_0}{h}\mathrm{e}^{-Cz/h} \\ \dot{\varepsilon}_y &= \frac{C}{2(1-\mathrm{e}^{-C})}\frac{v_0}{h}\mathrm{e}^{-Cz/h} \\ \dot{\varepsilon}_z &= \frac{-C}{2(1-\mathrm{e}^{-C})}\frac{v_0}{h}\mathrm{e}^{-Cz/h} \\ \dot{\varepsilon}_{xz} &= -\frac{1}{4}\frac{C^2}{h^2}\frac{v_0}{(1-\mathrm{e}^{-C})}x\mathrm{e}^{-Cz/h} \\ \dot{\varepsilon}_{yz} &= -\frac{1}{4}\frac{C^2}{h^2}\frac{v_0}{(1-\mathrm{e}^{-C})}y\mathrm{e}^{-Cz/h} \\ \dot{\varepsilon}_{xy} &= 0 \end{aligned} \tag{7-41}$$

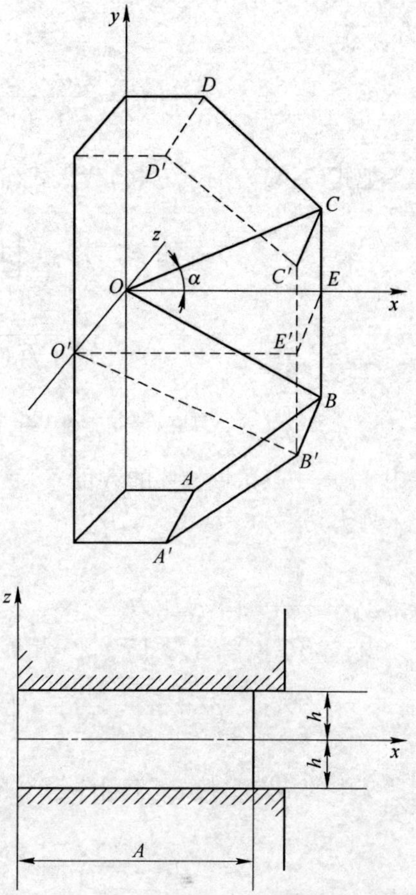

图 7-7 镦粗多边棱柱体

对该问题按刚－塑性材料的 Марков 变分原理，则

$$\phi_1 = \sqrt{\frac{2}{3}}\sigma_s\iiint_V\sqrt{\dot{\varepsilon}_{ij}\dot{\varepsilon}_{ij}}\mathrm{d}V + \iint_{S_f}\tau_f|\Delta v_f|\mathrm{d}s = N_d + N_f \tag{7-42}$$

把式（7-41）代入式（7-42），得

$$N_d = \sigma_s\frac{v_0}{h}\frac{C}{(1-\mathrm{e}^{-C})}\iiint_V\mathrm{e}^{-Cz/h}\left[1+\frac{1}{12}\frac{C^2}{h^2}(x^2+y^2)\right]^{1/2}\mathrm{d}V \tag{7-43}$$

取 $\tau_f = m\dfrac{\sigma_s}{\sqrt{3}}$，而 $\Delta v_f = (v_x^2+v_y^2)^{1/2}$。其中，$v_x$、$v_y$ 为工件质点在接触面（$z=h$）上的速

度，把 $z=h$ 代入式（7-38）便可求出 v_x、v_y，进而求出 Δv_f，把 τ_f 和 $|\Delta v_f|$ 代入式（7-42），得

$$N_f = \frac{m\sigma_s}{\sqrt{3}} \frac{C}{(1-e^{-C})} \frac{v_0}{h} e^{-C} \iint_{S_f} (x^2+y^2)^{1/2} ds \tag{7-44}$$

把式(7-43)和式(7-44)代入式(7-42)积分后整理，得

$$\phi_1 = 2n\sigma_s v_0 A^2 \left[1 + \frac{1}{48}\frac{C^2}{h^2}A^2\left(1+\frac{1}{3}\tan^2\alpha\right)\right]\tan\alpha + 2n\sigma_s \frac{m}{3\sqrt{3}} \frac{C}{(e^C-1)} \frac{v_0}{h} A^3 f(\alpha) \tag{7-45}$$

$$f(\alpha) = \frac{1}{2}[\ln(\tan\alpha + \sec\alpha) + \tan\alpha\sec\alpha]$$

式中　n——三角形柱体的数目。

外力功率为

$$2nv_0A^2\bar{p}\tan\alpha \tag{7-46}$$

式中　$\bar{p}$——平均单位压力。

由式（7-46）与式（7-45）相等，则得

$$\bar{p}/\sigma_s = 1 + \frac{1}{48}\frac{C^2}{h^2}A^2\left(1+\frac{1}{3}\tan^2\alpha\right) + \frac{m}{3\sqrt{3}}\frac{C}{(e^C-1)}\frac{A}{h}\frac{f(\alpha)}{\tan\alpha} \tag{7-47}$$

其中的待定参数 C，可由 $\frac{\partial\bar{p}}{\partial C}=0$ 的条件确定，按此条件，得

$$C = \frac{mf(\alpha)/\tan\alpha}{\sqrt{3}\left[\frac{1}{4}(1+\tan^2(\alpha)/3)\frac{A}{h} + \frac{m}{3\sqrt{3}}f(\alpha)/\tan\alpha\right]} \tag{7-48}$$

7.4　平面变形剪切压缩

为了近似计算异步冷轧板带轧制力，而把此种轧制过程简化成平面变形剪切压缩模型（图 7-8）。图中 V_x 和 V_y 分别为工具的水平和垂直速度；v_x 为金属的速度。

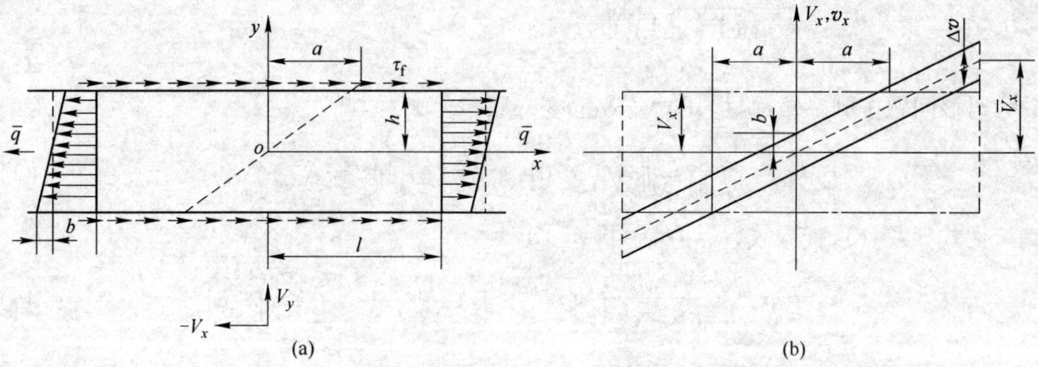

图 7-8　平面变形剪切压缩模型及运动许可速度场

在冷轧带材的条件下轧辊半径 R 与带厚 h 之比一般大于100，故接触弧可用弦代替。因此

$$V_x \approx \frac{1}{2}(V_{RP} - V_{RS}) \tag{7-49}$$

$$V_y \approx \frac{1}{2}(V_{RP} + V_{RS})\sin\frac{\alpha}{2} \approx \frac{1}{4}(V_{RP} + V_{RS})\sqrt{\frac{\Delta H}{R}} \tag{7-50}$$

式中 V_{RS}，V_{RP}——分别为慢速辊与快速辊周速；

ΔH，α——分别为压下量和咬入角。

假定前后张应力的均值为 $\bar{q}$，运动许可速度场如下

$$v_z = 0$$

$$v_y = -\frac{V_y}{h}y$$

$$v_x = \frac{V_y}{h}x + \frac{b}{h}y \tag{7-51}$$

$$\dot{\varepsilon}_x = \frac{V_y}{h}$$

$$\dot{\varepsilon}_y = -\frac{V_y}{h}$$

$$\varepsilon_{xy} = \frac{b}{2h}$$

$$\dot{\varepsilon}_z = \dot{\varepsilon}_{yz} = \dot{\varepsilon}_{xz} = 0 \tag{7-52}$$

可见，上述速度场只含有一个待定参数 b，下面按变分原理确定 b。

在冷轧带材的条件下，虽有加工硬化，对于确定轧制力的问题，允许变形区内的 σ_s 取均值，所以可把轧件看成刚－塑性材料。接触面的摩擦力取 $\tau_f = f\bar{p}$。下面运用刚－塑性材料的 Марков 变分原理。

在外力已知面 S_p 上的功率为摩擦功率损失（N_f）和外加张力功率（N_t）。

$$N_f = 2\int_{-1}^{1}\tau_f \Lambda v_f \mathrm{d}x = 2f\bar{p}\left[\frac{V_y}{h}l^2 + \frac{h}{V_u}(V_x - b)^2\right] \tag{7-53}$$

$$N_t = 4qhv_x\Big|_{x=l} = 4\bar{q}lV_y \tag{7-54}$$

速度已知面 S_v 上的外力功率为 N_1 和 N_2

$$N_1 = 2PV_y \tag{7-55}$$

$$N_2 = 2PV_y \tag{7-56}$$

按第一变分原理，对真实速度场如下的泛函（ϕ_1）取最小值

$$\phi_1 = N_f - N_t + N_d \tag{7-57}$$

即

$$\frac{\partial \phi_1}{\partial b} = 0 \tag{7-58}$$

式（7-57）中内部塑性变形功率为

$$N_d = \iiint_V \sigma_s \dot{\bar{\varepsilon}} \mathrm{d}v = \frac{2\sigma_s}{\sqrt{3}}\iiint_V \sqrt{\dot{\varepsilon}_x^2 + \dot{\varepsilon}_{xy}^2}\mathrm{d}V$$

把式（7-52）代入得

$$N_d = \frac{8}{\sqrt{3}} l V_y \sqrt{1 + \frac{1}{4}(b/V_y)^2} \tag{7-59}$$

由式（7-59）、式（7-53）、式（7-54）、式（7-57）和式（7-58）可求出（ϕ_1）$_{min}$，根据内外力功率平衡，则

$$N_d = \frac{8}{\sqrt{3}} l V_y \sqrt{1 + \frac{1}{4}(b/V_y)^2} \tag{7-60}$$

因为此题只求轧制力，故不必把 b 解出。由几何关系（图 7-8（b））可以找到 $a = \dfrac{h(V_x - b)}{V_y}$。

于是由式（7-60）可得轧制力 p：

$$p = \frac{-\dfrac{4}{\sqrt{3}}\sigma_s l\left(\sqrt{1 + \dfrac{1}{4}C_b^2} - \dfrac{\sqrt{3}q}{2\sigma_s}\right)}{1 - \dfrac{f}{2}\dfrac{l}{h}\left[1 - \left(\dfrac{h}{l}\dfrac{V_x}{V_y}\right)^2\left(1 - \dfrac{1}{\eta_b^2}\right)\right]} \tag{7-61}$$

式中

$$\eta_b = 1 + \frac{1}{4}\frac{2\sigma_s}{\sqrt{3}f\bar{p}}\frac{l}{h}\frac{1}{\sqrt{1 + \dfrac{1}{4}(b/V_y)^2}} \tag{7-62}$$

$$C_b = b/V_y \tag{7-63}$$

经数值分析表明，冷轧板带时，在相当宽的轧制参数范围内 $C_b < 1$，$1/\eta_b^2$ 也较小。因此可以合理地略去 $\frac{1}{4}C_b^2$ 和 $1/\eta_b^2$ 项。式（7-61）中 V_x 和 V_y 按式（7-49）和式（7-50）确定。

7.5　带外端平面变形压缩厚件时变形力的确定

大家知道，这个问题利用滑移线场法可以求解。但是做滑移线场较麻烦。如果由实验（如观测吕德斯带）大致确定塑性区的外廓形状，则可把刚－塑性材料的 Hill 变分原理与滑线场理论结合起来求得更接近真实变形力的近似解。

现以带外端平面变形压缩厚件为例（图 7－9）进行求解。由于变形的对称性，只研究四分之一部分即可。

实验表明，塑性区的大致外廓如图 7-9 所示。此外廓线可用含有待定参数的函数曲线 $x = f(y)$ 来逼近。此曲线在几何上应保证通过原点（0，0）和点（l，h）；在力学上应

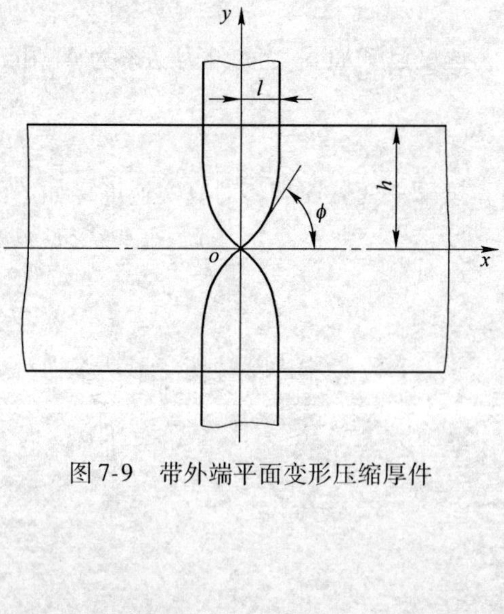

图 7-9　带外端平面变形压缩厚件

满足反映静力平衡条件的 Hencky 应力方程，即在此曲线上的静力压力 p 应符合

$$p=2k\phi+C'=2k(\phi+C) \tag{7-64}$$

式中，k 为屈服切应力，对刚-塑性材料 k 为常数。同时，在原点处由于切应力为零，则

$$\phi=0.5\cos^{-1}\left(\frac{\tau}{k}\right)=\frac{\pi}{4}$$

也就是在原点处

$$\mathrm{d}y/\mathrm{d}x=1 \tag{7-65}$$

因为无水平外力，故可按如下的水平力平衡条件确定 C

$$\int_0^k p\mathrm{d}y-k\int_0^l \mathrm{d}x=0$$

把式（7-64）代入，得

$$C=\frac{1}{2h}-\frac{1}{h}\int_0^h \phi\mathrm{d}y \tag{7-66}$$

按刚-塑性材料 Hill 变分原理（式（6-50）），则真实应力必使如下的泛函（ϕ_2）取最小值

$$\phi_2=-\iint\limits_{S_v}\sigma_{ij}n_j\bar{v}_i\mathrm{d}s \tag{7-67}$$

在本题中，由于压厚件可认为接触面全粘着，所以速度已知面 S_v 上的

$$\sigma_{ij}n_j\bar{v}_i=p_yv_0$$

式中 v_0——工具的垂直压下速度。

代入式（7-67），则

$$\phi_2=-\iint\limits_{S_v}p_yv_0\mathrm{d}s=-Pv_0 \tag{7-68}$$

两边除以 $2kl$，则

$$\frac{\phi_2}{2kl}=-\frac{Pv_0}{2kl}=-\frac{\bar{p}v_0}{2k}$$

所以 ϕ_2 取最小值即等价于 $-\bar{p}/2k$ 取最小值、$\bar{p}/2k$ 取最大值。

按垂直力平衡条件，则

$$P=\int_0^l p\mathrm{d}x+\int_0^h k\mathrm{d}y$$

或

$$\frac{\bar{p}}{2k}=\frac{P}{2kl}=\frac{1}{2kl}\left(\int_0^l p\mathrm{d}x+k\int_0^h \mathrm{d}y\right)$$

把式（7-64）和式（7-66）代入此式，得

$$Q_p=\frac{1}{2}\left(\frac{l}{h}+\frac{h}{l}\right)+\frac{1}{l}\int_0^l\left(1-\frac{l}{h}\right)\tan\phi\cdot\phi\mathrm{d}x \tag{7-69}$$

如上述塑性区的边界线取为 $x=f(y)$，则式（7-69）中

$$\tan\phi=\frac{\mathrm{d}y}{\mathrm{d}x}=\frac{1}{f'(y)};\phi=\tan^{-1}\frac{1}{f'(y)};\mathrm{d}x=f'(y)\mathrm{d}y$$

式（7-69）可写成

$$Q_p = \frac{1}{2}\left(\frac{l}{h} + \frac{h}{l}\right) + \int_0^h \left(\frac{1}{l}f'(y) - \frac{l}{h}\right)\tan^{-1}\frac{1}{f'(y)}\mathrm{d}y$$

如令 $y = hY$，则

$$Q_p = \frac{1}{2}\left(\frac{l}{h} + \frac{h}{l}\right) + \int_0^l \left[\frac{h}{l}f'(hY) - 1\right]\tan^{-1}\frac{1}{f'(hY)}\mathrm{d}Y \tag{7-70}$$

下面的问题，可归结为如何选取含待定参数的函数曲线 $x = f(y)$ 的形式，并由 $Q_p = \frac{p}{2k}$取最大值的条件来确定待定参数。

注意到曲线 $x = f(y)$ 应通过原点（0,0）和点（l,h），并在原点处 $\mathrm{d}y/\mathrm{d}x = 1$；又根据塑性区的外廓形状，$x$ 达到一定值应减小，故选取如下的函数曲线

$$x = f(y) = y(y - ay)\left(-\frac{1}{ah} + Ay + By^2\right)$$

由于曲线过(l,h)，则得

$$A = \frac{(a-1)h - al - a(a-1)h^4 B}{a(a-1)h^3}$$

令 $h^3 B = \beta$，则

$$x = f(y) = y + \left(\frac{a}{a-1}\frac{l}{h} - \frac{a+1}{a} + a\beta\right)\frac{y^2}{h} +$$

$$\left[\frac{1}{a} - \frac{l}{(a-1)h} - (a+1)\beta\right]\frac{y^3}{h^2} + \beta\frac{y^4}{h^3}$$

$$f'(hy) = 1 + 2\left(\frac{a}{a-1}\frac{l}{h} - \frac{a+1}{a} + a\beta\right)Y +$$

$$3\left[\frac{1}{a} - \frac{l}{(a-1)h} - (a+1)\beta\right]Y^2 + 4\beta Y^3 \tag{7-71}$$

把式（7-74）代入式（7-73）可知，$Q_p = Q_p(\alpha,\beta)$。

按电算优化程序，变化这两个待定参数 α 和 β，求 Q_p 的最大值 $(Q_p)_{\max}$，于是便得到接近真实解的 $\bar{p}/2k = (Q_p)_{\max}$。

算得的数值结果见表 7-1。

表 7-1　l/h 与 p/K 的关系

$\frac{l}{h}$	0.1	0.2	0.3	0.4	0.5	0.6	0.7	0.8	0.9	1.0
$\frac{p}{K}$	2.82	1.824	1.638	1.367	1.208	1.112	1.055	1.022	1.005	1.0

按表 7-1 中的数据可写出简化模型

$$Q_p = \bar{p}/K = 0.8984 - 0.0947\frac{l}{h} + 0.1963\frac{h}{l} \tag{7-72}$$

式中，$K = 2k = 1.15\sigma_s$。

平面变形压缩厚件相当于初轧开坯和厚板轧制的前几道。用上述方法计算与横井－美坂热轧厚板以及与冈本－美坂在初轧机上轧普通沸腾钢板坯实测的 $\bar{p}/K$ 相比如图 7-10 和图 7-11 所示。

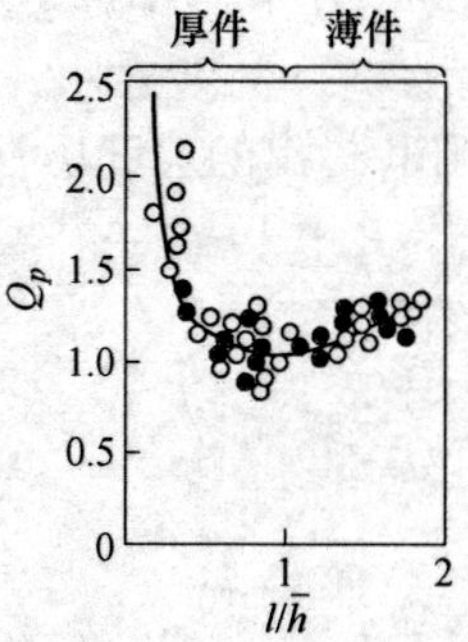

图 7-10　按式(7-72)计算的 Q_p(实线)与横井 - 美坂实测数据的比较
(热轧厚板，半镇静钢，含碳量 0.1% ~0.25%，成品厚 35 ~60mm，宽1200 ~4115mm，工作辊直径 1000mm)
○—压下率约 0.2；●—压下率 0.2 ~0.3

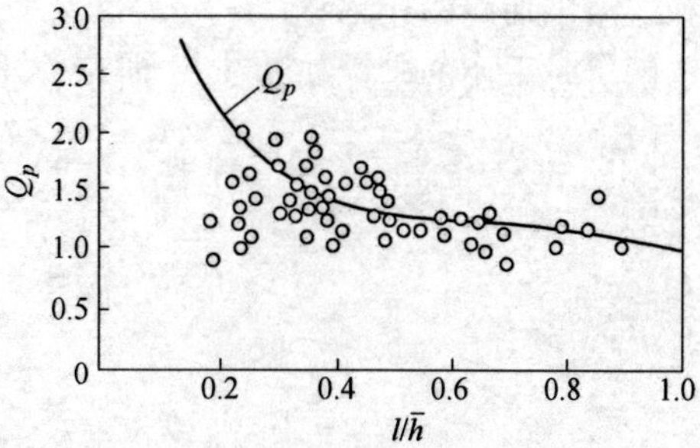

图 7-11　初轧普通沸钢板坯
(钢锭尺寸：厚为 80mm，宽为 1500mm，轧辊直径为 1300mm，压下率为 2.3% ~24%，平均应变速率为 0.88 ~5.69s^{-1})

7.6　三维轧制问题

用能量法解带宽展平辊轧制的三维定常问题，大致可分三个阶段：

第一阶段：在建立运动许可速度场时，采用一个待定参数，并做一些简化假定（如采用平面假设等)。在对能量泛函求极值时，为了便于积分而利用 Byhrkobcknn 不等式做了数学上的简化处理，并对可坐变的积分上限取均值。为了实用给出了宽展和轧制力的图表与简化计算式。这个阶段代表为苏联的 H. R. Taphobcknn。

第二阶段：在建立运动许可速度场时，设定满足稳定轧制过程条件（即侧表面上的速度矢量切于此表面）的轧件表面形状，即设定含有两个待定参数的宽度函数。此外也采用了平断面假设。在按泛函的极值条件确定待定参数时，涉及解非线性联立方程组的问题，一般采用 Newton-Raphson 法求解。这需要靠计算机进行迭代运算，给出了数值解并与实测值做了比较。此阶段的代表是美籍日本人小林史郎（Shiro Kobayashi)。

第三阶段：在建立运动许可速度场时不考虑或考虑侧面鼓形和横断面弯曲。此时采用 3 个和 5 个待定参数。按能量泛函最小化确定待定参数时，先假定轧件表面形状，然后采用沿坐标方向搜索法或沿共轭方向搜索法确定这些参数。最后给出数值解。这方面的工作的代表如日本人加藤和典等人。

显然，三维轧制问题用能量法求解是随着计算机技术的发展而发展的。

下面主要介绍小林史郎和加藤和典的工作。

7.6.1　小林史郎的工作

平辊轧矩形件时，若变形区长度与平均厚度之比在 0.3 ~0.7，一般不能忽略宽展，而且平断面假设也不适用。这种轧制情况是三维变形过程。虽然在求解位移速度和应变分布问题时不能采用平断面假设，但是若求平均宽展、前滑、平均单位压力和力矩时也可以用平断面假设以简化计算。

小林史郎用刚－塑性材料的 Mapkob 变分原理解宽展和力矩等问题便采用了平断面假设和忽略了切应变速率 $\dot{\varepsilon}_{yz}$。

解析时采用的坐标如图 7-12 所示。小林史郎采用了 Hill 提出的速度场

$$
\begin{aligned}
v_x &= \frac{U}{h_x\phi} \\
v_y &= -U\frac{y}{h_x}\frac{\mathrm{d}}{\mathrm{d}x}\left(\frac{1}{\phi}\right) = U\frac{y}{h_x}\frac{\phi'}{\phi^2} \\
v_z &= -U\frac{z}{\phi}\frac{\mathrm{d}}{\mathrm{d}x}\left(\frac{1}{h_x}\right) = U\frac{z}{\phi}\frac{h'_x}{h_x^2}
\end{aligned}
\tag{7-73}
$$

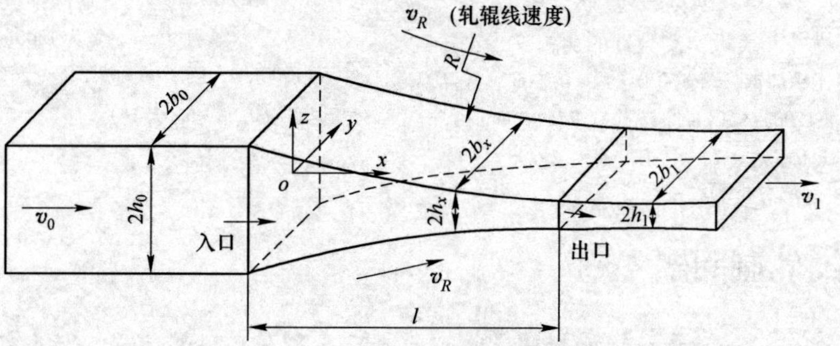

图 7-12　三维轧制

容易看出，方程式（7-73）给出的速度分量满足稳定轧制过程的条件、接触表面和宽向自由表面的边界条件以及体积不变条件。

如果取 $\phi = cb_x$ [其中 $b_x = b_x(x)$ 表示变形区中轧件宽度的一半，c 是比例常数]，代入式（7-73），则得

$$
\begin{aligned}
v_x &= \frac{U}{c}\frac{1}{h_x b_x} \\
v_y &= \frac{U}{c}\frac{1}{h_x b_x}\frac{\mathrm{d}b_x}{\mathrm{d}x}\frac{y}{b_x} = v_x\frac{b'_x}{b_x}y \\
v_z &= \frac{U}{c}\frac{1}{h_x b_x}\frac{\mathrm{d}h_x}{\mathrm{d}x}\frac{z}{h_x} = v_x\frac{h'_x}{h_x}z
\end{aligned}
\tag{7-74}
$$

由式（7-74）可见：

（1）$v_0h_0b_0 = v_1h_1b_1 = U/c$，为秒流量。

（2）在 $\phi = cb_x$ 和平断面假设（v_x 与 y，z 无关）条件下，$\left(-\dfrac{v_y}{v_x}\right)_{y=b_x} = b'_x$，此时宽向自由表面上质点的速度矢量切于宽向自由表面，而与 c 的取值无关。

可见，（1）和（2）满足稳定轧制过程的条件。

（3）$v_z\Big|_{z=h_x} = v_z h'_x$ 为轧辊与轧件接触面上质点的压下速度：$v_y\Big|_{y=b_x} = v_x b'_x$ 为轧件宽向自由表面上质点的宽展速度。所以，该速度场满足接触表面和宽向自由表面的边界条件。

（4）由此位移速度场确定应变速率场为

$$
\begin{cases}
\dot{\varepsilon}_x = \dfrac{\partial v_x}{\partial x} = -\dfrac{U}{cb_x h_x}\left(\dfrac{b'_x}{b_x} + \dfrac{h'_x}{h_x}\right) = -v_x\left(\dfrac{b'_x}{b_x} + \dfrac{h'_x}{h_x}\right) \\
\dot{\varepsilon}_y = \dfrac{\partial v_y}{\partial y} = \dfrac{v_x}{b_x} b'_x \\
\dot{\varepsilon}_z = \dfrac{\partial v_z}{\partial z} = \dfrac{v_x}{h_x} h'_x \\
\dot{\varepsilon}_{xz} = \dfrac{1}{2}\left(\dfrac{\partial v_z}{\partial x} + \dfrac{\partial v_x}{\partial z}\right) = \dfrac{Uz}{2ch_x b_x}\left[\dfrac{h''_x}{h_x} - \dfrac{h'_x}{h_x}\dfrac{b'_x}{b_x} - 2\left(\dfrac{h'_x}{h_x}\right)^2\right] \\
\dot{\varepsilon}_{xy} = \dfrac{1}{2}\left(\dfrac{\partial v_y}{\partial x} + \dfrac{\partial v_x}{\partial y}\right) = \dfrac{Uy}{2ch_x b_x}\left[\dfrac{b''_x}{b_x} - \dfrac{h'_x}{h_x}\dfrac{b'_x}{b_x} - 2\left(\dfrac{b'_x}{b_x}\right)^2\right]
\end{cases}
\tag{7-75}
$$

由此式可知，$\dot{\varepsilon}_x + \dot{\varepsilon}_y + \dot{\varepsilon}_z = 0$ 满足体积不变条件。

按刚－塑性材料 Mapkob 变分原理，泛函 $\Phi = N_{\mathrm{d}} + N_{\mathrm{f}} + N_{\mathrm{s}}$ 应取最小值。

内部变形功率 N_{d}

$$
N_{\mathrm{d}} = \iiint \bar{\sigma}\,\dot{\bar{\varepsilon}}\mathrm{d}V = 4\int_0^{hx}\int_0^{bx}\int_0^l \bar{\sigma}\sqrt{\frac{2}{3}}\frac{U}{cb_x h_x}\sqrt{g^2 + N^2 y^2 + I^2 z^2}\,\mathrm{d}x\mathrm{d}y\mathrm{d}z
$$

由式(5-21) $\dot{\bar{\varepsilon}} = \sqrt{\dfrac{2}{3}(\dot{\varepsilon}_x^2 + \dot{\varepsilon}_y^2 + \dot{\varepsilon}_z^2 + 2\dot{\varepsilon}_{xy}^2 + 2\dot{\varepsilon}_{xz}^2)}$

对刚－塑性材料 $\bar{\sigma} = \sigma_{\mathrm{s}}$

$$
g = \sqrt{2\left(\frac{b'_x}{b_x}\right)^2 + \left(\frac{h'_x}{h_x}\right)^2 + \left(\frac{h'_x}{h_x}\right)\left(\frac{b'_x}{b_x}\right)}
$$

$$
N = \sqrt{\frac{1}{2}}\left[\frac{b''_x}{b_x} - \frac{h'_x}{h_x}\frac{b'_x}{b_x} - 2\left(\frac{b'_x}{b_x}\right)^2\right]
$$

$$
I = \sqrt{\frac{1}{2}}\left[\frac{h''_x}{h_x} - \frac{h'_x}{h_x}\frac{b'_x}{b_x} - 2\left(\frac{h'_x}{h_x}\right)^2\right]
$$

$$
h_x = h_1 + R - \sqrt{R^2 - (l - x)^2}
$$

N_{d} 也可写成

$$
N_{\mathrm{d}} = 4\frac{\sigma_{\mathrm{s}}}{\sqrt{3}}U\frac{1}{\sqrt{2}}\int_0^l P(x)\,\mathrm{d}x \tag{7-76}
$$

$$
P(x) = (b_x, b'_x, b''_x, x)
$$

摩擦功率 N_{f}

$$
N_{\mathrm{f}} = \int_0^l\int_0^{b_x}\tau_{\mathrm{f}}|\Delta v_{\mathrm{f}}|\mathrm{d}s = 4\frac{\sigma_{\mathrm{s}}}{\sqrt{3}}mU\int_0^l\int_0^{b_x}\frac{\Delta v_{\mathrm{f}}}{U}\sqrt{1 + h_x'^2}\,\mathrm{d}x\mathrm{d}y
$$

注意式(7-74)

$$
\Delta v_{\mathrm{f}} = U\sqrt{\left(\frac{b'_x y}{\mathrm{ch}_x b_x^2}\right) + \left(\frac{v_R}{U} - \frac{\sqrt{1 + h_x'^2}}{\mathrm{ch}_x b_x}\right)^2}
$$

在中性面处 $x = x_n, b_x = b_n, h_x = h_n$,此处沿圆周方向相对滑动速度为零,即

$$
\frac{v_R}{U} - \frac{\sqrt{1 + h_x'^2}}{\mathrm{ch}_x b_x} = 0
$$

或

$$\xi(x_n)=\frac{v_R}{U}=\frac{\sqrt{1+h_x'^2}}{\mathrm{ch}_x b_x}$$

$$N_{\mathrm{f}}=4\frac{\sigma_{\mathrm{s}}}{\sqrt{3}}mU\int_0^l Q(x)\,\mathrm{d}x \tag{7-77}$$

$$Q(x)=(b_x,b_x',x_n,x)$$

出入口断面处的剪切功率 N_{s}

$$N_{\mathrm{s}}=4\frac{\sigma_{\mathrm{s}}}{\sqrt{3}}U\left[\int_0^{b_0}\int_0^{h_0}\left(\frac{1}{U}\sqrt{v_y^2+v_z^2}\right)_{x=0}\mathrm{d}z\mathrm{d}y+\int_0^{b_1}h_1\left(\frac{v_y}{U}\right)_{x=l}\mathrm{d}y\right] \tag{7-78}$$

由式（7-76）～式（7-78），则有如下的三种情况：

（1）$\Phi=\frac{4}{\sqrt{3}}\sigma_{\mathrm{s}}\frac{U}{c}\dot{\omega}(b_x,b_x',b_x'',x_n)=\frac{4}{\sqrt{3}}\sigma_{\mathrm{s}}b_0h_0v_0\dot{\omega}(b_x,b_x',b_x'',x_n)$；

（2）$\Phi=\frac{4}{\sqrt{3}}\sigma_{\mathrm{s}}b_1h_1v_1\dot{\omega}(b_x,b_x',b_x'',x_n)$；

（3）$\Phi=\frac{4}{\sqrt{3}}\sigma_{\mathrm{s}}v_Rb_nh_n\dot{\omega}(b_x,b_x',b_x'',x_n)$。

（1）适用于轧件被推入两个从动辊之间；（2）适于轧件被拉过两个从动辊之间；（3）适于通常的轧制过程。

下面考虑没有前后张力作用的通常的稳定轧制过程。此时

$$\Phi=\Phi[b_x,b_x',b_x'',x_n]=\int_0^l F(b_x,b_x',b_x'',x_n,x)\,\mathrm{d}x \tag{7-79}$$

使泛函 Φ 取极值的函数 $b_x=b_x(x)$，可由如下的欧拉方程解出：

$$\frac{\partial F}{\partial b_x}-\frac{\mathrm{d}}{\mathrm{d}x}\frac{\partial F}{\partial b_x'}+\frac{\mathrm{d}^2}{\mathrm{d}x^2}\frac{\partial F}{\partial b_x''}=0$$

而中性面坐标 x_n 可由下式确定

$$\frac{\partial\Phi}{\partial x_n}(b_x,b_x',b_x'',x_n)=0$$

可以看出，泛函 Φ 的极值函数 b_x 用欧拉微分方程间接求解是相当复杂的，但它告诉我们求更精确解的途径。

下面我们用里兹法直接求泛函 Φ 的近似极值函数（$\bar{b}_x(x)$）。前已述及，无论比例常数 c 取何值。这里取 $c=1$，即 $\Phi=\bar{b}_x(x)$ 时，所设定的 b_x 同样满足稳定轧制过程条件、速度边界条件和体积不变条件。小林取 $\bar{b}_x(x)$ 为三阶多项式（也可取其他形式的多项式），即

$$b_x(x)=b_0+a_1x+\left(\frac{3b_0a_2}{l^2}-\frac{2a_1}{l}\right)x^2+\left(\frac{a_1}{l^2}-\frac{2b_0a_2}{l^3}\right)x^3 \tag{7-80}$$

式中，a_1 为 $\bar{b}_x$ 在入口处（$x=0$）的斜率；$a_2=\frac{b_0-b_1}{b_0}$；$\bar{b}_1=b_1=\bar{b}_x(l)$；$\bar{b}_x'(l)=0$。

把式（7-80）代入式（7-79），则

$$\Phi=\Phi(a_1,a_2,x_n)$$

可由如下方程组

$$\frac{\partial \Phi}{\partial a_1}=0,\frac{\partial \Phi}{\partial a_2}=0,\frac{\partial \Phi}{\partial x_n}=0 \tag{7-81}$$

解出 a_1、a_2、x_n，从而可求出泛函 Φ 的近似极值函数 $b_x(x)$，宽展 $\Delta B=2\Delta b_x=2[\bar{b}_x(l)-b_0]$。

求出最小值的 $\Phi_{\min}=(N_{\mathrm{d}}+N_{\mathrm{f}}+N_{\mathrm{s}})_{\min}$之后，可由下式确定更接近精确的纯轧力矩上界解 M

$$M=\Phi_{\min}/2\omega \tag{7-82}$$

式中　ω——轧辊的角速度。

式（7-81）中的三个方程是非线性的，其独立变量为 a_1、a_2 和 x_n。

下面简述解该非线性方程组的 Newton-Raphsoa 法。

令这三个方程为

$$f_i(x_j)=0(i,j=1,2,3)$$

把非线性方程组线性化

$$f_i=f_i(x_1^0,x_2^0,x_3^0)+\left(\frac{\partial f_i}{\partial x_1}\right)_{x_1=x_1^0}\mathrm{d}x_1+\left(\frac{\partial f_i}{\partial x_2}\right)_{x_2=x_2^0}\mathrm{d}x_2+\left(\frac{\partial f_i}{\partial x_3}\right)_{x_3=x_3^0}\mathrm{d}x_3=0$$

或写成

$$f_i=f_i(x_j^0)+f_{i,j}\Big|_{x_j=x_j^0}\mathrm{d}x_j=0 \tag{7-83}$$

其中，$f_i(x_j^0)$，$f_{i,j}\Big|_{x_j=x_j^0}$ 可由试验解 x_j^0 的值计算。解线性方程组式（7-83）可求出 d_{x1}，d_{x2}，d_{x3}。然后用 $x_j^0+\mathrm{d}x_j$ 代替 x_j^0 继续迭代计算，直到 $|\mathrm{d}x_j|/\|x_j\|$ 取令人满意的微小值为止。一般 $|\mathrm{d}x_j|/\|x_j\|\leqslant 10^{-4}$。$f_{i,j}$ 的计算用割线法取增量 $\Delta x=0.00005$。

对于相对宽展$\left(\frac{b_1-b_0}{b_0}\times 100\right)$和单位宽度的力矩按上述方法，理论计算值与实验值比较如图 7-13 和图 7-14 所示。由图可见，除了 $b_0/h_0=19.1/4.76=4.0$ 时计算的宽展与实验

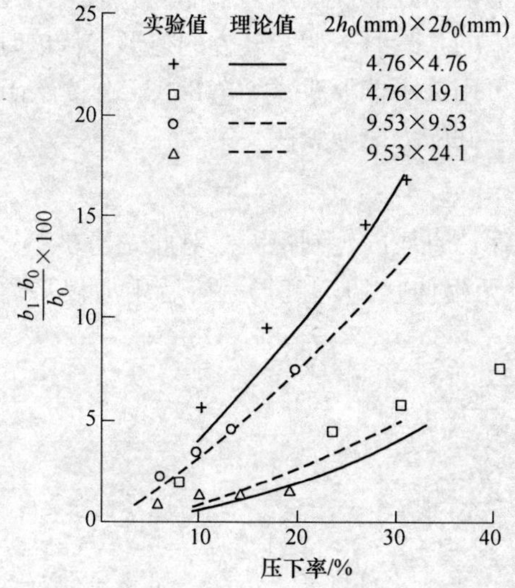

图 7-13　光辊（直径 100mm）轧铅时宽展的理论值（$m=0.5$）与实测值的比较

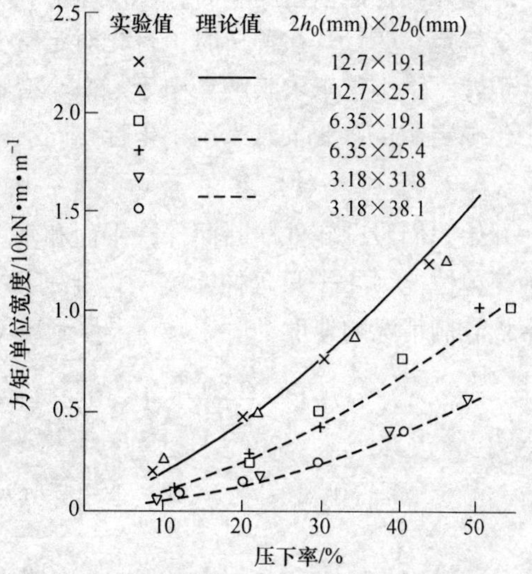

图 7-14　轧铅时力矩的理论值（$m=1.0$）与实测值的比较（轧辊直径为 127mm）

值差别稍大外，其他情况均符合得较好。

7.6.2 加藤和典的工作

下面主要介绍加藤和典的工作。

参照式（6-46），在忽略质量力和惯性力时，轧制过程最小能原理的一般表达式为

$$\begin{cases}\Phi = \iiint_V \overline{\sigma}\,\dot{\overline{\varepsilon}}\mathrm{d}V + \iint_{S_\mathrm{f}} \tau_\mathrm{f}\,|\Delta v_\mathrm{f}|\mathrm{d}s + \iint_{S_D} k\,|\Delta v_i|\mathrm{d}s + q_\mathrm{b}F_\mathrm{b}v_\mathrm{b} - q_\mathrm{f}F_\mathrm{f}v_\mathrm{f} \\ \delta\Phi = 0\end{cases} \tag{7-84}$$

接近正确解得上界力矩为

$$M = \frac{\Phi_{\min}}{2\omega} \tag{7-85}$$

对于刚－塑性材料 $\overline{\sigma} = \sigma_\mathrm{s} = \sqrt{3}k$

对于加工硬化材料 $\overline{\sigma} = A + B\overline{\varepsilon}^n$

等效应变沿流线积分求得，$\overline{\varepsilon} = \int_0^t \dot{\overline{\varepsilon}}\mathrm{d}t$

对于黏－塑性材料

如取 $\overline{\sigma} = c\,\dot{\overline{\varepsilon}}^m$，则

$$E(\dot{\overline{\varepsilon}}) = \int_0^{\dot{\overline{\varepsilon}}} \overline{\sigma}\mathrm{d}\,\dot{\overline{\varepsilon}} = \int_0^{\dot{\overline{\varepsilon}}} c\,\dot{\overline{\varepsilon}}\mathrm{d}\,\dot{\overline{\varepsilon}} = \frac{c}{1+m}(\dot{\overline{\varepsilon}})^{1+m}$$

如取 $\sigma = \sigma_\mathrm{sc}\left[1 + \left(\frac{\dot{\overline{\varepsilon}}}{\gamma_0}\right)^n\right]$ 则由式(6-60)

$$E(\dot{\overline{\varepsilon}}) = \frac{1}{n+1}(n\overline{\sigma}_\mathrm{sc} + \overline{\sigma})\dot{\overline{\varepsilon}}$$

加藤和典在建立速度场时，对于考虑和不考虑侧面鼓形及横断面弯曲，分别采用三个和五个待定参变量，在解析时，首先对定常变形中的某瞬时，假定轧件的外形，从该时刻使轧辊转一微小量来求其解。由于是微小变形便可用最小能原理式（7-84）。在按泛函 Φ 最小化确定待定参变量时采用了坐标方向搜索法和共轭方向搜索法。

7.6.2.1 三个待定参变量

开始我们假设轧件横断面保持平面和垂直线保持直线的轧制情况。对此先建立Ⅰ、Ⅱ两种简单情况（Ⅰ—只延伸无宽展；Ⅱ—只宽展无延伸）的速度场，然后用加权平均法确定该轧制情况的速度场。

$$v_x\,\mathrm{I} = \frac{h_0 v_{x0}}{h_x},\quad v_y\,\mathrm{I} = 0,\quad v_z\,\mathrm{I} = \frac{h_0 h'_x v_{x0}}{h_x^2}z$$

$$v_x\,\mathrm{II} = v_{x0},\quad v_y\,\mathrm{II} = -\frac{h_0 v_{x0}}{h_x}y,\quad v_z\,\mathrm{II} = \frac{h'_x v_{x0}}{h_x}z$$

$$v_x = a v_x\,\mathrm{I} + (1-a)v_x\,\mathrm{II} = \left[1 - a\left(1 - \frac{h_0}{h_x}\right)\right]v_{x0}$$

$$v_y = \left[\left(1 - \frac{h_0}{h_x}\right)a' - (1-a)\frac{h'_x}{h_x}\right]v_{x0}y$$

$$v_z = av_z \text{Ⅰ} + (1-a)v_z \text{Ⅱ} = \left[\frac{ah_0 h'_x}{h_x^2} + (1-a)\frac{h'_x}{h_x}\right]v_{x0}z \tag{7-86}$$

式（7-86）中的 v_y 是按体积不变条件求出的。

取

$$a = m_0 - m_1\left(1 - \frac{x}{l}\right)^2 \tag{7-87}$$

$$\dot{\varepsilon}_x = -\left[\left(1 - \frac{h_0}{h_x}\right)a' + a\frac{ah_0 h'_x}{h_x^2}\right]v_{x0}$$

$$\dot{\varepsilon}_y = \left[\left(1 - \frac{h_0}{h_x}\right)a' - (1-a)\frac{h'_x}{h_x}\right]v_{x0}$$

$$\dot{\varepsilon}_z = \left[\frac{ah_0 h'_x}{h_x^2} + (1-a)\frac{h'_x}{h_x}\right]v_{x0}$$

$$h_x = h_1 + R - \sqrt{R_2 - (l-x)^2}$$

$$h_n = h_1 + R - \sqrt{R_2 - (l-x_n)^2}$$

$$v_n = v_R\frac{1}{\sqrt{1 + h_n'^2}}, v_{x0} = \frac{b_n h_n v_n}{h_0 b_0}$$

这样，上述速度场便含有三个待定参变量 m_0、m_1 和 x_n。

首先假定 m_0^w，m_1^w，把它们作为式（7-87）中的 m_0、m_1 代入式（7-86），得轧件的外形。其次使待定参变量 m_0、m_1、x_n 的变化，然后由式（7-84）中的最小化确定这些参变量。如果解出的 m_0、m_1 与 m_0^w、m_1^w 不一致，则修正 m_0^w、m_1^w，重复进行同样的迭代计算。所用的方法为坐标方向搜索法。

7.6.2.2　五个待定参变量

下面考虑轧件横断面弯曲和宽向侧面出鼓形的情况。对此仍然先建立两种简单情况的速度场（Ⅰ—只延伸无宽展，Ⅱ—只宽展无延伸）

$$v_y \text{Ⅰ} = 0$$

$$v_x \text{Ⅰ} = \frac{h_0 v x_0}{h_x} + \lambda g(x)\frac{z^2 - \frac{h_x^2}{3}}{h_0^2}$$

此式第二项表示由横断面弯曲而引起的 v_x Ⅰ的增量。由体积不变条件得

$$v_z \text{Ⅰ} = \left[\frac{h_0 h'_x}{h_x^2}v_{x0} + \frac{2}{3}\lambda g(x)\frac{h_x h'_x}{h_0^2} + \frac{\lambda}{3}\frac{g'(x)h_x^2}{h_0^2}\right]z - \frac{\lambda g'(x)}{3h_0^2}z^3$$

式中　λ——横断面弯曲大小的参量；

$g(x)$——横断面弯曲大小沿轧向分布函数（图 7-15），

$$g(x) = -\left(\frac{x - x_n}{l}\right)\left(\frac{x}{l}\right)^{G_1}\left(\frac{l-x}{l}\right)^{G_2} \tag{7-88}$$

l——接触弧水平投影；

G_1，G_2——待定参数。

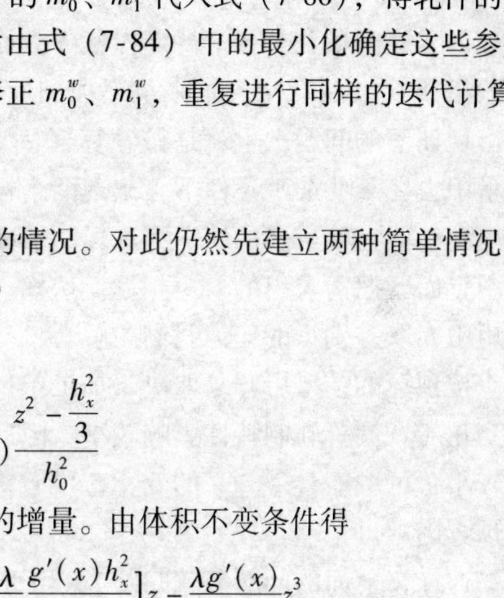

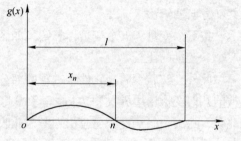

图 7-15　横断面弯曲函数

$$v_x \text{Ⅰ} = v x_0$$

$$v_y \text{Ⅱ} = -\left[\frac{h'_x v_{x0}}{h_x} - r\frac{3h'_x}{h_x^3}\left(z^2 - \frac{h_x^2}{3}\right)\right] y$$

此式中第二项表示由鼓形而引起的 v_y Ⅱ增量，由体积不变条件得

$$v_z \text{Ⅱ} = -\left[\frac{h'_x v_{x0}}{h_x} - r\frac{h'_x}{h_x^3}(z^2 - h_x^2)\right] z$$

式中 r——鼓形大小的参量。

按加权平均，则

$$v_x = a v_x \text{Ⅰ} + (1-a) v_x \text{Ⅱ}$$

$$v_z = a v_z \text{Ⅰ} + (1-a) v_z \text{Ⅱ}$$

v_y 由体积不变条件求得。

这里

$$a = m_0 - m_1\left(\frac{l-x}{l}\right)^A \tag{7-89}$$

式中 A——常数。

$$v_{x0} = \frac{b_n h_n v_n}{h_0 b_0} = F_2(x_n)$$

以上速度场含有五个待定参量 λ、r、m_0、m_1 和 x_n，应指出式（7-88）和式（7-89）中的指数 G_1、G_2 和 A，本来也应加到速度场的参量里去，但这会使计算量大增，而且也会出现如下的问题，也就是按预算（固定一部分参量）的结果，把这些指数加到速度场参量中去在某些加工条件下会出现两个极值。选择适当的速度场参量有可能避免这个问题的出现，但在参量多的情况下这样的选择几乎不可能。用能量法得到的力矩正确解，通常与用辊面摩擦力求出的力矩相近。这样，若有对应两个极值的速度场时，可由比较上述的力矩中，取差别小的作为我们的解。

按预算的结果可知，取决于加工条件，最适的 A 值在 2 ~ 3.5 的范围，而且在此范围的变化对宽展等轧制特性影响较小，因此在计算中可取也影响较小，可取 $A=3$。G_1 也影响较小，可取 $G_1=1$。G_2 的变化范围较大，可在各种加工条件固定一部分参量由 Φ 最小化预算确定。

这样，上面的问题。就归结为对于五个参量 λ、r、m_0、m_1 和 x_n 求函数的极值问题。此时用坐标搜索法多半难以逼近极值。为克服这个困难常在计算中把坐标方向搜索法改为共轭方向搜索法。

按三个变量和五个变量计算结果如图 7-16 所示。与小林计算结果相比只差 0.5%（和三个参变量的比较）。

此外，实验表明，轧件未进辊的部分已开始变形，此时轧件和轧辊的接触线并不是通常的几何变形区边界（图 7-17）。考虑此收缩部分后上面各式中 h_x 和 $g(x)$ 应加以修正。此时，除五个参量外，还应引入考虑此收缩部分长度的参量 η。收缩部分的虚线可用函数曲线拟合（如用二次函数）。

用能量法确定了中性面的位置以后，可按力平衡条件确定平均单位压力 $\bar{p}$。

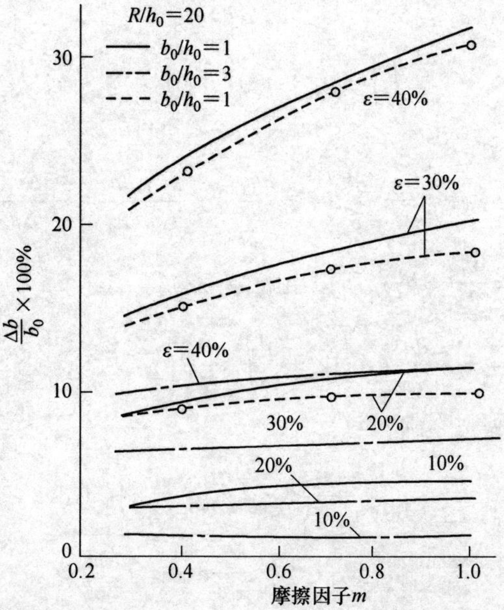

图 7-16 $\Delta b/b_0$ 与 m 的关系（除实线为五个参变量外，其他均为三个参变量）

轧制力 P 按下式确定

$$P = 2\int_0^l\int_0^{b_x}(p_z + \tau_{fz})C\mathrm{d}x\mathrm{d}y \quad (7\text{-}90)$$

式中 p_z，τ_{fz}——分别为单位正压力和摩擦力的垂直投影。

$$C = \sqrt{1 + \left(\frac{\partial h_x}{\partial x}\right)^2 + \left(\frac{\partial h_x}{\partial y}\right)^2}$$

对于平辊轧制

$$C = \sqrt{1 + \left(\frac{\partial h_x}{\partial x}\right)^2}$$

从另一方面，轧制力为

$$P = \bar{p}F$$

式中 $\bar{p}$——平均单位压力；

F——接触面水平投影面积。

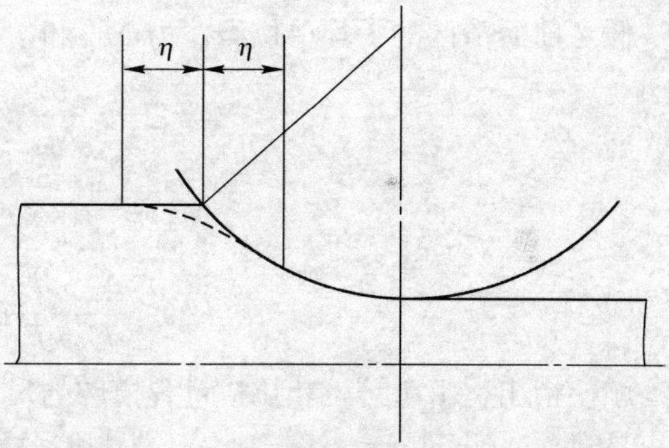

图 7-17 考虑咬入收缩时的接触线

$$F = 2\int_0^l\int_0^{b_x}\mathrm{d}x\mathrm{d}y$$

$$F = 2\bar{p}\int_0^l\int_0^{b_x}\mathrm{d}x\mathrm{d}y \quad (7\text{-}91)$$

由式（7-90）= 式（7-91）

$$\bar{p} = \frac{\int_0^l\int_0^{b_x}(p_z + \tau_{fz})C\mathrm{d}x\mathrm{d}y}{\int_0^l\int_0^{b_x}\mathrm{d}x\mathrm{d}y}$$

可见，$\bar{p}$ 是沿接触面水平投影，函数$(p_z + \tau_{fx})C$ 的均值。此均值可由接触面上水平外力

的平衡条件来确定

$$\int_0^l \int_0^{b_x} (p_x + \tau_{fx}) C \mathrm{d}x\mathrm{d}y = 0 \tag{7-92}$$

由于

$$p_x + \tau_{fx} = p_z \frac{\partial h_x}{\partial x} + \tau_{fz} \frac{\partial h_x}{\partial x} - \tau_f \frac{\Delta v_{fz}}{\Delta v_f} \frac{\partial h_x}{\partial x} + \tau_f \frac{\Delta v_{fx}}{\Delta v_f}$$

（对于平辊轧制$\frac{\partial h_x}{\partial x} = \frac{\mathrm{d}h_x}{\mathrm{d}x} = h'_x$），所以由式(7-92)得

$$\int_0^l \int_0^{b_x} (p_z + \tau_{fz}) \frac{\partial h_x}{\partial x} C \mathrm{d}x\mathrm{d}y = \int_0^l \int_0^{b_x} \frac{-\tau_f}{\Delta v_f} \left(\Delta v_{fx} - \Delta v_{fz} \frac{\partial h_x}{\partial x} \right) C \mathrm{d}x\mathrm{d}y$$

取 $\bar{p} = (p_z + \tau_{fz}) C =$ 常数，则

$$\bar{p} = \frac{\int_0^l \int_0^{b_x} \frac{-\tau_f}{\Delta v_f} \left(\Delta v_{fx} - \Delta v_{fz} \frac{\partial h_x}{\partial x} \right) C \mathrm{d}x\mathrm{d}y}{\int_0^l \int_0^{b_x} \frac{\partial h_x}{\partial x} \mathrm{d}x\mathrm{d}y} \tag{7-93}$$

应指出，前后滑区的单位摩擦力不等，在数值积分时必须前后滑区分区进行。

平均单位摩擦力

$$\tau_f = m_k = m \frac{\sigma_s}{\sqrt{3}}$$

假定前后滑区的平均单位摩擦力 $\Delta v'_f$ 和 τ'_f 与其平均滑动速度 Δv_f 和 $\Delta v'_f$ 成比例，于是

$$\tau''_f = \tau_f \frac{\Delta v''_f}{\Delta \bar{v}_f}, \tau''_f = \tau_f \frac{\Delta v'_f}{\Delta \bar{v}_f}$$

$$\Delta v''_f = \frac{1}{F''} \int_{F''} \Delta v_f \mathrm{d}F, \Delta v = \frac{1}{F''} \int_{F''} \Delta v_f \mathrm{d}F$$

$$\Delta \bar{v}_f = \frac{1}{F'' + F'} (\Delta v'_f F' + \Delta v'_f F'')$$

顺便指出，由于挤压和拉拔过程模腔的尺寸与形状固定，又是定常成型过程，故速度场容易建立（见下节），解析比三维轧制简单，不再赘述。

7.7　应用流函数建立运动许可速度场

大家知道，用能量法解塑性加工力学问题时都涉及建立运动许可速度场。前面已结合塑性加工的具体应用实例，讲述了运动许可速度场的建立。本节将讲述应用流函数建立运动许可速度场的普遍方法。

7.7.1　流函数的概念

为了便于理解，先从二维不可压缩流体入手。在平面变形状态下按不可压缩条件（或体积不变条件），则有

$$\dot{\varepsilon}_x + \dot{\varepsilon}_y = \frac{\partial v_x}{\partial x} + \frac{\partial v_y}{\partial y} = 0 \tag{7-94}$$

若存在一个连续函数 $\psi(x,y)$，且有

$$v_x = \frac{\partial\psi}{\partial y}, v_y = -\frac{\partial\psi}{\partial x} \tag{7-95}$$

则把此函数定义为流函数。显然，此流函数满足不可压缩条件式（7-94），因为

$$\frac{\partial^2\psi}{\partial x\partial y} - \frac{\partial^2\psi}{\partial x\partial y} = 0$$

把式（7-95）代入几何方程式（5-5），则

$$\dot{\varepsilon}_x = \frac{\partial^2\psi}{\partial x\partial y}, \dot{\varepsilon}_y = \frac{-\partial^2\psi}{\partial x\partial y}, \dot{\varepsilon}_{xy} = \dot{\varepsilon}_{yx} = \frac{1}{2}\left(\frac{\partial^2\psi}{\partial y^2} - \frac{\partial^2\psi}{\partial x^2}\right) \tag{7-96}$$

某瞬时处于坐标空间一条曲线上所有点的速度矢量与这条线相切的，称该曲线为流线。对于二维平面 xy 中一条流线，其微分方程可按下法导出。因为

$$v_x = \frac{dx}{dt}, \quad v_y = \frac{dy}{dt}$$

则得

$$\frac{dy}{dx} = \frac{v_y}{v_x} \tag{7-97}$$

由此可导出二维流动的流线方程为

$$v_x dy - v_y dx = 0$$

把式（7-95）代入此式，则沿流线有

$$\frac{\partial\psi}{\partial x}dx + \frac{\partial\psi}{\partial y}dy = d\psi = 0$$

从而得到流函数的一个性质是沿流线

$$\psi = \text{const}$$

且积分所得（$\psi_2 - \psi_1$）之值只与积分首尾端点有关。

如图 7-18 所示，平面流动场内在两流线 A 和 B 之间，任取一条曲线 $\overset{\frown}{AB}$。在 M 点取一微线素，其长为 ds。令 M 点的速度为 v，按质量守恒，通过 ds 的流量为 $dQ = v_x dy - v_y dx$。所以，通过曲线 $\overset{\frown}{AB}$ 的流量为

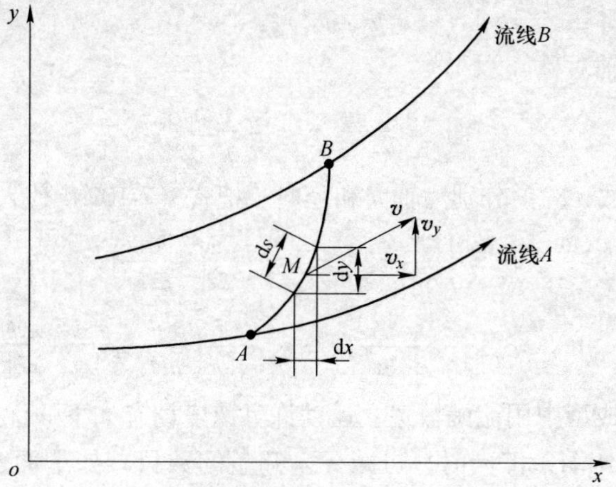

图 7-18 流量与流线

$$Q = \int_{\widehat{AB}} (v_x \mathrm{d}y - v_y \mathrm{d}x)$$

把式（7-95）代入此式，则得

$$Q = \int_{\widehat{AB}} \left(\frac{\partial \psi}{\partial y} \mathrm{d}y + \frac{\partial \psi}{\partial x} \mathrm{d}x \right) = \int_{\widehat{AB}} \mathrm{d}\psi$$

所以

$$Q_{\widehat{AB}} = \psi_B - \psi_A \tag{7-98}$$

于是便得到流函数的另一个重要性质，对于连续的平面流动通过两流线间任意曲线 $\widehat{AB}$ 的流量等于两端点 A 和 B 的流函数之差。

类似，对三维不可压缩流体，则有

$$v_x = \frac{\partial \psi}{\partial y} \frac{\partial \chi}{\partial z} - \frac{\partial \psi}{\partial z} \frac{\partial \chi}{\partial y}$$

$$v_y = \frac{\partial \psi}{\partial z} \frac{\partial \chi}{\partial x} - \frac{\partial \psi}{\partial x} \frac{\partial \chi}{\partial z}$$

$$v_z = \frac{\partial \psi}{\partial x} \frac{\partial \chi}{\partial y} - \frac{\partial \psi}{\partial y} \frac{\partial \chi}{\partial x} \tag{7-99}$$

或

$$v = v_x i + v_y j + v_2 k = (\mathrm{grad}\psi) \times (\mathrm{grad}\chi)$$

这里把引入的两个函数 ψ 和 χ 称为流函数。容易证明，式（7-99）满足不可压缩条件

$$\dot{\varepsilon}_x + \dot{\varepsilon}_y + \dot{\varepsilon}_z = \frac{\partial v_x}{\partial x} + \frac{\partial v_y}{\partial y} + \frac{\partial v_z}{\partial z} = 0$$

参照式（7-97），三维空间 xyz 中流线的微分方程为

$$\frac{\mathrm{d}x}{v_x} = \frac{\mathrm{d}y}{v_y} = \frac{dz}{v_z} \tag{7-100}$$

也可以得到 ψ = 常数和 x = 常数时绘制流面。流面的交线便是流线。通过用两个 ψ 流面和两个 χ 流面所围的流管的流量

$$Q = (\psi_2 - \psi_1)(\chi_2 - \chi_1) \tag{7-101}$$

顺便指出，对于轴对称问题

$$v_z = \frac{1}{r} \frac{\partial \psi}{\partial r}, v_r = -\frac{1}{r} \frac{\partial \psi}{\partial z} \tag{7-102}$$

式中，ψ 也称为流函数；z，r 分别为轴向和径向。把式（7-102）代入几何方程，则

$$\dot{\varepsilon}_z = \frac{1}{r} \frac{\partial^2 \psi}{\partial z \partial r}, \dot{\varepsilon}_r = -\frac{1}{r} \left(\frac{\partial \psi}{\partial z} - \frac{\partial^2 \psi}{\partial z \partial r} \right) \tag{7-103}$$

$$\dot{\varepsilon}_\theta = -\frac{1}{r^2} \frac{\partial \psi}{\partial z}, \dot{\varepsilon}_{rz} = \dot{\varepsilon}_{zr} = \frac{1}{2r} \left(\frac{\partial^2 \psi}{\partial r^2} - \frac{\partial^2 \psi}{\partial z^2} - \frac{\partial \psi}{r \partial r} \right)$$

由上可见，金属成型中用流函数建立运动许可速度场有如下的优点：

（1）在满足不可压缩条件同时，可减少未知量的数目，如平面变形和轴对称问题可减少到一个，即 ψ；对三维流动问题可减少到两个，即 ψ 和 χ。

（2）对于复杂的边界，选择流函数比选择速度分量容易满足速度边界条件，因为容

易选择流函数使其流面为工具的边界面。

下面将运用流函数的概念。结合某些塑性成型过程，说明应用流函数建立运动许可速度场的普遍方法。

7.7.2 平面变形和轴对称变形的定常塑性成型过程

7.7.2.1 平面变形

如图7-19所示，出、入口的板厚分别为$2h_1$和$2h_0$；出入口的速度分别为v_1和v_0。材料沿模面流动（材料质点沿模面的法线方向速度为零），x轴为流动对称轴。所以，模子表面线和x轴都是流线。为简化，而假定在这两个流线之间v_x沿h_r上均匀分布。由式(7-95）的第一式，则

$$\psi = v_x y + f(x)$$

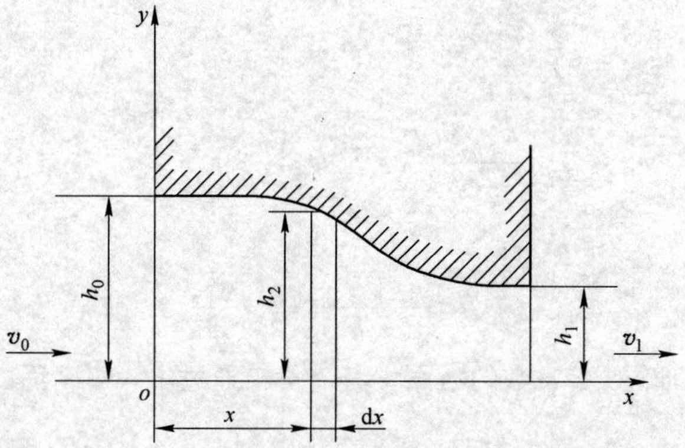

图7-19 平面塑性流动

在x轴上$y=0, v_y=0$,此处取$\psi=0$,代入上式可知$f(x)=0$,于是

$$\psi = v_x y$$

又单位宽度的体积流量为$Q=v_0h_0=v_xh_x$或$v_x=\dfrac{v_0h_0}{h_x}$,所以

$$\psi = Q\frac{y}{h_x} = v_0h_0\frac{y}{h_x} \tag{7-104}$$

由此式可知，在$y=h_x$的模面上流函数为$\psi_2=v_0h_0=Q$；$y=0$的x轴上流函数$\psi_1=0$。所以$\psi_2-\psi_1=Q$，这是符合流函数性质式（7-98）的。

把式（7-104）代入式（7-95），则

$$v_x = \frac{v_0h_0}{h_x}$$

$$v_y = -\frac{\partial\psi}{\partial x} = \frac{v_0h_0}{h_x^2}h'y_x = \frac{v_xh'_x}{h_x}y \tag{7-105}$$

把式（7-104）代入式（7-96），可求出$\dot{\varepsilon}_x$、$\dot{\varepsilon}_y$和ε_{xyz}。

然而，由式（7-105）可知，当x=常数或h_x=常数时，v_x沿横断面上保持一定值。

这与实际的速度分布有所不同，为了更一般地描述流动，富田佳宏提出如下的流函数

$$\psi = \sum_{m=1}^{N} b_m(x) Q_m\left(\frac{y_x}{h_x}\right) \tag{7-106}$$

式中 b_m——组合系数，它是 x 的函数；

Q_m——流函数的模，它是 y/h_x 的已知函数；

N——流函数的模的数。

考虑到 v_x 对称于 x 轴分布，流函数的模用契贝谢夫多项式表示

$$Q_m = \cos\left(m\cos^{-1}\frac{y}{h_x}\right) \tag{7-107}$$

在出口和入口断面处，为实现 v_x = 常数，式（7-107）中取 $m=1$，由上式知 $Q_m = Q_1 = \frac{y}{h_x}$，而 $b_m = b_1 = v_0 h_0$，此时式（7-106）与式（7-104）一致。

把流函数式（7-106）代入式（7-95），得

$$v_x = \sum_{m=1}^{N} \frac{b_m Q'_m}{h_x}$$

$$v_y = \sum_{m=1}^{N}\left(\frac{b_m h'_x y Q'_m}{h_x^2} - b'_m Q_m\right)$$

式中

$$Q'_m = \frac{\mathrm{d}Q_m}{\mathrm{d}(y/h_x)}, b'_m = \frac{\mathrm{d}b_m}{\mathrm{d}x}$$

按连续性条件，通过 x = 常数的断面，其流量与通过出入口断面的流量相同，即

$$v_0 h_0 = \int_0^{h_x} v_x \mathrm{d}y = \sum_{m=1}^{N} b_m [Q_m(1) - Q_m(0)]$$

此式为确定组合系数 b_m 的附加条件。按式（7-107）$Q_m(1)=1, Q_m(0)=0$，于是

$$v_0 h_0 = \sum_{m=1}^{N} b_m \tag{7-108}$$

可见独立的组合系数有 $N-1$ 个。

把式（7-106）代入式（7-96），则得

$$\dot{\varepsilon}_x = \sum_{m=1}^{N}\left[\frac{b'_m Q'_m}{h_x} - b_m\left(\frac{h'_x Q_m}{h_x^2} + \frac{h'_x y Q''_m}{h_x^3}\right)\right]$$

$$\dot{\varepsilon}_y = \sum_{m=1}^{N}\left[b_m\left(\frac{h'_x Q_m}{h_x^2} + \frac{h'_x y Q''_m}{h_x^3}\right) - \frac{b'_m Q'_m}{h_x}\right]$$

$$2\dot{\varepsilon}_{xy} = 2\dot{\varepsilon}_{yz} = \sum_{m=1}^{N}\left[\left(\frac{Q''_m}{h_x^2} - \frac{2h_x'^2 y Q'_m}{h_x^3} - \frac{h_x'^2 y^2 Q''_m}{h_x^4} + \frac{h''_x y Q'_m}{h_x^2}\right) - b''_m Q_m + \frac{2b'_m h'_x y Q'_m}{h_x^2}\right] \tag{7-109}$$

可见式（7-109）完全满足体积不变条件。当 $m=N=1$ 时，即为由式（7-104）代入式（7-96）所确定的应变速率 $\dot{\varepsilon}_x$、$\dot{\varepsilon}_y$、$\dot{\varepsilon}_{xy}$。

组合系数 b_m 可由总势能泛函最小的条件来确定。

7.7.2.2 轴对称问题

与平面变形问题类似的推导可得轴对称定常变形问题的运动许可速度场。此时式(7-

102）中的流函数可按下式确定

$$\psi = \sum_{m=1}^{N} b_m Q_m\left(\frac{r^2}{R^2}\right) \tag{7-110}$$

把式（7-110）代入式（7-102），则

$$\begin{cases} v_z = \sum_{m=1}^{N} \dfrac{2b_m Q'_m}{R^2} \\ v_r = \sum_{m=1}^{N}\left(\dfrac{2b_m R' r Q'_m}{R^3} - \dfrac{b'_m Q_m}{r}\right) \\ v_0 = 0 \end{cases} \tag{7-111}$$

式中

$$Q'_m = \frac{\mathrm{d}Q_m}{\mathrm{d}(r^2/R^2)}, b'_m = \frac{\mathrm{d}b_m}{\mathrm{d}z}$$

$$R_0^2 v_0 = 2\sum_{m=1}^{N} b_m[Q_m(1) - Q_m(0)]$$

把式（7-110）代入式（7-103），得

$$\dot{\varepsilon}_z = \sum_{m=1}^{N}\left[\frac{2b'_m Q'_m}{R^3} - 4b_m\left(\frac{R'Q'_m}{R^3} + \frac{R'r^2 Q''_m}{R^5}\right)\right]$$

$$\dot{\varepsilon}_r = \sum_{m=1}^{N}\left[2b_m\left(\frac{R'Q'_m}{R^3} + \frac{2R'r^2 Q''_m}{R^5}\right) + b'_m\left(\frac{Q_m}{r^2} - \frac{2Q'_m}{R^2}\right)\right]$$

$$\dot{\varepsilon}_0 = \sum_{m=1}^{N}\left(\frac{2b_m R'Q'}{R^3} - \frac{b'_m Q_m}{r^2}\right)$$

$$2\dot{\varepsilon}_{z0} = 2\dot{\varepsilon}_{z\theta} = \sum_{m=1}^{N}\left[2b_m\left(\frac{2rQ''_m}{R^4} - \frac{3R'^2 Q'_m r}{R^4} + \frac{R'' r Q'_m}{R^3} - \frac{2R^2 r^3 Q''_m}{R^6}\right) + \frac{4b_m R' r Q'_m}{R^3} - \frac{b''_m Q_m}{r}\right] \tag{7-112}$$

7.7.3 三维定常变形的塑性成型过程

7.7.3.1 平辊轧制矩形件

轧制宽与厚之比大于10的板带时，可忽略宽展。一般用平辊轧矩形件时，宽展不能忽略，对于稳定轧制过程乃是三维定常变形过程即式（7-12）。轧件质点在刚性辊面的法向速度为零。轧辊表面应为流面，满足此要求的流函数为

$$\psi = U\frac{z}{h_x} \tag{7-113}$$

$$h_x = (R + h_1) - [R^2 - (l - x)^2]^{1/2} \tag{7-114}$$

式中 U——轧件在入口处的秒流量，$U = v_0 h_0 b_0$。

另一个流函数χ应保证所建立的速度场是运动许可的稳定速度场，也就是变形区侧面形状不变。令此流函数为

$$\chi = -\frac{y}{\phi} \tag{7-115}$$

式中，ϕ 是 x 的函数，而 $x=0$ 时 $\phi=b_0$。

由于变形的对称性，$z=0$ 的平面（水平对称面）和 $y=0$ 的平面（垂直对称面）都是流面，在这两个面上分别为 $\psi_1=0$、$\chi_1=0$。在 $z=h_x$ 的辊面和 $y=\phi$ 的侧面上分别为 $\psi_2=U$、$\chi_2=-1$。这样由这四个面围成的管，其流量满足式（7-101）。

把式（7-113）和式（7-115）代入式（7-99），则得 Hill 的速度场式（7-73）

$$v_x=\frac{U}{h_x\phi}$$

$$v_y=\frac{Uy}{h_x}\frac{\phi'}{\phi^2}$$

$$v_z=\frac{Uz}{\phi}\frac{h_x'}{h_x^2}$$

我们知道，要使变形区侧面形状不变，在此侧自由面上的速度合矢量必须与该自由面相切。侧面无鼓形（或 b_x 与 z 无关），则可用

$$\tilde{\omega}(x,y)=b_x-y=0 \tag{7-116}$$

表示此自由面，而式（7-73）所给出的速度矢量 $\boldsymbol{v}$，必须满足下面条件：

在 $y=b_x$ 的面上

$$\boldsymbol{v}\cdot\mathrm{grad}\tilde{\omega}=0 \tag{7-117}$$

把式（7-73）和式（7-116）代入式（7-117），则得

$$\frac{1}{h_x}\left(\frac{b_x'}{\phi}-\frac{bx}{\phi^2}\phi'\right)=0 \tag{7-118}$$

当 $b_x=\phi$ 时，则满足此式。这样，若自由表面用 $y=b_x=\phi$ 表示，则式（7-73）表示稳定速度场。把式（7-73）代入几何方程便得到应变速率场。

若在变形区中粗分几个单元，可用 Chenot 等提出的速度场，此速度场是 Hill 速度场式（7-73）的发展，注意到式（7-73）中取 $\phi=b$，则

$$v_x=U\left[\frac{1}{h_x b}+\frac{y}{h_x}\frac{\partial}{\partial y}\left(\frac{1}{b}\right)\right]$$

$$v_y=U\left[-\frac{y}{h_x}\left(\frac{1}{b}\right)+yz\frac{\partial}{\partial x}\left(\frac{1}{h_x}\right)\frac{\partial}{\partial z}\left(\frac{1}{b}\right)\right]$$

$$v_z=U\left[-\frac{z}{b}\frac{\partial}{\partial x}\left(\frac{1}{h_x}\right)-yz\frac{\partial}{\partial x}\left(\frac{1}{h_x}\right)\frac{\partial}{\partial y}\left(\frac{1}{b}\right)\right] \tag{7-119}$$

式中　　$b=b(x,y,z)$，$h_z=h(x)$

不论函数 b 取何形式，则速度场（式（7-119））满足体积不变条件和速度边界条件。这种情况下单元结点上用 b 值，单元内部的 b 值线性插值。

7.7.3.2　矩形件和多边形件的挤压与拉拔

挤压矩形件的过程如图 7-20 所示。

与平辊轧矩形件类似，可取流函数为

$$\psi=h_0b_0v_0z/h(x)$$

$$\chi=-y/b(x) \tag{7-120}$$

式中，$y=b(x)$，$z=h(x)$ 分别表示模子表面。

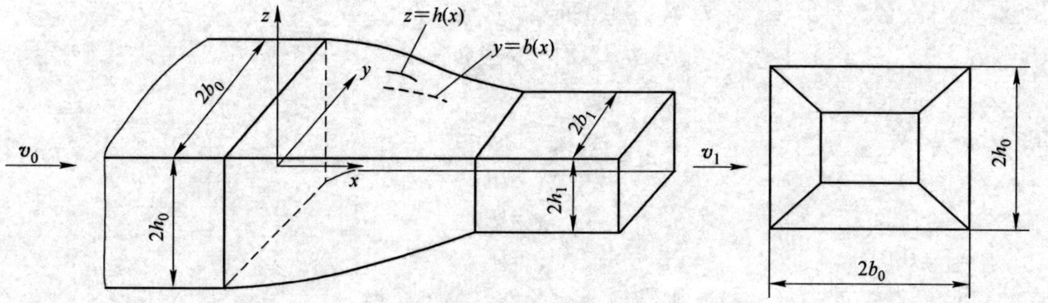

图 7-20 矩形件的挤压

把式（7-120）代入式（7-99）可得塑性变形区的运动许可速度场

$$v_x = h_0 b_0 v_0 \frac{1}{b(x)h(x)}$$

$$v_y = h_0 b_0 v_0 \frac{yb'(x)}{h(x)b^2(x)}$$

$$v_z = h_0 b_0 v_0 \frac{zh'(x)}{b(x)h^2(x)} \tag{7-121}$$

式（7-121）给出的速度场也可以用于由三角形坯挤压或拉拔三角形产品。由于正多边形是由许多三角形组成的，因此只要坯料和成品形状相似，式（7-121）的速度场也可用于挤压或拉拔任何正多边形。

7.7.4 棱柱体的镦粗

实际上，不总是镦粗宽度很大的矩形件或者圆柱体，因此镦粗柱体时金属流动也就不总是平面变形或轴对称变形，镦粗正多边棱柱体（图 7-7）是属于三维非定常的塑性变形过程。镦粗时由于接触摩擦的影响而产生不均匀流动，从而导致柱体横断面外凸和沿厚度上出鼓形。

由于流动的对称性可以只研究图 7-7 中 $OBCC'B'O'$ 部分。沿 $OO'B'B$、$OO'C'C$ 和 $OO'E'E$ 没有切向速度不连续，而且过这些面的法向速度必须为零。所以，$OO'B'B$、$OO'C'C$ 和 $OO'E'E$ 是流面，于是

$$\theta = 0 \text{ 时，} \chi \text{ 或 } \psi = C_1$$

$$\theta = a \text{ 时，} \chi \text{ 或 } \psi = C_2 \tag{7-122}$$

式中，C_1 和 C_2 为某一常数。

运动许可速度场必须满足如下的条件

$$z = h \text{ 时，} v_z = -v_0$$

$$z = 0 \text{ 时，} v_z = 0 \tag{7-123}$$

沿 z 轴（$x = y = 0$），$v_x = v_y = 0$。

若 $z = 0$ 时，取 $\chi = 0$。

$x = y = 0$ 时，取 $\chi = 0$。

则满足式（7-123）的条件。

这样，为了得到运动许可速度场，流函数 ψ 和 χ 必须满足如下的条件

$$\theta = 0 \text{ 时}, \chi \text{ 或 } \psi = C_1$$

$$\theta = a \text{ 时}, \chi \text{ 或 } \psi = C_2$$

$z = h$ 时

$$v_z = \frac{\partial \psi}{\partial x}\frac{\partial \varphi}{\partial y} - \frac{\partial \psi}{\partial y}\frac{\partial \chi}{\partial x} = -v_0 \tag{7-124}$$

$z = 0$ 时　　$\chi = 0$

$x = y = 0$ 时　　$\chi = 0$

可见，若取 $\psi = \ln(y/x)$，则满足上述条件，另外，取

$$v_z = \frac{\partial \psi}{\partial x}\frac{\partial X}{\partial y} - \frac{\partial \psi}{\partial y}\frac{\partial X}{\partial x} = -v_0 \frac{f(z)}{f(h)} \tag{7-125}$$

其中，$f(z)$ 是 z 的任意函数，$z = 0$ 时，$f(z) = 0$。把 $\psi = \ln(y/x)$ 代入式（7-125），并注意到 $z = 0$ 时，$Z = 0$；$x = y = 0$ 时，$\chi = 0$，解一阶线性偏微分方程，得

$$\chi = \frac{v_0}{2} - xy\frac{f(z)}{f(h)}$$

于是便得到满足式（7-124）条件的两个流函数

$$\psi = \ln(y/x)$$

$$\chi = \frac{v_0}{2}xy\frac{f(z)}{f(h)} \tag{7-126}$$

把式（7-126）代入式（7-99），则

$$v_x = \frac{v_0}{2}x\frac{f'(z)}{f(h)}$$

$$v_y = \frac{v_0}{2}y\frac{f'(z)}{f(h)} \tag{7-127}$$

$$v_z = -v_0\frac{f(z)}{f(h)}$$

对于所研究的棱柱体的镦粗过程，注意到 $z = 0$、$f(z) = 0$，若取

$$f(z) = (1 - e^{-cz/h})/(1 - e^{-c})$$

此时 $f(h) = 1$。

代入式（7-127），便得到 Juneja 提出的运动许可速度场（式（5-40））。

$$v_x = \frac{cx}{2(1 - e^{-c})}\frac{v_0}{h}e^{-cz/h}$$

$$v_y = \frac{cy}{2(1 - e^{-c})}\frac{v_0}{h}e^{-cz/h}$$

$$v_z = -\frac{v_0}{(1 - e^{-c})}(1 - e^{-cz/h})$$

若取 $f(z) = z$，则得到镦粗方柱体时由 Haddow 和 Johnson 采用的速度场

$$v_x = \frac{v_0}{2}\frac{x}{h}, v_y = \frac{v_0}{2}\frac{y}{h}, v_z = -v_0\frac{z}{h} \tag{7-128}$$

可见，这些作者所用的速度场仅仅是按流函数得到的普遍速度场式（7-127）的特殊情况。

8　等参单元和高斯求积法

有限元法的基础就是用有限个元素的集合体来代替变形体或工件(图8-1和图8-2)。这些单元用结点(即离散点) 连接起来。建立每个组成单元的公式，然后集合起来，便得到原来工件的解。所以这种方法也称为从局部到整体的方法。

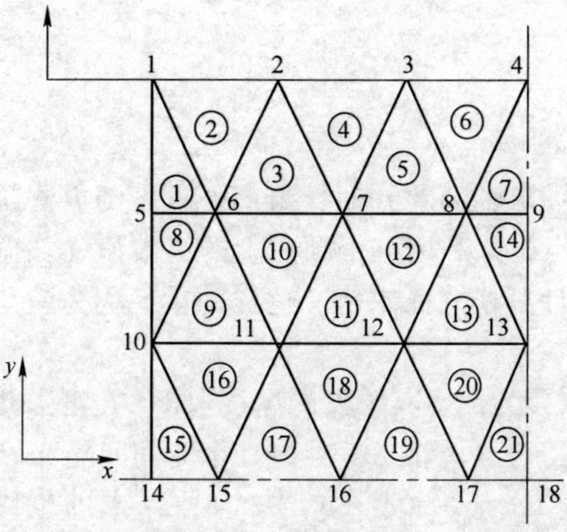

图8-1　用三角形单元的集合体表示二维区域（21个单元，18个结点）

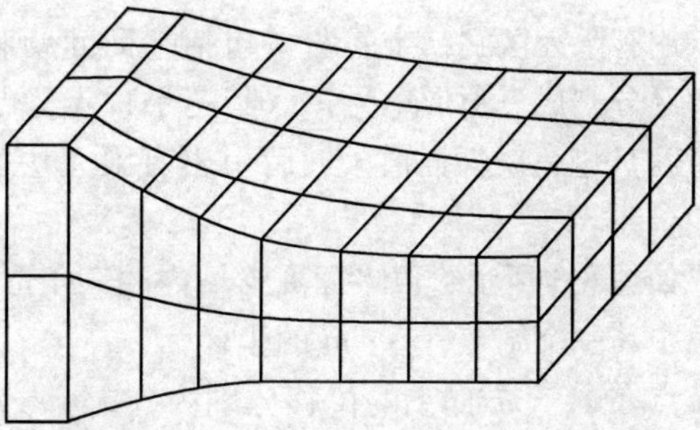

图8-2　用六面体单元的集合体表示三维区域（64个单元，135个结点）

有限元法计算的步骤如下：

（1）连续体的离散化。选择单元的类型、数目、大小和排列以便有效地表示所研究的连续体——工件。

（2）选择位移（或速度）函数。设定满足某些要求（如在单元内保证连续性，在其边界上保证协调性）的联系单元结点和单元内部各点位移（或速度）的插值函数，以保证数值计算结果更逼近正确解。

（3）建立单元刚度矩阵或能量泛函。按变分原理，对弹性和弹塑性有限元推导单元刚度矩阵 $[\boldsymbol{K}^e]$，用此矩阵把单元结点位移 $\{\boldsymbol{u}\}^e$ 和结点力 $\{\boldsymbol{F}\}^e$ 联系起来，即 $[\boldsymbol{K}^e]\{\boldsymbol{u}\}^e=\{\boldsymbol{F}\}^e$。对刚－塑性有限元，则要建立以结点位移（$u_i$）为自变函数的单元能量泛函 $\varphi^e=\varphi^e(u_i)$。

（4）建立整体方程。对弹性和弹塑性有限元这个过程包括由各单元的刚度矩阵集合成整个工件的总刚度矩阵 $[\boldsymbol{K}]$ 以及由单元结点力矢量集合成总的力或载荷矢量，即建立表示整个工件的结点位移矢量 $\{\boldsymbol{u}\}^e$ 与总载荷矢量 $\{\boldsymbol{F}\}$ 的关系的联立方程组，即 $[\boldsymbol{K}]\{\boldsymbol{u}\}^e=\{\boldsymbol{F}\}$。对刚－塑性有限元，则建立整个工件的变分方程组，即

$$\delta\left\{\sum_{e=1}^{m}\varphi^e(u_i)\right\}=0$$

（5）求未知的结点位移（或速度）。由（4）建立的联立方程组解出未知的结点位移（或速度）。在弹－塑性和刚－塑性有限元中，这些方程组是非线性的，必须采用相应的线性化进行求解。

（6）由结点位移（或速度）计算各单元的应变和应力。

总之，有限元法的研究有两方面：一是单元的研究；二是单元集合体的研究。

本章集中研究各种有限元法所共有的单元问题，即等参单元的研究，其中包括单元类型、位移（或速度）的插值函数和与此有关的单元特性以及单元结点位移（或速度）与单元内的应变（或应变速率）的关系等。此外，还要介绍与单元刚度矩阵、单元变形能和载荷位能计算有关的数值积分——高斯积分。其他方面问题将放在下两章——弹－塑性有限元法和刚－塑性有限元法中讲。

8.1　三角形线性单元

用有限元法解二维问题（包括平面问题和轴对轴问题）时，最简便可行的方法是把求解区分割成三角形单元，取其三个顶点为结点，并利用三个顶点上的函数值（如位移或速度）进行线性插值。最后引出有限元法的计算格式而求解。这样的单元称为三角形线性单元。

如图 8-3 所示，以平面变形域内的三角形单元为例。其单元的厚度取 1，在笛卡儿坐标系中其三个结点，i,j,m 的坐标为(x_i,y_i),(x_j,y_j),(x_m,y_m)。经过一个时间间隔 Δt，三个结点在 x，y 方向上的位移分别为（u_{xi},u_{yi}）,（u_{xj},u_{yj}）,（u_{xm},u_{ym}）。如果结点的位移很小，变形连续发生，则结点的速度分量（v_{xi},v_{yi}）,（v_{xj},v_{yj}）,（v_{xm},v_{ym}），即可由相应的位移除以 Δt 得到。在解塑性加工问题时，用结点速度往往比较方便，以后主要用结点速度。

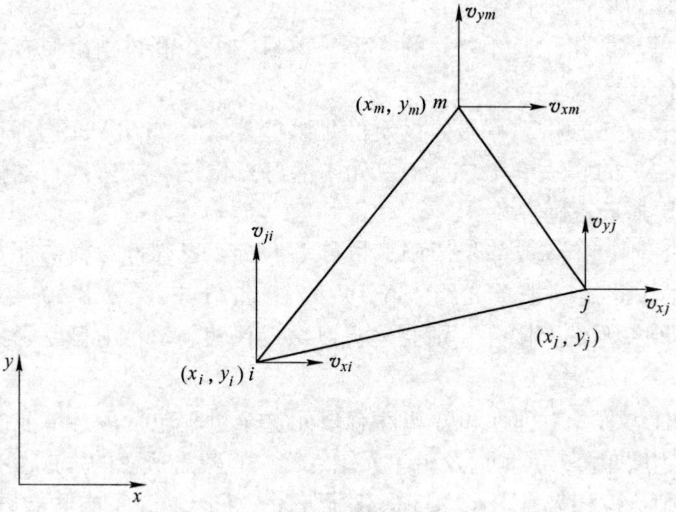

图 8-3　三角形单元

单元内部的速度（或位移）分量，通过用线性多项式表示的速度函数插值得到

$$\begin{cases} v_x = \alpha_1 + \alpha_2 x + \alpha_3 y \\ v_y = \alpha_4 + \alpha_5 x + \alpha_6 y \end{cases} \tag{8-1}$$

将结点的速度和坐标代入式（8-1），即可确定 α_1，α_2，…，α_6。

例如

$$v_{xi} = \alpha_1 + \alpha_2 x_i + \alpha_3 y_i$$
$$v_{xj} = \alpha_1 + \alpha_2 x_j + \alpha_3 y_j$$
$$v_{xm} = \alpha_1 + \alpha_2 x_m + \alpha_3 y_m$$

解此联立方程组，得到

$$\alpha_1 = \frac{1}{2A}(a_i v_{xi} + a_j v_{xj} + a_m v_{xm})$$

$$\alpha_1 = \frac{1}{2A}(b_i v_{xi} + b_j v_{xj} + b_m v_{xm})$$

$$\alpha_1 = \frac{1}{2A}(c_i v_{xi} + c_j v_{xj} + c_m v_{xm})$$

式中，A 为三角形面积。

$$2A = \begin{vmatrix} 1 & x_i & y_i \\ 1 & x_j & y_j \\ 1 & x_m & y_m \end{vmatrix} = x_j y_m + x_m y_i + x_i y_j - x_j y_i - x_i y_m - x_m y_j \tag{8-2}$$

$$a_i = \begin{vmatrix} x_j & y_j \\ x_m & y_m \end{vmatrix} = x_j y_m - x_m y_j$$

$$b_i = -\begin{vmatrix} 1 & y_j \\ 1 & y_m \end{vmatrix} = y_j - y_m$$

$$c_i = \begin{vmatrix} 1 & x_j \\ 1 & x_m \end{vmatrix} = x_m - x_j \tag{8-3}$$

同理也可确定出 α_4、α_5、α_6，其中的系数可由下标循环更换得到。把 α_1，α_2，…，α_6 代入式（8-1）可得到

$$v_x = \frac{1}{2A}[(a_i + b_i x + c_i y)v_{xi} + (a_j + b_j x + c_j y)v_{xj} + (a_m + b_m x + c_m y)v_{xm}]$$

$$v_y = \frac{1}{2A}[(a_i + b_i x + c_i y)v_{yi} + (a_j + b_j x + c_j y)v_{yj} + (a_m + b_m x + c_m y)v_{ym}] \tag{8-4}$$

如令 $N_i = \frac{1}{2A}(a_i + b_i x + c_i y)$，其余按下标循环得到，于是

$$\begin{aligned} v_x &= N_i v_{xi} + N_j v_{xi} + N_m v_{xm} \\ v_y &= N_i v_{yi} + N_j v_{yi} + N_m v_{ym} \end{aligned} \tag{8-5}$$

$$\begin{Bmatrix} v_x \\ v_y \end{Bmatrix} = [N_i I \quad N_j I \quad N_m I] \begin{Bmatrix} v_{xi} \\ v_{yi} \\ v_{xj} \\ v_{yj} \\ v_{xm} \\ v_{ym} \end{Bmatrix} = [N]\{v\}^e \tag{8-5a}$$

其中 $\boldsymbol{I} = \begin{bmatrix} 1 & 0 \\ 0 & 1 \end{bmatrix}$为单位矩阵；$[N] = \begin{bmatrix} N_i & 0 & N_j & 0 & N_m & 0 \\ 0 & N_i & 0 & N_j & 0 & N_m \end{bmatrix}$

可以理解，在两单元的公共结点上，只要插值函数的值相同，则分别进行线性插值后，其公共边上 v_x、v_y 便有相同的值，也就是保证相邻单元在公共边上的速度（或位移）是连续的，即满足协调性。

在平面应变问题中的几何方程可写成如下矩阵

$$\{\dot{\varepsilon}\} = \begin{Bmatrix} \dot{\varepsilon}_x \\ \dot{\varepsilon}_y \\ \dot{\gamma}_{xy} \end{Bmatrix} = \begin{Bmatrix} \dfrac{\partial v_x}{\partial x} \\ \dfrac{\partial v_y}{\partial y} \\ \dfrac{\partial v_y}{\partial x} + \dfrac{\partial v_x}{\partial y} \end{Bmatrix} \tag{8-6}$$

式中　$\dot{\gamma}_{xy}$——工程切应变速率，$\dot{\gamma}_{xy} = 2\dot{\varepsilon}_{xy}$。

把式（8-5）代入式（8-6）得

$$\{\dot{\varepsilon}\} = [\boldsymbol{B}]\{v\}^e \tag{8-6a}$$

式中

$$\{\dot{\varepsilon}\} = \begin{Bmatrix} \dot{\varepsilon}_x \\ \dot{\varepsilon}_y \\ \dot{\gamma}_{xy} \end{Bmatrix}$$

$$\{v\}e = [v_{xi} \quad v_{yi} \quad v_{xj} \quad v_{yj} \quad v_{xm} \quad v_{ym}]^{\mathrm{T}}$$

$$[\boldsymbol{B}] = \frac{1}{2A} \begin{bmatrix} b_i & 0 & b_j & 0 & b_m & 0 \\ 0 & c_i & 0 & c_j & 0 & c_m \\ c_i & b_i & c_j & b_j & c_m & b_m \end{bmatrix} \tag{8-7}$$

式中　$[\boldsymbol{B}]$——单元应变矩阵，它可写成分块形式

$$[\boldsymbol{B}] = [B_i \quad B_j \quad B_m]$$

而子矩阵

$$[B_i] = \frac{1}{2A} \begin{bmatrix} b_i & 0 \\ 0 & c_i \\ c_i & b_i \end{bmatrix} (i, j, m)$$

由于 $b_i, b_j, b_m, c_i, c_j, c_m$ 都是常量，因此矩阵 $[\boldsymbol{B}]$ 中的元素都是常量，因而单元中各点的应变速率（或应变）分量也都是常量，故通常称这种单元为常应变单元。

应指出，式（8-5）中结点函数值 $v_{lk}(l=x,y;k=i,j,m)$ 前面的系数 N_k 具有如下的性质：

（1）N_k 是 x，y 的线性函数，和插值函数式（8-1）有同样的类型。

（2）N_1从在结点 i 上的值

$$N_i(x_i,y_i)=\frac{1}{2A}(a_i+b_ix_i+c_iy_i)=1$$

在其余结点 j，m 上其值为零。N_j，N_m 也有类似的关系，即

$$\left\{\begin{array}{lll} N_i(x_i,y_i)=1, & N_i(x_j,y_j)=0, & N_i(x_m,y_m)=0, \\ N_j(x_i,y_i)=0, & N_j(x_j,y_j)=1, & N_j(x_m,y_m)=0, \\ N_m(x_i,y_i)=0, & N_m(x_j,y_j)=0, & N_m(x_m,y_m)=1, \end{array}\right\} \tag{8-8}$$

式（8-8）可由行列式的性质证明成立。由式（8-2）和式（8-3）可知，a_k，b_k，c_k（$k=i,j,m$）按下标依次是如下行列式的第一、二、三行各元素的代数余子式

$$2A=\begin{vmatrix} 1 & x_i & y_i \\ 1 & x_j & y_j \\ 1 & x_m & y_m \end{vmatrix}$$

按行列式的性质：行列式的任一行（或列）的元素与其相应的代数余子式乘积之和等于行列式的值，而与其他行（或列）的元素的代数余子式乘积之和则等于零，于是式（8-8）得证。

$N_k(x,y)(k=i,j,m)$ 是点坐标的函数，它们只决定于单元的形状、结点配置和插值方式。所以，今后把 $N_k(x,y)$ 统称为形状函数或形状因子。

由于式（8-5）是未知函数速度（或位移）的线性插值公式，把它用于坐标的线性插值也是精确成立的。也就是说若注意到式（8-8），则结点坐标与单元内各点之坐标也将精确成立如下的线性函数关系

$$\begin{aligned} x &= \sum_k N_k(x,y)x_k \\ y &= \sum_k N_k(x,y)y_k \end{aligned} \tag{8-9}$$

式中，结点坐标前面的系数同样是上述的形状函数。

对比式（8-5）和式（8-9）可见，在每一个单元上未知函数（如位移或速度）利用其结点值表达的插值公式和位置坐标变量利用其结点值的表达式，两者具有相同的形式。它们都用同样个数的相应结点值作参数，并具有完全相同的形状函数作为这些结点值前面的系数。具有这样特征的单元称为等参单元。因此三角形线性单元本身就是一种最简单的等参单元。后面要讲的一些等参单元，实际上也可看成是从它发展而来的。

8.2 矩形双线性等参单元

当研究区域规则的情况时，可以划分矩形单元，其边长分别为 $2a$ 和 $2b$，如图 8-4 所示。单元的四个顶点为 1,2,3,4。这些顶点的函数值（如速度等）为 $v_{xk},v_{xk}(k=1,2,3,4)$。为了简化计算而引入无因次参数 ξ，η 作为局部坐标系。局部坐标轴取自矩形单元各

边中点连线，其交点为坐标原点，此原点整体坐标系为（x_0，y_0），矩形单元四个边的局部坐标分别为$\xi=\pm1$，$\eta=\pm1$。这样，整体坐标与局部坐标的变换式为$x=x_0+a\xi$，$y=y_0+b\eta$。

通过坐标变换，整体坐标系中的矩形单元就变成局部坐标系中的正方形单元，有的书中称此单元为母元（图8-5）。应强调指出，总体坐标系或局部坐标系中结点1，2，3，4处无因次的参数ξ、η都是相同的，如在3点处两个坐标系中ξ、η都等于1。

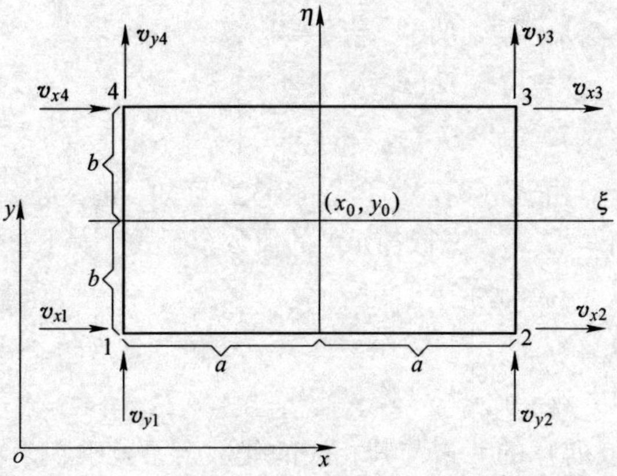

图8-4 矩形单元

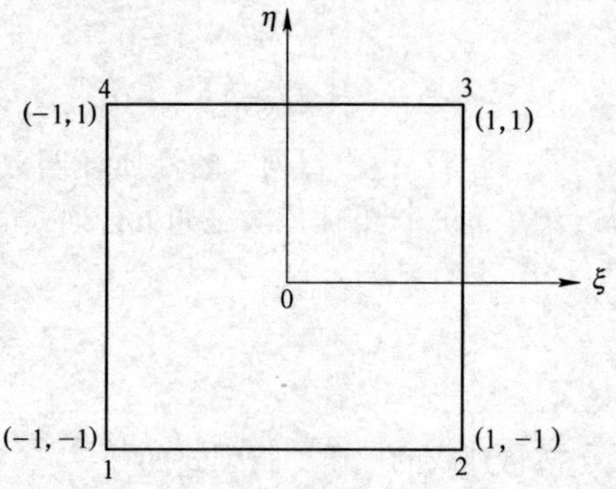

图8-5 母元

考虑单元的特点，采用双线性插值函数

$$v_x=\alpha_1+\alpha_2\xi+\alpha_3\eta+\alpha_4\xi\eta$$
$$v_y=\alpha_5+\alpha_6\xi+\alpha_7\eta+\alpha_8\xi\eta \tag{8-10}$$

可见，固定ξ时，v_x，v_y分则是η的线性函数；而固定η时，则分别是ξ的线性函数。故称此函数为双线性函数。

式（8-10）中的α_1，α_2，…，α_8是待定系数，可用结点上的函数值（如用速度v_{xk}，$v_{yk},k=1,2,3,4$）和局部坐标值(ξ_k，η_k，$k=1,2,3,4$）来确定。从而得

$$v_x=\sum_{k=1}^{4}N_k(\xi,\eta)v_{xk}$$
$$v_y=\sum_{k=1}^{4}N_k(\xi,\eta)v_{yk} \tag{8-11}$$

出于插值函数中包含（ξ，η）项，单元内的应变将不再是常数，而是呈线性变化的，精度比三角形线性单元要好些。

式（8-11）中的形状函数$N_k(k=1,2,3,4)$仍然具有如下的两个性质：

（1）$N_k(\xi,\eta)$是与插值函数同样类型的双线性函数；

（2）$N_k(\xi,\eta)$在结点k其值为1，在其余结点（$l\neq k$）其值为零，即$N_k(\xi_k,\eta_k)=1$，$N_k(\xi_l,\eta_1)=0(l\neq k,l=1,2,3,4)$。

我们了解到形状函数有这两个性质，就可以按这两个性质来确定形状函数$N_k(\xi,\eta)$（$k=1,2,3,4$）。

下面以$N_1(\xi,\eta)$为例来说明。$N_1(\xi,\eta)$在结点1等于1，而在结点2，3，4上应为零。

注意到直线 23，34 分别通过这些结点，则其方程分别为

$$\xi-1=0,\ \eta-1=0$$

因为 $N_1(\xi,\eta)$ 在结点 2，3，4 为零，且为双线性因数，于是可取形状函数为

$$N_1(\xi,\eta)=c(\xi-1)(\eta-1)$$

常数 c 可由 $N_1(\xi,\eta)$ 在结点 1(-1, -1) 应取值为 l 的条件来确定，从而 $c=1/4$。所以

$$N_1(\xi,\eta)=\frac{(1-\xi)(1-\eta)}{4}$$

类似可求得

$$N_2(\xi,\eta)=\frac{(1+\xi)(1-\eta)}{4}$$

$$N_3(\xi,\eta)=\frac{(1+\xi)(1+\eta)}{4}$$

$$N_4(\xi,\eta)=\frac{(1-\xi)(1+\eta)}{4}$$

或写成统一形式

$$N_k(\xi,\eta)=\frac{(1+\xi_k\xi)(1+\eta_k\eta)}{4}\quad(k=1,2,3,4) \tag{8-12}$$

确定了形状函数 $N_k(\xi,\eta)$ 后，插值公式（8-11）就完全确定。

当然，形状函数 $N_k(\xi,\eta)$ 或式（8-12）也可在确定待定系数 $\alpha_1\sim\alpha_3$ 中导出。

由于采用的是双线性函数，母元的每一边（$\xi=\pm1,\eta=\pm1$）和矩形单元的每一边（$\xi=\pm1,\eta=\pm1$）或 $x=x_0\pm a$，$y=y_0\pm a$ 插值函数分别是 ξ 或 η（或者是 x 或 y）的线性函数。在边上插值函数的值完全由此边上两点的函数值唯一决定。这样，在相邻两矩形单元的公共边上，只要在公共结点处有相同的函数值，就能满足协调性的要求。

注意到形状函数的性质(2)，已知矩形单元结点上的整体坐标值，按如下的坐标变换式，便可确定由局部坐标系母元中相应点(ξ,η)映射到该矩形单元内各点的整体坐标

$$x=\sum_{k=1}^{4}N_k(\xi,\eta)x_k$$

$$y=\sum_{k=1}^{4}N_k(\xi,\eta)y_k \tag{8-13}$$

如在结点 3 上 $N_3(1,1)=1,N_4(1,1)=N_1(1,1)=N_2(1,1)=0$，代入式（8-13），则 $x=x_3$，$y=y_3$。又如在 0 点处，$\xi=\eta=0$，由式（8-12）知 $N_k=\frac{1}{4}(k=1,2,3,4)$。由图 8-4 知，$x_2=x_3=x_0+a,x_4=x_1=x_0-a$，把这些代入式（8-13）得 $x=\frac{1}{4}(x_0+a)+\frac{1}{4}(x_0-a)+\frac{1}{4}(x_0+a)+\frac{1}{4}(x_0-a)$。同理也可得到 $y=y_0$。

这样，未知函数的插值公式（8-11）和位置坐标标表达式（8-13）便具有同样的形式，并具有相同的形状函数，所以此矩形单元也是一种等参单元。

8.3　任意四边形等参单元

一般矩形单元不能符合斜边界或曲线边界的形状要求。因此常用任意四边形单元。在

整体坐标系中的任意四边形单元同样也能在局部坐标系中变换成正方形单元。设有任意四边形单元 1234（图 8-6），以两族直线等分单元的四个边。取此单元的四个边中点连线为局部坐标系的ξ，η轴，其交点（即两族直线的中心）作为坐标原点。此时 12 边$\eta=-1$，23 边$\xi=1$，34 边$\eta=1$，41 边$\xi=-1$。经这样的变换，整体坐标系的任意四边形单元就变成局部坐标系中的正方形单元（图 8-7）了。

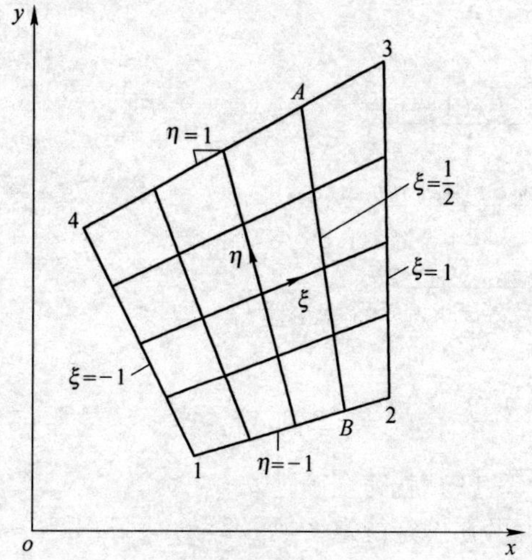

图 8-6　任意四边形单元

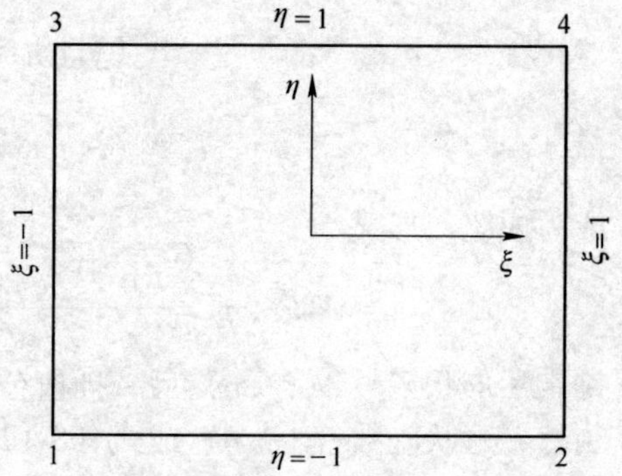

图 8-7　局部坐标系中的正方形单元

于是便可采用式（8-11）作为任意四边形在局部坐标系中的插值函数

$$v_x = \sum_{k=1}^{4} N_k(\xi,\eta) v_{xk}$$

$$v_y = \sum_{k=1}^{4} N_k(\xi,\eta) v_{yk} \tag{8-14}$$

$$N_k(\xi,\eta) = \frac{(1+\xi_k\,\xi)(1+\eta_k\,\eta)}{4} \quad (k=1,2,3,4) \tag{8-15}$$

已知任意四边形单元结点上的整体坐标值，可按如下的变换式确定由局部坐标系母元中相应点（ξ,η）映射到该四边形单元内各点的整体坐标

$$x = \sum_{k=1}^{4} N_k(\xi,\eta) x_k = x(\xi,\eta)$$

$$y = \sum_{k=1}^{4} N_k(\xi,\eta) y_k = y(\xi,\eta) \tag{8-16}$$

式中，$N_k(\xi,\eta)$ 按式（8-15）确定。

为了说明此式的正确性，只须说明变换式（8-16）能把（ξ,η）平面上平行于坐标轴的直线变为图 8-6 中整体坐标（x,y）下的相应直线就可以了。以（ξ,η）平面上的直线$\xi=1/2$ 为例。把$\xi=\frac{1}{2}$代入式（8-16），并注意式（8-15），则得

$$x = \frac{1}{8}(1-\eta)x_1 + \frac{3}{8}(1-\eta)x_2 + \frac{3}{8}(1+\eta)x_3 + \frac{1}{8}(1+\eta)x_4$$

$$y=\frac{1}{8}(1-\eta)y_1+\frac{3}{8}(1-\eta)y_2+\frac{3}{8}(1+\eta)y_3+\frac{1}{8}(1+\eta)y_4$$

由上面两式消去 η，便可得到 x，y 之间的线性函数。表明在 ξ-η 平面内的一条直线，对应于 x-y 平面内也是一条直线。若令 $\eta=1$，则

$$x=\frac{3}{4}x_3+\frac{1}{4}x_4=x_4+\frac{3}{4}(x_3-x_4)$$

$$y=y_4+\frac{3}{4}(y_3-y_4)$$

若令 $\eta=-1$,则

$$x=\frac{1}{4}x_1+\frac{3}{4}x_2=x_1+\frac{3}{4}(x_2-x_1)$$

$$y=\frac{1}{4}y_1+\frac{3}{4}y_2=y_1+\frac{3}{4}(y_2-y_1)$$

这表明在 ξ-η 平面内 $\xi=1/2$ 的两个端点（1/2,1）,(1/2，-1）对应于 $x-y$ 平面内的两点 A 和 B（图 8-6）。所以，式（8-16）是正确的。

应指出，由于局部坐标下两单无边界上的插值函数是协调的，则当变换到整体坐标时此公共边界上坐标变换也是连续的，即两单元在公共边上的公共点，变换后仍为公共点。所以在整体坐标下两单元边界上的插值函数也应是连续的。

原则上从式（8-16）由逆变换可解出 ξ，η，然后代入式（8-14）可求出 v_x 在整体坐标下的插值公式，但这是不必要的。以后对每个单元都把立足点放在局部坐标（ξ，η）上，使一切运算都在局部坐标系进行，因为按局部坐标系得到的母元研究起来较为方便。例如，按局部坐标系的母元可方便地确定形函数，然后按式（8-14）计算单元内的速度或位移等，但有时也必须考虑相应的坐标变换。例如由局部坐标确定的速度（或位移）分量来求整体坐标系的应变速率（或应变）式（8-6）时就涉及局部坐标的偏导数与整体坐标的偏导数之间的变换。

注意到式（8-16），由复合函数求导的法则，则有

$$\frac{\partial}{\partial\xi}=\frac{\partial x}{\partial\xi}\frac{\partial}{\partial x}+\frac{\partial y}{\partial\xi}\frac{\partial}{\partial y}$$

$$\frac{\partial}{\partial\eta}=\frac{\partial x}{\partial\eta}\frac{\partial}{\partial x}+\frac{\partial y}{\partial\eta}\frac{\partial}{\partial y} \tag{8-17}$$

或

$$\begin{bmatrix}\dfrac{\partial}{\partial\xi}\\ \dfrac{\partial}{\partial\eta}\end{bmatrix}=\begin{bmatrix}\dfrac{\partial x}{\partial\xi} & \dfrac{\partial y}{\partial\xi}\\ \dfrac{\partial x}{\partial\eta} & \dfrac{\partial y}{\partial\eta}\end{bmatrix}\begin{bmatrix}\dfrac{\partial}{\partial x}\\ \dfrac{\partial}{\partial y}\end{bmatrix}=J\begin{bmatrix}\dfrac{\partial}{\partial x}\\ \dfrac{\partial}{\partial y}\end{bmatrix} \tag{8-18}$$

其中 $J=\begin{bmatrix}\dfrac{\partial x}{\partial\xi} & \dfrac{\partial y}{\partial\xi}\\ \dfrac{\partial x}{\partial\eta} & \dfrac{\partial y}{\partial\eta}\end{bmatrix}$称为雅可比（Jacobi）矩阵。由式（8-18）可得

$$\begin{bmatrix}\dfrac{\partial}{\partial x}\\ \dfrac{\partial}{\partial y}\end{bmatrix}=\boldsymbol{J}^{-1}\begin{bmatrix}\dfrac{\partial}{\partial \xi}\\ \dfrac{\partial}{\partial \eta}\end{bmatrix}=\frac{1}{|\boldsymbol{J}|}\begin{bmatrix}\dfrac{\partial y}{\partial \eta} & -\dfrac{\partial y}{\partial \xi}\\ -\dfrac{\partial x}{\partial \eta} & \dfrac{\partial x}{\partial \xi}\end{bmatrix}\begin{bmatrix}\dfrac{\partial}{\partial \xi}\\ \dfrac{\partial}{\partial \eta}\end{bmatrix} \tag{8-19}$$

利用式（8-19）可以将应变速率 $\{\dot{\varepsilon}\}$ 的各分量写成速度对 (ξ,η) 的导数形式。由式（8-14）可知 $v_x=f(\xi,\eta)$，则 $\dot{\varepsilon}_x=\dfrac{\partial v_x}{\partial x}=\dfrac{1}{|\boldsymbol{J}|}\left(\dfrac{\partial y}{\partial \eta}\dfrac{\partial v_x}{\partial \xi}-\dfrac{\partial y}{\partial \xi}\dfrac{\partial v_x}{\partial \eta}\right)$等。从而就可由插值公式（8-14）求得相应的应变速率值，并表示为局部坐标 (ξ,η) 的函数，但这事先须求出雅可比矩阵 $\boldsymbol{J}$ 的逆阵 $\boldsymbol{J}^{-1}$ 或雅可比行列式 $|\boldsymbol{J}|$。

此外，立足于局部坐标进行运算时，积分式也要化为对局部坐标 (ξ,η) 的积分。例如

单元内的变形能为

$$W_e=\frac{1}{2}\iint_e\{\varepsilon_e\}^{\mathrm{T}}\{\boldsymbol{\sigma}_e\}\mathrm{d}x\mathrm{d}y=\frac{1}{2}\iint_e\{\varepsilon_e\}^{\mathrm{T}}D\{\varepsilon_e\}\mathrm{d}x\mathrm{d}y \tag{8-20}$$

式中，$D\{\varepsilon_e\}=\{\sigma_e\}$，如研究弹性问题时，则 $[\boldsymbol{D}]$ 是与材料有关的弹性矩阵，对平面应力状态

$$[\boldsymbol{D}]=\frac{E}{1-v^2}\begin{bmatrix}1 & v & 0\\ v & 1 & 0\\ 0 & 0 & \dfrac{1-v}{2}\end{bmatrix}$$

既然 $\{\varepsilon\}$ 已表示位局部坐标 (ξ,η) 的函数，则微面积 $\mathrm{d}x\mathrm{d}y$ 也要用局部坐标来表示，如图 8-8 所示。

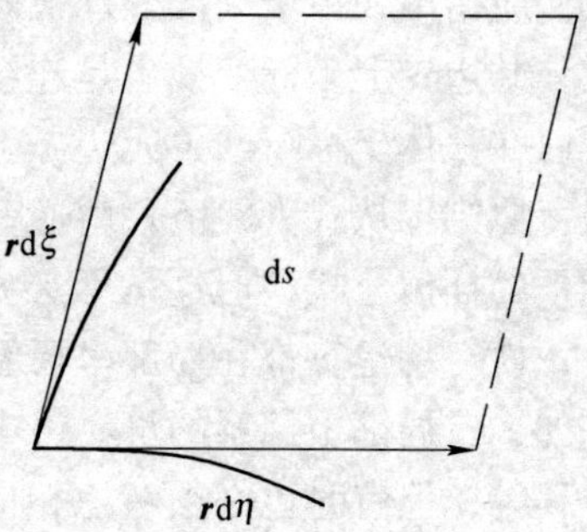

图 8-8　微面积

微面积

$$\mathrm{d}s=\mathrm{d}x\mathrm{d}y=|\boldsymbol{r}_\xi d\xi\times\boldsymbol{r}_\eta d\eta|=|\boldsymbol{r}_\xi\times\boldsymbol{r}_\eta|\mathrm{d}\xi\mathrm{d}\eta^{*} \tag{8-20a}$$

式中，$\boldsymbol{r}_\xi$，$\boldsymbol{r}_\eta$ 分别为沿 ξ，η 的两个单位切向量，即

$$\boldsymbol{r}_\xi=\left(\frac{\partial x}{\partial \xi},\frac{\partial y}{\partial \xi},0\right)\quad \boldsymbol{r}_\eta=\left(\frac{\partial x}{\partial \eta},\frac{\partial y}{\partial \eta},0\right)$$

有矢量积的定义可知

$$\boldsymbol{r}_\xi\times\boldsymbol{r}_\eta=\begin{vmatrix}i & j & k\\ \dfrac{\partial x}{\partial \xi} & \dfrac{\partial y}{\partial \xi} & 0\\ \dfrac{\partial x}{\partial \eta} & \dfrac{\partial y}{\partial \eta} & 0\end{vmatrix}=\left(\frac{\partial x}{\partial \xi}\frac{\partial y}{\partial \eta}-\frac{\partial y}{\partial \xi}\frac{\partial x}{\partial y}\right)k$$

代入式（8-20a），则

$$\mathrm{d}s=\mathrm{d}x\mathrm{d}y=\left(\frac{\partial x}{\partial \xi}\frac{\partial y}{\partial \eta}-\frac{\partial y}{\partial \xi}\frac{\partial x}{\partial \eta}\right)\mathrm{d}\xi\mathrm{d}\eta=|\boldsymbol{J}|\mathrm{d}\xi\mathrm{d}\eta$$

这样，式(8-20)便可写成

$$=\frac{1}{2}\int_{-1}^{1}\int_{-1}^{1}\{\varepsilon_e\}^{\mathrm{T}}[\boldsymbol{D}]\{\varepsilon_e\}|\boldsymbol{J}|\mathrm{d}\xi\mathrm{d}\eta \tag{8-21}$$

此时积分域变得十分简单，但这要求事先求出雅可比行列式$|J|$，所以被积函数复杂化了。

由式（8-16），并注意到式（8-15），雅可比矩阵可写为

$$\boldsymbol{J} = \begin{pmatrix} \sum_{k=1}^{4} \frac{\partial N_k(\xi,\eta)}{\partial \xi} x_k & \sum_{k=1}^{4} \frac{\partial N_k(\xi,\eta)}{\partial \xi} y_k \\ \sum_{k=1}^{4} \frac{\partial N_k(\xi,\eta)}{\partial \eta} x_k & \sum_{k=1}^{4} \frac{\partial N_k(\xi,\eta)}{\partial \eta} y_k \end{pmatrix}$$

$$= \begin{pmatrix} \sum_{k=1}^{4} \frac{\xi_k}{4}(1+\eta_k\eta) x_k & \sum_{k=1}^{4} \frac{\xi_k}{4}(1-\eta_k\eta) y_k \\ \sum_{k=1}^{4} \frac{\xi_k}{4}(1+\xi_k\xi) x_k & \sum_{k=1}^{4} \frac{\xi_k}{4}(1+\xi_k\xi) y_k \end{pmatrix}$$

所以

$$\boldsymbol{J} = \frac{1}{4}\begin{bmatrix} \xi_1(1+\eta_1\eta) & \xi_2(1+\eta_2\eta) & \xi_3(1+\eta_3\eta) & \xi_4(1+\eta_4\eta) \\ \eta_1(1+\xi_1\xi) & \eta_2(1+\xi_2\xi) & \eta_3(1+\xi_3\xi) & \eta_4(1+\xi_4\xi) \end{bmatrix} \times \begin{pmatrix} x_1 & y_1 \\ x_2 & y_2 \\ x_3 & y_3 \\ x_4 & y_4 \end{pmatrix} \tag{8-22}$$

为了使局部坐标和整体坐标可以进行变换，必须在整个单元内$|J| \neq 0$。可以证明为了满足此条件，要求四边形内角中任一个均不得超出180°。所以为了保证计算精度在划分四边形单元时尽量使其形状和正方形相差不远为宜。

8.4 八结点曲边四边形等参单元

对于具有曲线边界的问题，为了进一步提高计算精度，希望构造曲边高精度单元以便在给定的精度下用数目较少的单元。一般多采用八结点曲边四边形等参单元。

前已述及，已知任意四边形四个结点的整体坐标$(x_k, y_k)(k=1,2,3,4)$后，坐标变换式（8-16）由局部坐标下的形状函数$N_k(\xi,\eta)$完全确定。也就是可由局部坐标下的正方形单元立即定出整体坐标下单元的形状。因此一切讨论可以直接从局部坐标下的正方形母元开始。

首先在局部坐标(ξ,η)下考察八结点的（边长为2）正方形单元（图8-9（a））。这里除原有的四个顶点外，又将各边的中点取为结点，即共有八个结点。

插值函数，取如下的形式：

$$\begin{aligned} v_x &= \alpha_1 + \alpha_2\xi + \alpha_3\eta + \alpha_4\xi^2 + \alpha_5\xi\eta + \alpha_6\eta^2 + \alpha_7\xi^2\eta + \alpha_8\xi\eta^2 \\ v_y &= \alpha_9 + \alpha_{10}\xi + \alpha_{11}\eta + \alpha_{12}\xi^2 + \alpha_{13}\xi\eta + \alpha_{14}\eta^2 + \alpha_{15}\xi^2\eta + \alpha_{16}\xi\eta^2 \end{aligned} \tag{8-23}$$

待定常数$\alpha_1 \sim \alpha_8$和$\alpha_9 \sim \alpha_{16}$将由结点函数值唯一确定。

当ξ固定时，此插值函数是η的二次函数；而当η固定时，是ξ的二次函数，因此它是双二次函数。这种插值方式在单元的每一边上v_x是ξ（或η）的二次函数，完全由其上的三个结点的函数值唯一确定。因此，在相邻单元的公共边上，只要在三结点上有相同的函数值，插值函数就能满足连续性的要求。

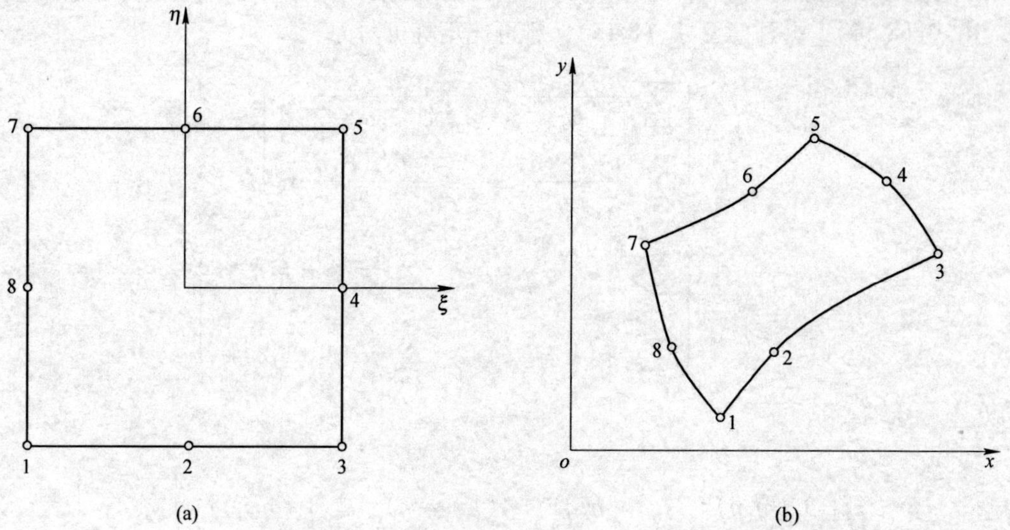

图 8-9　八结点等参单元局部坐标和整体坐标下的单元形状

同样，利用结点函数值 $v_{kx}(k=1,2,\cdots,8)$，式（8-23）可写成

$$v_x = \sum_{k=1}^{8} N_k(\xi,\eta) v_{xk}$$

$$v_y = \sum_{k=1}^{8} N_k(\xi,\eta) v_{yk} \tag{8-24}$$

$N_k(\xi,\eta)(k=1,2,\cdots,8)$ 是相应的形状函数，也可由下面两个性质唯一确定：

（1）$N_k(\xi,\eta)$ 是形如式（8-23）的双二次函数。

（2）$N_k(\xi,\eta)$ 在结点 k 处其值为 l，在其余结点 $l\neq k$ 其值为零，即 $N_k(\xi,\eta)=1$ $N_k(\xi,\eta)=0(l\neq k,l=1,2,\cdots,8)$ 参照前面所讲的，$N_1(\xi,\eta)$ 可按下法确定。形状函数 $N_1(\xi,\eta)$ 在结点 2 ~ 8 的值为零。如图 8-9（a）所示，$\overline{35}$、$\overline{57}$和 $\overline{28}$通过这七个结点，其方程分别为

$$\xi-1=0,\ \eta-1=0,\ \xi+\eta+1=0$$

这样，函数 $(\xi-1)(\eta-1)(\xi+\eta+1)$ 在结点 2 ~ 8 的值为零，且为形如式（8-23）的双二次函数，再利用 $N_1(\xi,\eta)$ 在结点 1$(-1,-1)$ 的值为 1 的要求，便可得到

$$N_1(\xi,\eta)=\frac{(\xi-1)(\eta-1)(\xi+\eta+1)}{[(\xi-1)(\eta-1)(\xi+\eta+1)]_{(-1,-1)}}=\frac{1}{4}(1-\xi)(1-\eta)(-\xi-\eta-1)$$

同理得

$$\begin{aligned} N_3(\xi,\eta) &= \frac{1}{4}(1+\xi)(1-\eta)(\xi-\eta-1) \\ N_5(\xi,\eta) &= \frac{1}{4}(1+\xi)(1+\eta)(\xi+\eta-1) \\ N_7(\xi,\eta) &= \frac{1}{4}(1-\xi)(1+\eta)(-\xi+\eta-1) \end{aligned} \tag{8-25}$$

再来求 $N_2(\xi,\eta)$。它在结点 1 和 3 ~ 8 应为零。注意到直线$\overline{17}$、$\overline{35}$和 $\overline{57}$，通过这些结

点，其方程分别为

$$\xi+1=0,\xi-1=0,\eta-1=0$$

这样，函数$(\xi+1)(\xi-1)(\eta-1)=(\xi^2-1)(\eta-1)$ 在这些结点的值为零且为形如式（8-23）的双二次函数，再利用$N_2(\xi,\eta)$ 在结点2(0, -1) 其值为1的要求，便得到

$$N_2(\xi,\eta)=\frac{(\xi^2-1)(\eta-1)}{[(\xi^2-1)(\eta-1)]_{(0,-1)}}=\frac{1}{2}(1-\xi^2)(1-\eta)$$

同理可得

$$N_4(\xi,\eta)=\frac{1}{2}(1-\xi^2)(1+\eta)$$

$$N_6(\xi,\eta)=\frac{1}{2}(1-\eta^2)(1+\xi)$$

$$N_8(\xi,\eta)=\frac{1}{2}(1-\eta^2)(1-\xi) \tag{8-26}$$

注意到八结点的局部坐标分别为

$$\begin{cases}(\xi_1,\eta_1)=(-1,-1),(\xi_2,\eta_2)=(0,-1)\\(\xi_3,\eta_3)=(1,-1),(\xi_4,\eta_4)=(1,0)\\(\xi_5,\eta_5)=(1,1),(\xi_6,\eta_6)=(0,1)\\(\xi_7,\eta_7)=(-1,1),(\xi_8,\eta_8)=(-1,0)\end{cases}$$

上述公式（8-25）和式（8-26）可写成统一形式

$$N_k(\xi,\eta)=\begin{cases}\frac{1}{4}(1+\xi_k\xi)(1+\eta_k\eta)(\xi_k\xi+\eta_k\eta-1),(k=1,3,5,7)\\\frac{1}{2}(1-\xi^2)(1+\eta_k\eta),(k=2,6)\\\frac{1}{2}(1-\eta^2)(1+\xi_k\xi),(k=4,8)\end{cases} \tag{8-27}$$

这就是形状函数$N_2(\xi,\eta)$ 的表达式。

按前面所述的等参数的思想，比照插值公式（8-24）就可以立刻写出如下的由局部坐标(ξ,η) 变换到整体坐标(x,y) 的坐标变换式

$$x=\sum_{k=1}^{8}N_k(\xi,\eta)x_k$$

$$y=\sum_{k=1}^{8}N_k(\xi,\eta)y_k \tag{8-28}$$

这样，已知八结点曲边单元各结点的整体坐标值，按此变换式，便可确定由局部坐标母元中相应点(ξ,η) 映射到该曲边单元内各点的整体坐标值。

顺便指出，局部坐标系的正方形母元本身并没有多大的实用价值，但可以利用由它确定的形状函数做单元插值函数和单元内位置坐标的计算。

图8-9所示的局部坐标(ξ,η) 下的正方形单元经过坐标变换（式（8-28））就变为整体坐标(x,y) 下的相应单元。为了看清整体坐标下此八结点单元的具体形状，只要看看局部坐标下正方形单元每一边经过式（8-28）变换后，在整体坐标下变为怎样的曲线就可以了。以$\overline{345}$为例，局部坐标下的方程为$\xi=1$（图8-9（a））。将$\xi=1$代入式（8-28）

就可得到 $\overline{345}$边在整体坐标下的方程为

$$\begin{cases} x = a\eta^2 + b\eta + c \\ y = d\eta^2 + e\eta + f \end{cases} \tag{8-29}$$

消去参数 η 容易看出此曲线为一条抛物线（整体坐标下单元的边三点共线时可退化为直线）。其他三条边也有同样的情形。所以整体坐标下的单元形状是过结点的四条抛物线围成的曲边四边形（图 8-9（b））。因此，这种等参单元称为八结点曲边四边形等参单元。尽管单元的形状是曲边的，但相邻单元的公共曲边必须互相重合，此结论也可由过三结点只能唯一确定一条抛物线的事实得出。应指出，在实际计算中用到的只是每个单元在整体坐标下的八结点的位置，即坐标 $(x_k, y_k)(k=1,2,\cdots,8)$，因此在整体坐标下进行有限单元的划分时，其他物线曲边只须示意地画出即可。这样，在求解区有曲线边界时，可采用等参曲边四边形单元。例如，为简单计，内部单元可取为八结点的直边四边形；对于具有曲线边界的单元可取为曲边四边形。

此时的雅可比矩阵为

$$J = \begin{pmatrix} \sum_{k=1}^{8} \frac{\partial N_k(\xi,\eta)}{\partial \xi} x_k & \sum_{k=1}^{8} \frac{\partial N_k(\xi,\eta)}{\partial \xi} y_k \\ \sum_{k=1}^{8} \frac{\partial N_k(\xi,\eta)}{\partial \eta} x_k & \sum_{k=1}^{8} \frac{\partial N_k(\xi,\eta)}{\partial \eta} y_k \end{pmatrix} \tag{8-30}$$

其具体表达式可以利用式（8-27）得出，逆阵 $\boldsymbol{J}^{-1}$及雅可比行列式也可据此算出（从略）。

和四结点单元的情形一样，为了保证这种等参单元坐标变换可行，在整体坐标下曲边四边形不要过于歪斜，也就是要求此整体坐标下的八结点的相互位置与正方形单元上的八结点相互位置尽量接近。

8.5　三维等参单元

塑性加工的许多实际问题是三维问题。用等参单元处理三维问题有更明显的优点。在三维等参单元中普遍应用的是八结点六面体等参单元。可用前面讨论二维等参单元的方法和步骤来讨论八结点六面体等参单元。

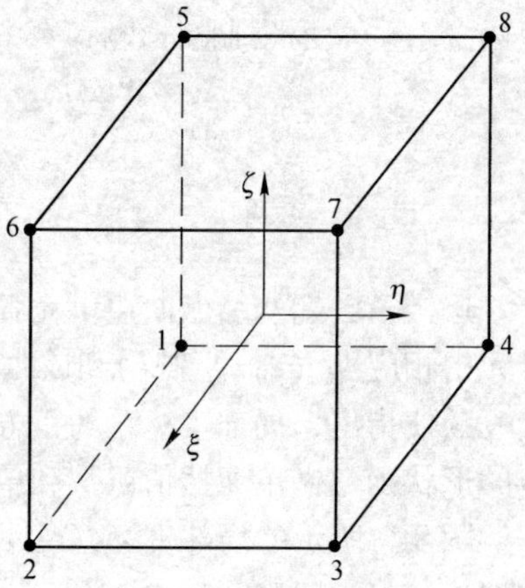

图 8-10　八结点六面体等参单元

在局部坐标系 $\xi\eta\zeta$ 中的立方体母元，边长均为 2，原点在单元体的中心（图 8-10）。

取插值函数为如下形式：

$$v_x = \alpha_1 + \alpha_2\xi + \alpha_3\eta + \alpha_4\zeta + \alpha_5\xi\eta + \alpha_6\eta\zeta + \alpha_7\xi\zeta + \alpha_8\xi\eta\zeta \tag{8-31}$$

其中待定常数 $\alpha_1 \sim \alpha_8$ 可由结点的函数值 v_{kx}（k = 1，2，…，8）来唯一决定。

当一个自变量固定时，插值函数式（8-31）是另外两个自变量的双线性函数。因此，在立方体母元的每个侧面上，此插值函数完全由其上四个结点函数值唯一决定。这样，在相邻单元的公共面上，只要在其四个结点上有相同的函数值插值函数就能满足连续性的要求。

现将插值函数式（8-31）写成

$$v_x = \sum_{k=1}^{8} N_k(\xi,\eta,\zeta) v_{xk}$$

$$v_y = \sum_{k=1}^{8} N_k(\xi,\eta,\zeta) v_{yk}$$

$$v_z = \sum_{k=1}^{8} N_k(\xi,\eta,\zeta) v_{zk} \tag{8-32}$$

式中，$N_k(\xi,\eta,\zeta)(k=1,2,\cdots,8)$ 为相应的形状函数。

同前面所述，形状函数 $N_k(\xi,\eta,\zeta)$ 可由如下的两个性质唯一确定：

(1) $N_k(\xi,\eta,\zeta)$ 是形如式（8-31）的多项式函数；

(2) $N_k(\xi,\eta,\zeta)$ 在结点 k 其值为 l，而在其余结点 l（$l \neq k$）其值为零，即 $N_k(\xi,\eta,\zeta)=1; N_k(\xi_1,\eta_1,\zeta_1)=0(k\neq l, l=1,2,\cdots,8)$。其中$(\xi_k,\eta_k,\zeta_k)$ 是结点 k 的局部坐标，有

$$\begin{cases}(\xi_1,\eta_1,\zeta_1)=(-1,-1,-1)\\(\xi_2,\eta_2,\zeta_2)=(1,-1,-1)\\(\xi_3,\eta_3,\zeta_3)=(1,1,-1)\\(\xi_4,\eta_4,\zeta_4)=(-1,1,-1)\\(\xi_5,\eta_5,\zeta_5)=(-1,-1,1)\\(\xi_6,\eta_6,\zeta_6)=(1,-1,1)\\(\xi_7,\eta_7,\zeta_7)=(1,1,1)\\(\xi_8,\eta_8,\zeta_8)=(-1,1,1)\end{cases} \tag{8-33}$$

以 $N_1(\xi,\eta,\zeta)$ 为例来说明具体形状函数的确定。$N_1(\xi,\eta,\zeta)$ 在结点 2～8 其值为零，注意到平面 $\overline{2376}$、$\overline{3487}$ 及 $\overline{5678}$ 分别通过这些点，且其方程分别为

$$\xi-1=0,\ \eta-1=0,\ \zeta-1=0$$

容易求得

$$N_1(\xi,\eta,\zeta)=\frac{(\xi-1)(\eta-1)(\zeta-1)}{[(\xi-1)(1-\eta)(1-\zeta)]_{(-1,-1,-1)}}=\frac{1}{8}(1-\xi)(1-\eta)(1-\zeta) \tag{8-34}$$

类似也可求出 $N_2 \sim N_8(\xi,\eta,\zeta)$ 的表达式。注意到式（8-33），可将这些形状函数统一写成

$$N_k(\xi,\eta,\zeta)=\frac{1}{8}(1+\xi_k\xi)(1+\eta_k\eta)(1+\zeta_k\zeta) \quad (k=1,2,\cdots,8) \tag{8-35}$$

按前面讨论等参数的思想下式成立

$$x = \sum_{k=1}^{8} N_k(\xi,\eta,\zeta) x_k$$

$$y = \sum_{k=1}^{8} N_k(\xi,\eta,\zeta) y_k$$

$$z = \sum_{k=1}^{8} N_k(\xi,\eta,\zeta) z_k \quad (8\text{-}36)$$

其中$(x_k,y_k,z_k)(k=1,2,\cdots,8)$是已给的结点整体坐标。

由式（8-36）可看出局部坐标系下的立方体母元经坐标变换后，在整体坐标下具有怎样的形状。

由$N_k(\xi,\eta,\zeta)$的性质（2）可知，局部坐标结点1～8经式（8-36）坐标变换后一定变为整体坐标下的对应结点。对于棱边，如以37为例，它在局部坐标下的方程为$\xi=1$，$\eta=1$。由式（8-36）沿此棱边x，y，z都是ζ的线性函数，因而它在整体坐标下表示一条直线。所以整体坐标下单元也具有直的棱边。但是每个侧面经变换后在整体坐标下不一定表示为平面。因为局部坐标下对应同一侧面的二对边其对应等分点的连线必须与整体坐标下相应两棱边对应等分点连线相对应（图8-11）。

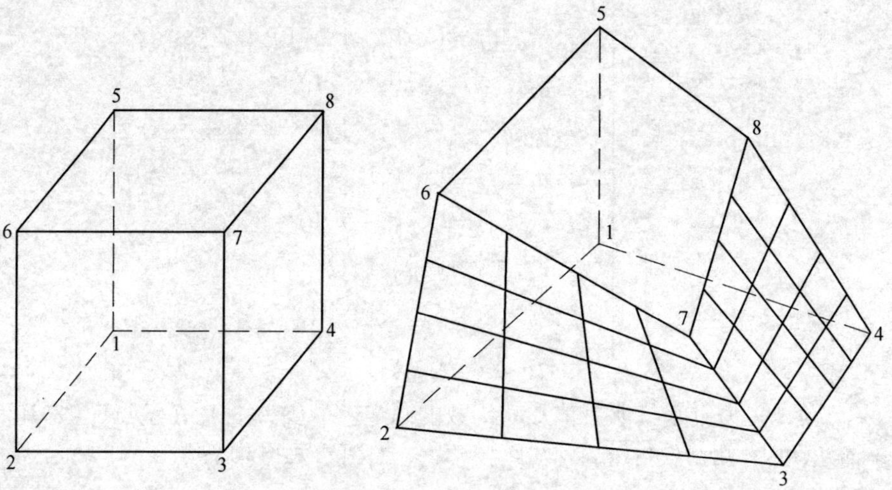

图8-11 局部和整体坐标单元的形状

注意到式（8-32），三维等参单元中结点位移与单元体内位移的关系为

$$u_l = \sum_{k=1}^{8} N_k(\xi,\eta,\zeta) u_{lk} (l = x,y,z) \quad (8\text{-}37)$$

如单元结点在x方向位移为

$$\{u\}^e = [u_{x1} \quad u_{y1} \quad u_{z1} \quad u_{x2} \quad u_{y2} \quad u_{z2} \cdots \quad u_{xn} \quad u_{yn} \quad u_{zn}]^T$$

这里n是等参单元的结点数,上述单元$n=8$。单元内应变为

$$\{\varepsilon\} = \begin{pmatrix} \varepsilon_x \\ \varepsilon_y \\ \varepsilon_z \\ \gamma_{xy} \\ \gamma_{yz} \\ \gamma_{zx} \end{pmatrix} = \begin{pmatrix} \dfrac{\partial u_x}{\partial x} \\ \dfrac{\partial u_y}{\partial y} \\ \dfrac{\partial u_z}{\partial z} \\ \dfrac{\partial u_x}{\partial y} + \dfrac{\partial u_y}{\partial x} \\ \dfrac{\partial u_y}{\partial z} + \dfrac{\partial u_z}{\partial y} \\ \dfrac{\partial u_z}{\partial x} + \dfrac{\partial u_x}{\partial z} \end{pmatrix} \tag{8-38}$$

把式（8-37）代入式（8-38），可得

$$\{\varepsilon\} = [B]\{u\}^e \tag{8-39}$$

其中

$$[B] = ([B_1][B_2]\cdots[B_n]) \tag{8-40}$$

而

$$[B_k] = \begin{pmatrix} \dfrac{\partial N_k}{\partial x} & 0 & 0 \\ 0 & \dfrac{\partial N_k}{\partial y} & 0 \\ 0 & 0 & \dfrac{\partial N_k}{\partial z} \end{pmatrix}$$

$$[B_k] = \begin{pmatrix} \dfrac{\partial N_k}{\partial y} & \dfrac{\partial N_k}{\partial x} & 0 \\ 0 & \dfrac{\partial N_k}{\partial z} & \dfrac{\partial N_k}{\partial y} \\ \dfrac{\partial N_k}{\partial z} & 0 & \dfrac{\partial N_k}{\partial x} \end{pmatrix} \tag{8-41}$$

其中$\dfrac{\partial N_k}{\partial x}$等由下式确定

$$\begin{pmatrix} \dfrac{\partial N_k}{\partial x} \\ \dfrac{\partial N_k}{\partial y} \\ \dfrac{\partial N_k}{\partial z} \end{pmatrix} = J^{-1} \begin{pmatrix} \dfrac{\partial N_k}{\partial \xi} \\ \dfrac{\partial N_k}{\partial \eta} \\ \dfrac{\partial N_k}{\partial \zeta} \end{pmatrix} \quad (k = 1, 2, \cdots, n) \tag{8-42}$$

单元内的应力为

$$\{\sigma\} = \begin{pmatrix} \sigma_x \\ \sigma_y \\ \sigma_z \\ \tau_{xy} \\ \tau_{yz} \\ \tau_{zx} \end{pmatrix} = [D]\{\varepsilon\} \tag{8-43}$$

对于弹性材料

$$[D] = \frac{E(1-\nu)}{(1+\nu)(1-2\nu)} \begin{pmatrix} 1 & & & & & \\ \frac{\nu}{1-\nu} & 1 & & & & \\ \frac{\nu}{1-\nu} & \frac{\nu}{1+\nu} & 1 & & & \\ 0 & 0 & 0 & \frac{1-2\nu}{2(1-\nu)} & & \\ 0 & 0 & 0 & 0 & \frac{1-2\nu}{2(1-\nu)} & \\ 0 & 0 & 0 & 0 & 0 & \frac{1-2\nu}{2(1-\nu)} \end{pmatrix} \tag{8-44}$$

此为对称正定阵。

单元上的变形能为

$$w_e = \frac{1}{2}\iiint_e \{\varepsilon\}^{\mathrm{T}}[D]\{\varepsilon\}\,\mathrm{d}x\mathrm{d}y\mathrm{d}z = \frac{1}{2}\int_{-1}^{1}\int_{-1}^{1}\int_{-1}^{1}\{\varepsilon\}^{\mathrm{T}}[D]\{\varepsilon\}\,|J\mathrm{d}\xi\mathrm{d}\eta\mathrm{d}\zeta| \tag{8-45}$$

这里，雅可比矩阵和雅可比行列式，可按前面已讲的方法确定。如雅可比矩阵为

$$\boldsymbol{J} = \begin{pmatrix} \frac{\partial x}{\partial \xi} & \frac{\partial y}{\partial \xi} & \frac{\partial z}{\partial \xi} \\ \frac{\partial x}{\partial \eta} & \frac{\partial y}{\partial \eta} & \frac{\partial z}{\partial \eta} \\ \frac{\partial x}{\partial \zeta} & \frac{\partial y}{\partial \zeta} & \frac{\partial z}{\partial \zeta} \end{pmatrix} \tag{8-46}$$

由式（8-36）和式（8-34），上式可写为

$$\boldsymbol{J} = \begin{pmatrix} \sum_{k=1}^{8}\frac{\partial N_k(\xi,\eta,\zeta)}{\partial \xi}x_k & \sum_{k=1}^{8}\frac{\partial N_k(\xi,\eta,\zeta)}{\partial \xi}y_k & \sum_{k=1}^{8}\frac{\partial N_k(\xi,\eta,\zeta)}{\partial \xi}z_k \\ \sum_{k=1}^{8}\frac{\partial N_k(\xi,\eta,\zeta)}{\partial \eta}x_k & \sum_{k=1}^{8}\frac{\partial N_k(\xi,\eta,\zeta)}{\partial \eta}y_k & \sum_{k=1}^{8}\frac{\partial N_k(\xi,\eta,\zeta)}{\partial \eta}z_k \\ \sum_{k=1}^{8}\frac{\partial N_k(\xi,\eta,\zeta)}{\partial \zeta}x_k & \sum_{k=1}^{8}\frac{\partial N_k(\xi,\eta,\zeta)}{\partial \zeta}y_k & \sum_{k=1}^{8}\frac{\partial N_k(\xi,\eta,\zeta)}{\partial \zeta}z_k \end{pmatrix}$$

$$= \frac{1}{8}\begin{pmatrix} \xi_1(1+\eta_1\eta)(1+\zeta_1\zeta) & \xi_2(1+\eta_2\eta)(1+\zeta_2\zeta) & \cdots & \xi_8(1+\eta_8\eta)(1+\zeta_8\zeta) \\ \eta_1(1+\xi_1\xi)(1+\zeta_1\zeta) & \eta_2(1+\xi_2\xi)(1+\zeta_2\zeta) & \cdots & \eta_8(1+\xi_8\xi)(1+\zeta_8\zeta) \\ \zeta_1(1+\xi_1\xi)(1+\eta_1\eta) & \zeta_2(1+\xi_2\xi)(1+\eta_2\eta) & \cdots & \zeta_8(1+\xi_8\xi)(1+\eta_8\eta) \end{pmatrix}$$

$$\begin{pmatrix} x_1 & y_1 & z_1 \\ x_2 & y_2 & z_2 \\ \vdots & \vdots & \vdots \\ x_8 & y_8 & z_8 \end{pmatrix} \tag{8-47}$$

$$\begin{pmatrix} \dfrac{\partial}{\partial \xi} \\ \dfrac{\partial}{\partial \eta} \\ \dfrac{\partial}{\partial \zeta} \end{pmatrix} = J \begin{pmatrix} \dfrac{\partial}{\partial x} \\ \dfrac{\partial}{\partial y} \\ \dfrac{\partial}{\partial z} \end{pmatrix}; \quad \begin{pmatrix} \dfrac{\partial}{\partial x} \\ \dfrac{\partial}{\partial y} \\ \dfrac{\partial}{\partial z} \end{pmatrix} = J^{-1} \begin{pmatrix} \dfrac{\partial}{\partial \xi} \\ \dfrac{\partial}{\partial \eta} \\ \dfrac{\partial}{\partial \zeta} \end{pmatrix} \tag{8-48}$$

$$\mathrm{d}x\mathrm{d}y\mathrm{d}z = |J|\mathrm{d}\xi\mathrm{d}\eta\mathrm{d}\zeta \tag{8-49}$$

应指出，为了更好地逼近物体的弯曲边界和进一步提高计算精度，还常采用二十结点曲六面体等参单元等（图 8-12），讨论方法和步骤同上。

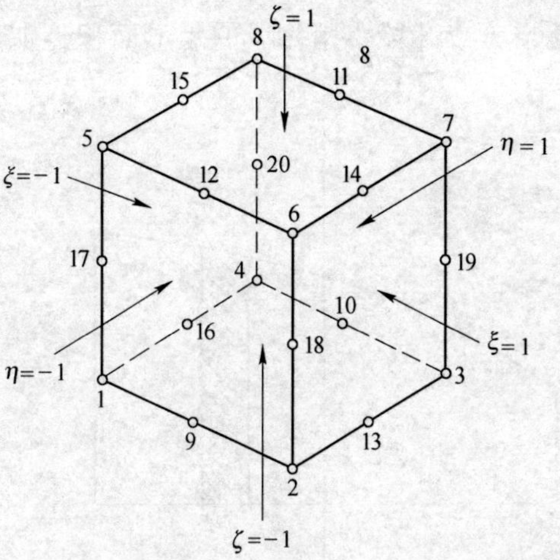

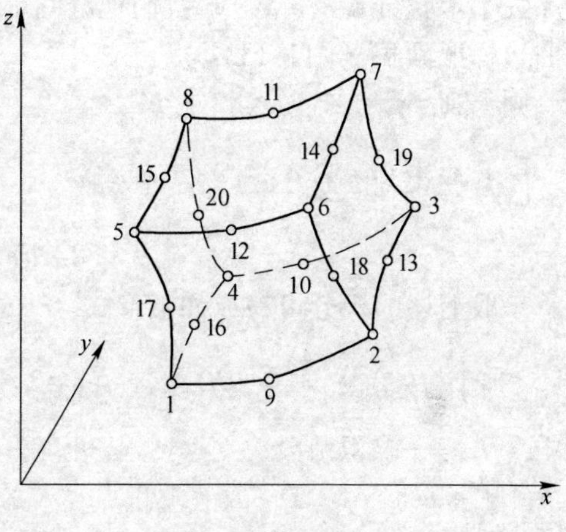

图 8-12 二十结点等参单元

速度插值函数为

$$v_l = \sum_k^{20} N_k(\xi,\eta,\zeta) v_{lk} (l = x,y,z)$$

$$l = \sum_k^{20} N_k(\xi,\eta,\zeta) l_k (l = x,y,z)$$

$$\begin{aligned} N_k = {} & (1+\xi_0)+(1+\eta_0)+(1+\zeta_0)+(\xi_0+\eta_0+\zeta_0-2)\xi_k^2\eta_k^2\zeta_k^2/8 + \\ & (1-\xi^2)(1+\eta_0)(1+\zeta_0)(1-\xi_k^2)\eta_k^2\zeta_k^2/4 + \\ & (1-\eta^2)(1+\zeta_0)(1+\xi_0)(1-\eta_k^2)\xi_k^2\zeta_k^2/4 + \\ & (1-\zeta^2)(1+\zeta_0)(1+\eta_0)(1-\zeta_k^2)\xi_k^2\eta_k^2/4 \end{aligned}$$

式中

$$\xi_0 = \xi_k \xi, \eta_0 = \eta_k \eta, \zeta_0 = \zeta_k \zeta$$

8.6　高斯求积法

前已述及，用等参单元计算时，通常要计算如下类型的积分

二维情况　　$\int_{-1}^{1}\int_{-1}^{1} f(\xi,\eta)\,\mathrm{d}\xi\mathrm{d}\eta$

三维情况　　$\int_{-1}^{1}\int_{-1}^{1}\int_{-1}^{1} f(\xi,\eta,\zeta)\,\mathrm{d}\xi\mathrm{d}\eta\mathrm{d}\zeta$

出于被积函数构造复杂，一般只能采用数值积分。实际计算时应采用适当的求积法，使产生的误差对计算结果影响不大，同时又不过分增加计算时间。首先从如下的一维积分

$$\int_{-1}^{1} f(\xi)\,\mathrm{d}\xi \tag{8-50}$$

讲起，然后再研究上述二维和三维的求积法。

8.6.1　一维插值求积法

为了求积分式（8-50），我们把区间［-1,1］分成几段，用每段的矩形面积近似代替曲边梯形面积（图 8-13）。

则得到

$$\int_{-1}^{1} f(\xi)\,\mathrm{d}\xi \approx \sum_{k=1}^{n} f(\xi_k)(\xi_{k+1}-\xi_k) \tag{8-51}$$

一般上述的积分可写成如下形式

$$\int_{-1}^{1} f(\xi)\,\mathrm{d}\xi = \sum_{k=1}^{n} Hf(\xi_k) \tag{8-52}$$

式中　H_k——求积系数；

ξ_k——［-1, 1］内的求积点。

我们要选择适当的 ξ_k 和 H_k，使求积公式（8-52）具有较高的精度，且计算方便。

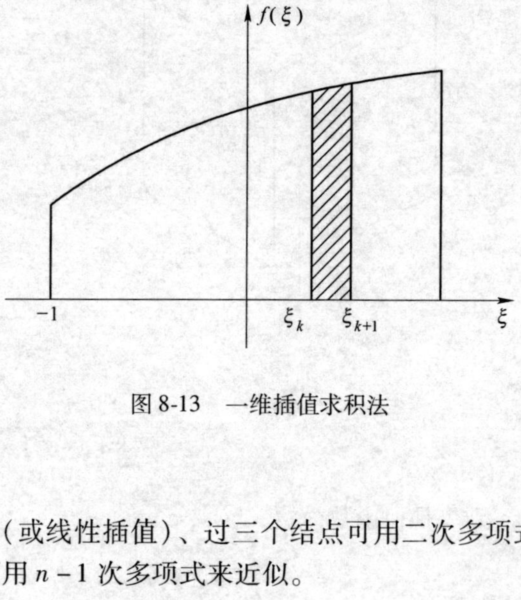

图 8-13　一维插值求积法

现在利用插值求积法来确定 H_k。

过两个结点函数 $f(\xi)$ 可用一次多项式（或线性插值）、过三个结点可用二次多项式（或二次插值即抛物线插值）、过 n 个结点可用 $n-1$ 次多项式来近似。

设 $P_n(\xi)$ 为 ξ 的 $n-1$ 次多项式

$$P_n(\xi) = \sum_{k=1}^{n} N_k(\xi) f(\xi_k) \tag{8-53}$$

$P_n(\xi)$ 称为 $f(\xi)$ 的插值多项式 $N_k(\xi)$。称为形状函数，前已述及，它要满足以下两个条件：

（1）$N_k(\xi)$ 是 $n-1$ 次多项式；

（2）$N_k(\xi)$ 在结点 ξ_k 其值为 1，在其余结点 $\xi_l(l\neq k)$，其值为零，即

$$N_k(\xi)=1$$

$$N_k(\xi)=0\ (l\neq k, l=1,2,\cdots,n)$$

由此容易求得

$$N_k(\xi)=\frac{(\xi-\xi_1)(\xi-\xi_2)\cdots(\xi-\xi_{k-1})(\xi-\xi_{k+1})\cdots(\xi-\xi_n)}{(\xi_k-\xi_1)(\xi_k-\xi_2)\cdots(\xi_k-\xi_{k-1})(\xi_k-\xi_{k+1})\cdots(\xi_k-\xi_n)}(k=1,2,\cdots n) \tag{8-54}$$

令

$$\omega(\xi)=(\xi-\xi_1)(\xi-\xi_2)\cdot(\xi-\xi_k)\cdot(\xi-\xi_n)=\prod_{k=1}^{n}(\xi-\xi_k) \tag{8-55}$$

则

$$N_k(\xi)=\frac{\omega(\xi)}{(\xi-\xi_k)\omega'(\xi_k)} \tag{8-56}$$

于是式（8-53）可写成

$$P_n(\xi)=\sum_{k=1}^{n}\frac{\omega(\xi)}{(\xi-\xi_k)\omega'(\xi_k)}f(\xi_k) \tag{8-57}$$

在积分式（8-50）中，用 $P_n(\xi)$ 近似代替被积函数 $f(\xi)$，则

$$\int_{-1}^{1}f(\xi)\mathrm{d}\xi\approx\int_{-1}^{1}P_n(\xi)\mathrm{d}\xi=\int_{-1}^{1}\sum_{k=1}^{n}\frac{\omega(\xi)}{(\xi-\xi_k)\omega'(\xi_k)}f(\xi_k)\mathrm{d}\xi$$

令

$$H_k=\int_{-1}^{1}\frac{\omega(\xi)}{(\xi-\xi_k)\omega'(\xi_k)}\mathrm{d}\xi\quad(k=1,2,\cdots,n) \tag{8-58}$$

$$\int_{-1}^{1}f(\xi)\mathrm{d}\xi\approx\sum_{k=1}^{n}H_kf(\xi_k) \tag{8-59}$$

这就是插值求积公式。

由式（8-58）可见，求积系数 H_k 之值与函数 $f(\xi)$ 无关，而只取决于求积结点的位置和个数。

由于 $P_n(\xi)$ 是 $f(\xi)$ 的 $n-1$ 次插值多项式，当 $f(\xi)$ 本身是次数不超过 $n-1$ 次的多项式时，$P_n(\xi)\equiv f(\xi)$，因此上述求积公式精确成立。也就是若不计介入误差，n 个结点的插值求积公式（8-59）和式（8-58）对任何次数不超过 $n-1$ 次的多项式函数 $f(\xi)$ 是精确成立的。

8.6.2　一维高斯求积法

如果对求积结点 ξ_k 和求积系数 H_k 均进行适当的选择使求积公式

$$\int_{-1}^{1}f(\xi)\mathrm{d}\xi\approx\sum_{k=1}^{n}H_kf(\xi_k) \tag{8-60}$$

对任何次数不超过 $2n-1$ 次的多项式函数 $f(\xi)$ 都能精确成立，则此求积公式称为高斯求积公式。此求积公式将具有最高的代数精度。

利用高斯求积公式的关键在于如何确定求积结点 ξ_k 和求积系数 H_k。

设 $f(\xi)$ 为 $2n-1$ 次多项式，$\omega(\xi)$ 为 n 次多项式，且对求积结点 $\xi_k(k=1,2,\cdots,n)$，有 $\omega(\xi_k)=0$（见式(8-55)）。若用 $\omega(\xi)$ 去除 $f(\xi)$，则

$$f(\xi)=\omega(\xi)q(\xi)+r(\xi) \tag{8-61}$$

显然，$q(\xi)$、$T(\xi)$ 均为次数不超过 $n-1$ 次的任意多项式。由于 $T(\xi_k)$ 是次数不超过

$n-1$ 次的多项式，因此不论结点 ξ_k 如何选取，只要求积系数按式（8-58）确定，下式就一定能精确成立

$$\int_{-1}^{1} r(\xi)\mathrm{d}\xi = \sum_{k=1}^{n} H_k r(\xi_k) \tag{8-62}$$

由式（8-61）

$$\int_{-1}^{1} f(\xi)\mathrm{d}\xi = \int_{-1}^{1} \omega(\xi)q(\xi)\mathrm{d}\xi + \int_{-1}^{1} r(\xi)\mathrm{d}\xi$$

所以，要使求积公式（8-60）对 $f(\xi)$ 精确成立，必须

$$\int_{-1}^{1} \omega(\xi)q(\xi)\mathrm{d}\xi = \sum_{k=1}^{n} H_k \omega(\xi_k)q(\xi_k)$$

因为 $\omega(\xi)=0$，所以其精确成立的条件可写成

$$\int_{-1}^{1} \omega(\xi)q(\xi)\mathrm{d}\xi = 0 \tag{8-63}$$

这说明要使求积公式（8-60）对任何次数不超过 $n-1$ 次的多项式因数 $f(\xi)$ 精确成立的条件是 n 次多项式 $\omega(\xi)$ 与任何次数不超过 $n-1$ 次的多项式 $q(\xi)$ 正交。我们知道，勒让得（Legendre）多项式

$$L_n(\xi) = \frac{1}{2^n n!}\frac{\mathrm{d}^n(\xi^2-1)^n}{\mathrm{d}\xi^n} \tag{8-64}$$

与任何次数不超过 $n-1$ 次的多项式均正交，而其 ξ^n 前的系数为$\dfrac{(2n)!}{2^n(n!)^2}$,但是 $\omega(\xi)$ 的 ξ^n 前系数为1,于是应有

$$\omega(\xi) = \frac{2^n(n!)^2}{(2n)!}L_n(\xi) \tag{8-65}$$

按式（8-55），结点 $\xi_k(k=1,2,\cdots,n)$ 是 $\omega(\xi)=0$ 的根，所以 ξ_k 也是 $L_n(\xi)=0$ 的根。ξ_k 也称为高斯积分点。对于 $n=1,2,3$，其根 ξ_k 见表 8-1。例如 $n=2$，由

$$L_n(\xi) = \frac{1}{2^2\times1\times2}\frac{\mathrm{d}^2(\xi^2-1)^2}{\mathrm{d}\xi^2} = \frac{1}{4\times2}(12\xi^2-4) = \frac{1}{2}(3\xi^2-1),\xi_1 = -\frac{1}{\sqrt{3}},\xi_2 = \frac{1}{\sqrt{3}}$$

表 8-1　$L_n(\xi)$ 和 ξ_k

n	$L_n(\xi)$	$\xi_k(k=1,2,\cdots,n)$
1	ξ	$\xi_1=0$
2	$\frac{1}{2}(3\xi^2-1)$	$\xi_1=-\frac{1}{\sqrt{3}},\xi_2=\frac{1}{\sqrt{3}}$
3	$\frac{1}{2}(5\xi^3-3\xi)$	$\xi_1=-\sqrt{\frac{3}{5}},\xi_2=0,\xi_3=\sqrt{\frac{3}{5}}$

下面再来确定求积系数 H_k。

在求出高斯积分点 $\xi_k(k=1,2,\cdots,n)$ 之后，原则上就可由式（8-58）求得相应的求积系数 $H_k(k=1,2,\cdots,n)$，但这样计算比较复杂。下面我们还是利用求积公式（8-60）对任何次数不超过 $2n-1$ 次的多项式应精确成立的事实来确定 H_k。

因为 H_k 的确定与被积函数 $f(\xi)$ 无关，所以为了确定 H_k，可取

$$f(\xi)=\frac{L_n(\xi)}{\xi-\xi_k}L_n'(\xi) \tag{8-66}$$

这是一个 $2n-2$ 次的多项式。注意到式（8-55），易知

当 $l\neq k$ 时，$L_n(\xi_l)=0$，则 $f(\xi_l)=0$。

当 $l=k$ 时，$L_n(\xi_l)=0$，由于

$$\lim_{\xi\to\xi_l}\frac{L_n(\xi)}{\xi-\xi_k}=\lim_{\xi\to\xi_l}\frac{L_n'(\xi)}{l}=L_n'(\xi_k)$$

所以 $f(\xi_k)=[L_n'(\xi_k)]^2$。

因为所设的 $f(\xi)$ 为 $2n-2$ 次，满足使式（8-60）精确成立的条件，所以

$$\int_{-1}^{1}f(\xi)\,\mathrm{d}\xi=\int_{-1}^{1}\frac{L_n(\xi)}{\xi-\xi_k}L_n'(\xi)\,\mathrm{d}\xi=\sum_{l=1}^{n}H_l f(\xi_l)=\sum_{l=1}^{n}H_k[L_n'(\xi k)]^2 \tag{8-67}$$

由分部积分易知

$$\begin{aligned}\int_{-1}^{1}\frac{L_n(\xi)}{\xi-\xi_k}-L_n'(\xi)\,\mathrm{d}\xi&=\int_{-1}^{1}\frac{L_n(\xi)}{\xi-\xi_k}\mathrm{d}L_n(\xi)\\&=\frac{L_n^2(\xi)}{\xi-\xi_k}\bigg|_{-1}^{1}-\int_{-1}^{1}L_n(\xi)\left[\frac{L_n(\xi)}{\xi-\xi_k}\right]'\mathrm{d}\xi\\&=\frac{L_n^2(1)}{1-\xi_k}-\frac{L_n^2(-1)}{-1-\xi_k}-\int_{-1}^{1}L_n(\xi)\left[\frac{L_n(\xi)}{\xi-\xi_k}\right]'\mathrm{d}\xi\end{aligned}$$

其中最后一项积分的被积函数 $g(x)\equiv L_n(\xi)\left[\frac{L_n(\xi)}{\xi-\xi_k}\right]'$ 是 $2n-2$ 次多项式，对于它求积公式（8-60）应是精确成立的，即 $\int_{-1}^{1}g(x)\,\mathrm{d}\xi=\sum_{k=1}^{n}H_k g(\xi_k)$ 精确成立，但因 $L_n(\xi_k)=0$，则 $g(\xi_k)=0(k=1,2,\cdots,n)$，故上式最后一项积分为零。于是由式（8-67）得

$$H_k[L_n'(\xi_k)]^2=\frac{L_n^2(1)}{1-\xi_k}-\frac{L_n^2(-1)}{-1-\xi_k} \tag{8-68}$$

由勒让得多项式知，$L_n^2(\pm1)=1$，所以

$$H_k=\frac{2}{1-\xi_k^2[L_n'(\xi_k)]^2}\quad(k=1,2,\cdots,n) \tag{8-69}$$

对于 $n=1$，2，3 时，H_k 值见表 8-2。

表 8-2　H_k 值的确定

n	$H_k(k=1,2,\cdots,n)$
1	$H_1=2$
2	$H_1=1,H_2=1$
3	$H_1=\frac{5}{9},H_2=\frac{8}{9},H_3=\frac{5}{9}$

例如 $n=3$，$L_3(\xi)=\frac{1}{2}(5\xi^3-3\xi)$，$L_3'(\xi)=\frac{3}{2}(5\xi^2-1)$。由表 8-1 可知，$n=3$ 时，$\xi_1=-\sqrt{\frac{3}{5}}$，$\xi_2=0$，$\xi_3=\sqrt{\frac{3}{5}}$。把 $\xi_1=-\sqrt{\frac{3}{5}}$ 代入式（8-69）得

$$H_1 = \frac{2}{(1-\xi_1^2)[L_3'(\xi_1)]^2} = \frac{2}{\left(1-\frac{3}{5}\right)\left[\frac{3}{2}\left(5\times\frac{3}{5}-1\right)\right]^2} = \frac{5}{9}$$

同理 $H_2=8/9$，$H_3=H_1=5/9$。为了实际计算需要列出高斯积分点和求积系数，见表 8-3。

表 8-3　ξ_k 和 H_k 的值

n	高斯积分点 ξ_k	求积系数 H_k
2	±0.5773502692	1
3	±0.7745966920	0.5555555556 0.8888888889
4	±0.8611363116 ±0.3399810436	0.3478548451 0.6521451549
5	±0.9061798459 ±0.53846931010	0.2369268851 0.4786226705 0.5688888889

8.6.3　高维时的高斯求积法

对于二维情形，可将二重积分化为二次积分，如

$$\int_{-1}^{1}\int_{-1}^{1} f(\xi,\eta)\,\mathrm{d}\xi\mathrm{d}\eta = \int_{-1}^{1}\left[\int_{-1}^{1} f(\xi,\eta)\,\mathrm{d}\xi\right]\mathrm{d}\eta$$

$$\begin{aligned}\int_{-1}^{1}\left[\int_{-1}^{1} f(\xi,\eta)\,\mathrm{d}\xi\right]\mathrm{d}\eta &\approx \int_{-1}^{1}\left[\sum_{i=1}^{n} H_i f(\xi_i,\eta)\right]\mathrm{d}\eta \\ &= \sum_{i=1}^{n} H_i \int_{-1}^{1} f(\xi_i,\eta)\,\mathrm{d}\eta \\ &\approx \sum_{i=1}^{n} H_i\left[\sum_{j=1}^{n} H_j f(\xi_i,\eta_i)\right] \\ &= \sum_{i=1}^{n}\sum_{j=1}^{n} H_i H_j f(\xi_i,\eta_j)\end{aligned}$$

所以

$$\int_{-1}^{1}\int_{-1}^{1} f(\xi,\eta)\,\mathrm{d}\xi\mathrm{d}\eta = \sum_{i=1}^{n}\sum_{j=1}^{n} H_i H_j f(\xi_i,\eta_j) \tag{8-70}$$

式中　ξ_i，η_i——高斯积分点，平面上的积分点为 n^2 个；

　　H_i，H_j——求积系数，计算方法同前。

类似，对于三维情形的高斯求积公式为

$$\int_{-1}^{1}\int_{-1}^{1}\int_{-1}^{1} f(\xi,\eta,\zeta)\,\mathrm{d}\xi\mathrm{d}\eta\mathrm{d}\zeta = \sum_{i=1}^{n}\sum_{j=1}^{n}\sum_{k=1}^{n} H_i H_j H_k f(\xi_i,\eta_j,\zeta_k) \tag{8-71}$$

式中　ξ_i，η_i，$\zeta_k\xi_i$——高斯积分点，空间上的求积点为 n^3 个；

　　H_i，H_j，H_k——求积系数，计算方法同前。

在实际计算中为保证计算精度，并不过分增加计算工作量，通常高斯积分中的数 n 可

由等参单元的结点个数按表 8-4 选取。

表 8-4 n 值的确定

维 数	n	
	2	3
二维	四结点	八结点
三维	八结点	二十结点

在三维中，若用二十结点等参单元，则有 27 个高斯积分点，计算工作量较大。研究表明，此时，也可用 14 个积分点的求积公式来计算

$$\begin{aligned}&\int_{-1}^{1}\int_{-1}^{1}\int_{-1}^{1} f(\xi,\eta,\zeta)\,\mathrm{d}\xi\mathrm{d}\eta\mathrm{d}\zeta\\&=\frac{121}{361}[f(-\alpha,-\alpha,-\alpha)+f(\alpha,\alpha,\alpha)+f(\alpha,-\alpha,-\alpha)+f(-\alpha,\alpha,-\alpha)+\\&f(-\alpha,-\alpha,\alpha)+f(\alpha,\alpha,-\alpha)+f(-\alpha,\alpha,\alpha)+f(\alpha,-\alpha,\alpha)]+\\&\frac{320}{361}[(f(-\beta,0,0)+f(\beta,0,0)+f(0,-\beta,0)+f(0,\beta,0)+\\&f(0,-\beta,0)+f(0,0,\beta)]\end{aligned} \tag{8-72}$$

式中，$\alpha=\sqrt{\dfrac{19}{33}},\beta=\sqrt{\dfrac{19}{30}}$。

用求积公式（8-72）来代替式（8-71），可以节省约一半的计算时间，而计算精度相差甚微。

9 弹－塑性有限元法

弹－塑性有限元法是20世纪80年代末由P. V. Marcal和山田嘉昭导出的弹－塑性矩阵而发展起来的。随后不少研究者用这种方法对锻压、挤压、拉拔、板冲压和平辊轧板等塑性加工问题进行了解析，得到关于塑性变形区扩展、工件内部应力和应变分布以及变形力等信息。此外，用此方法还可以计算工件内的残余应力。然而为了保证计算精度和解的收敛性，用弹－塑性有限元法，在每一步计算中所给的变形量不允许使大多数单元屈服。因此，这种小变形的弹－塑性有限元法对于处理变形较大的塑性加工问题所需的计算时间较长。近年来许多人对于考虑大变形的弹－塑性有限元进行了研究。但由于数学处理上较麻烦和要求大容量的计算机，而使这种大变形的有限元法用于解决实际问题受到一定限制。这方面还需继续做更多的工作。然而后一种方法却适于变形较大的塑性加工问题，因此这种方法的前景是大有希望的。本章的重点是研究小变形的弹－塑性有限元法（简称弹性有限元法）。

在弹－塑性有限元法中，每一步加载，由于应力增量与应变增量（或应力速率与应变速率）的关系是线性的，因此就可采用与线弹性有限元完全类似的方法进行计算，并求出这一步加载后所产生的位移增量、应变增量和应力增量。把算出的这些增量叠加到该步加载前的水平上去即为求得的解。

既然弹－塑性有限元法的基本计算过程与线弹性有限元（后简称弹性有限元）法完全类似，所以首先介绍弹性有限元法。

9.1 弹性有限元法简单引例

一个横截面不同的柱体，弹性模量为 E，长为200mm，其横截面面积分别为 $A_1 = 100\text{mm}^2$、$A_2 = 20\text{mm}^2$：端面受981N的压力（图9-1）。试求柱体中所受的应变和应力。

（1）离散化，从横断面突变处把柱体划分成两个单元①和②，共有三个结点，编号为1、2、3。

（2）由图9-1可见，在结点3处位移为零，即 $u_3 = 0$；两单元在结点2处位移相等，即 $u_2^1 = u_2^2 = u_2$。出于此问题比较简单，不必设定位移模型（或位移函数），就可以算出单元的刚度。

（3）按变分原理推导单元的刚度矩阵

对单元①应力 $\sigma = \dfrac{F_1}{A_1}$、应变 $\varepsilon = \dfrac{u_2 - u_1}{l}$，由 $E = \dfrac{\sigma}{\varepsilon}$，得 $F_1 = \dfrac{A_1 F}{l}(u_2 - u_1)$

单元①的应变能为

$$U = \frac{1}{2}\sigma\varepsilon l A_1 = \frac{1}{2}K^{①}(u_2 - u_1)^2$$

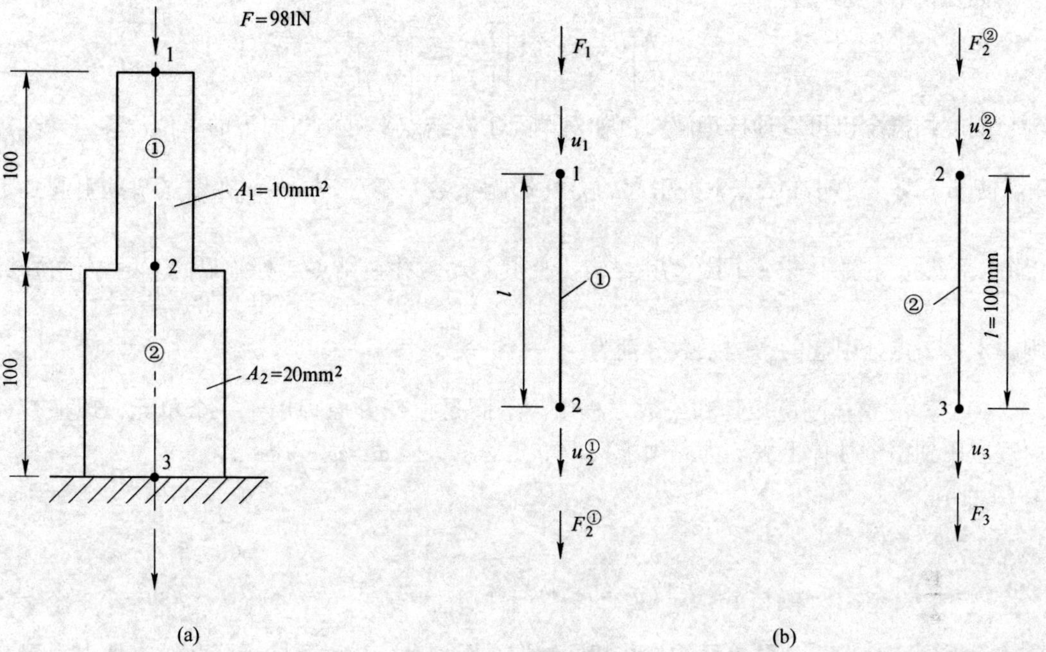

图 9-1 受轴向载荷的柱体

其中 $K^{①}=\dfrac{A_1E}{l}$，称为单元刚度。

外力势能 $W=-(F_1u_1+F_2^{①}u_2)$

单元①的总势能为

$$\phi^{①}=U+W=\frac{1}{2}K^{①}(u_2-u_1)^2-F_1u_1-F_2^{①}u_2$$

u_1 和 u_2 之值应使 $\phi^{①}$ 取最小，故有

$$\frac{\partial\phi^{①}}{\partial u_1}=-K^{①}(u_2-u_1)-F_1=0$$

$$\frac{\partial\phi^{①}}{\partial u_2}=-K^{①}(u_2-u_1)-F_2^{①}=0$$

所以

$$K^{①}(u_1-u_2)=\frac{A_1E}{l}(u_1-u_2)=F_1$$

$$K^{①}(-u_1+u_2)=\frac{A_1E}{l}(-u_1+u_2)=F_2^{①}$$

或写成矩阵形式

$$\frac{A_1E}{l}\begin{bmatrix}1 & -1\\ -1 & 1\end{bmatrix}\begin{Bmatrix}u_1\\ u_2\end{Bmatrix}=\begin{Bmatrix}F_1\\ F_2^{①}\end{Bmatrix} \tag{9-1}$$

式中，$[K^{①}]=\dfrac{A_1E}{l}\begin{bmatrix}1 & -1\\ -1 & 1\end{bmatrix}$，称为单元刚度矩阵。

同理，对单元②，有

$$\frac{A_2E}{l}\begin{bmatrix} 1 & -1 \\ -1 & 1 \end{bmatrix}\begin{Bmatrix} u_2 \\ u_3 \end{Bmatrix}=\begin{Bmatrix} F_2^{②} \\ F_3 \end{Bmatrix} \tag{9-2}$$

刚度的概念也可以这样理解：例如对单元①在结点1处施以向下的单位位移，并约束2点使其不动，这时在结点1处引起的力（影响系数）等于$\frac{A_1E}{l}$，而在结点2处引起的力（影响系数）等于$-\frac{A_1E}{l}$；同样约束结点1使其不动，并在结点2处施以向下的单位位移，则在1和2点处引起的影响系数分别为$-\frac{A_1E}{l}$和$\frac{A_1E}{l}$。

（4）建立整体刚度矩阵和代数方程组。上面是把变分原理用于一个单元，现把变分原理应用到整个柱体上去。为此须求两个单元的总势能$\phi=\phi^{①}+\phi^{②}$。

此时

$$\begin{aligned}\phi &= \phi^{①}+\phi^{②}\\ &=\frac{1}{2}K^{①}(u_2{}^{①}-u_1)^2+\frac{1}{2}K^{②}(u_3-u_2{}^{②})^2-F_1u_1-F_2{}^{①}u_2{}^{①}-F_2{}^{②}u_2{}^{②}-F_3u_3\end{aligned} \tag{9-3}$$

考虑到在结点2处两单元的位移相同，即$u_2^{①}=u_2^{②}=u_2$和两单元公共结点处内力引起的结点力叠加时相互抵消，即$F_2^{①}=-F_2^{②}$，则

$$\frac{\partial\phi}{\partial u_1}=-K^{①}(u_2-u_1)-F_1=0$$

$$\frac{\partial\phi}{\partial u_1}=K^{①}(u_2-u_1)-K^{②}(u_3-u_2)=0$$

$$\frac{\partial\phi}{\partial u_3}=K^{②}(-u_2+u_3)-F_3=0$$

注意到已知条件$A_2=2A_1$或$K^{②}=2K^{①}$，则

$$K^{①}(u_1-u_2+0)=F_1$$

$$K^{①}(-u_1+3u_2-2u_3)=0$$

$$K^{①}(0-2u_2+2u_3)=F_3$$

或

$$\frac{A_1E}{l}\begin{pmatrix} 1 & -1 & 0 \\ -1 & 3 & -2 \\ 0 & -2 & 2 \end{pmatrix}\begin{Bmatrix} u_1 \\ u_2 \\ u_3 \end{Bmatrix}=\begin{Bmatrix} F_1 \\ 0 \\ F_3 \end{Bmatrix} \tag{9-4}$$

也可写成

$$[K]\{u\}=\{F\} \tag{9-5}$$

式中　$\{F\}$——结点载荷列阵；

$\{u\}$——结点位移列阵；

$[K]$——整体刚度矩阵。

式（9-4）也可根据结点力平衡和公共结点2处两单元位移相同的原则得到。

对整体来讲，位移未知数为3个，即u_1、u_2、u_3。欲求这三个未知数需有三个方程。方程组（9-4）中的整体刚度矩阵可由单元刚度短阵叠加得到，为了把单元刚度矩阵进行

叠加，需把单元刚度矩阵扩大为 3×3 方阵和把结点力写成 3×1 列阵，并把单元的刚度和结点力放到相应的位置上去，即

$$\frac{A_1E}{l}\begin{pmatrix}1 & -1 & 0\\ -1 & 1 & 0\\ 0 & 0 & 0\end{pmatrix}\begin{Bmatrix}u_1\\ u_2\\ u_3\end{Bmatrix}=\begin{Bmatrix}F_1\\ F_2^{①}\\ 0\end{Bmatrix} \tag{9-5a}$$

$$2\,\frac{A_1E}{l}\begin{pmatrix}0 & 0 & 0\\ 0 & 1 & -1\\ 0 & -1 & 1\end{pmatrix}\begin{Bmatrix}u_1\\ u_2\\ u_3\end{Bmatrix}=\begin{Bmatrix}0\\ F_2^{②}\\ F_3\end{Bmatrix} \tag{9-5b}$$

式（9-5a）与式（9-5b）相叠加，并注意 $F^{①}+F^{②}=0$，则得代数方程组（9-4），这就是扩大阶数法。应指出，作用在结点 1 和 3 上的结点力在数值上等于结点载荷，而在结点 2 上结点载荷为零，结点力互相抵消，绝不要把结点力（内力）和结点载荷（外力）混淆。

也可用对号入座法由单元刚度矩阵组成总刚度矩阵，本例中单元刚度矩阵分别为

$$[K^{①}]=\begin{pmatrix}\dfrac{A_1E}{l} & -\dfrac{A_1E}{l}\\ -\dfrac{A_1E}{l} & \dfrac{A_1E}{l}\end{pmatrix}=\begin{pmatrix}K_{11}^{①} & K_{12}^{①}\\ K_{21}^{①} & K_{22}^{①}\end{pmatrix}$$

$$[K^{②}]=\begin{pmatrix}\dfrac{A_2E}{l} & -\dfrac{A_2E}{l}\\ -\dfrac{A_2E}{l} & \dfrac{A_2E}{l}\end{pmatrix}=\begin{pmatrix}K_{22}^{①} & K_{23}^{①}\\ K_{32}^{①} & K_{33}^{①}\end{pmatrix}$$

整体刚度矩阵的阶数等于 na（n 为结点数；a 为每个结点上的位移分量数），本例中阶数等于 $3\times1=3$。整体刚度矩阵中各元素是各单元刚度矩阵中相应元素按结点编号的次序排列得到的。其中，对于有共同结点位移的那些单元刚度矩阵的元素，在相同的号位上可以直接叠加。对于那些没有元素的空位，则充填以零。于是便建立了整体刚度矩阵

$$[K]=\begin{pmatrix}K_{11} & K_{12} & K_{13}\\ K_{21} & K_{22} & K_{23}\\ K_{31} & K_{32} & K_{33}\end{pmatrix}=\begin{pmatrix}K_{11}^{1} & K_{12}^{1} & 0\\ K_{21}^{1} & K_{22}^{1}+K_{22}^{2} & K_{23}\\ 0 & K_{32}^{2} & K_{33}^{2}\end{pmatrix} \tag{9-5c}$$

注意到$\dfrac{A_2E}{l}=\dfrac{2A_1E}{l}$，由式（9-5c）便得到式（9-4）中的

$$[K]=\frac{A_1E}{l}\begin{pmatrix}1 & -1 & 0\\ -1 & 3 & -2\\ 0 & -2 & 2\end{pmatrix}$$

由式（9-4）可知［K］是一个对称矩阵，对角线上的主元素总是正的（否则作用力的方向将与它引起的对应位移方向相反）以及与［K］对应的行列式的值等于零，因此它是奇异矩阵。

（5）考虑约束条件对整体刚度矩阵进行修正。由于整体刚度矩阵是奇异的，因此不能由代数方程组（9-4）或式（9-5）解出未知位移，为什么方程数目与未知量数目相同，

但却得不出位移的确定值呢？这是因为式（9-4）是由一个在空间未受任何约束的构件的平衡条件导出的，位移和载荷没有确定的关系。所以，必须按约束条件对［K］进行修正。

因为柱体的基底保持不动，所以几何边界的约束条件是在结点 3 处位移为零，即$u_3 = 0$。按此条件便可从矩阵［K］中删去最后一行和最后一列，于是得到

$$\frac{A_1E}{l}\begin{pmatrix} 1 & -1 \\ -1 & 3 \end{pmatrix}\begin{pmatrix} u_1 \\ u_2 \end{pmatrix} = \begin{pmatrix} F_1 \\ 0 \end{pmatrix} \tag{9-6}$$

（6）求未知位移以及单元的应变和应力。由已知条件知 $F_1 = 981\text{N}$，$\frac{A_1E}{l} = 10^{-4}E$。

代入式（9-6）可解出结点 1、2 的位移分别是

$$u_1 = \frac{1471.5 \times 10^4}{E}\text{m}$$

$$u_2 = \frac{940.5 \times 10^4}{E}\text{m}$$

结点 3 的位移 $u_3 = 0$，单元①、②的应变分别为

$$\varepsilon^{①} = \frac{\Delta l_1}{l} = \frac{u_2 - u_1}{l} = -98.1 \times 10^6/E$$

$$\varepsilon^{②} = \frac{\Delta l_2}{l} = \frac{u_3 - u_2}{l} = -49.05 \times 10^6/E$$

单元①、②所受的轴向应力分别为

$$\sigma^{①} = E\varepsilon^{①} = -98.1\text{MPa}$$

$$\sigma^{②} = E\varepsilon^{②} = -49.05\text{MPa}$$

对于这样简单的问题，已知载荷为 981N 以及柱体两横断面分别为 10mm^2 和 20mm^2 时，本来可立即写出柱体内①、②部分所受的应力。然而，这里却采用弹性有限元法，不言而喻，其目的是使读者了解用此方法解题的思想和步骤。

9.2　弹性有限元法

前已述及，用弹性有限元法解物体内应力和应变分布问题，大体上可分三步：将连续体离散化、单元分析、整体刚度矩阵的建立及其代数方程组的求解。

上一章已讲述了单元的类型、速度（或位移）的插值函数、形状函数、单元特性以及单元结点速度（或位移）与单元内应变速率（或应变）的关系，并得出下面的一些关系式。

设服从虎克定律的物体，体积为 V；在 S_u 表面上给定位移；在 S_p 表面上给定外力。以 m 代表单元总数，以 n 表示结点总数，以 $\{u\}$ 表示整个系统各结点位移的列阵

$$\{u\} = [u_{x1} \quad u_{y1} \quad u_{z1} \quad u_{x2} \quad u_{y2} \quad u_{z2} \quad \cdots \quad u_{xn} \quad u_{yn} \quad u_{zn}]^{\mathrm{T}} \tag{9-7}$$

这 $3m$ 个数量是待定的未知量。

后面将要讲到作用在 S_p 上的外力可采用静力等效的原则化到相应的结点上去按结点编号给出结点载荷列阵为

$$\{F\}=[F_{x1}\quad F_{y1}\quad F_{z1}\quad F_{x2}\quad F_{y2}\quad F_{z2}\quad \cdots\quad F_{xn}\quad F_{yn}\quad F_{zn}\quad]^{\mathrm{T}} \tag{9-8}$$

单元 e 的各结点（编号为 $k=i,j,m,\cdots$）的位移列阵为

$$\{u\}^e=[\cdots\quad u_{xi}\quad u_{yi}\quad u_{zi}\quad \cdots\quad u_{xm}\quad u_{ym}\quad u_{zm}\quad \cdots]^{\mathrm{T}} \tag{9-9}$$

单元内任一点的位移列阵 $\{ue\}=[u_x\quad u_y\quad u_z]^{\mathrm{T}}$ 与 $\{u\}^e$ 的关系为

$$\{u_e\}[N]\{u\}^e \tag{9-10}$$

式中，$[N]$ 为形状函数矩阵。

设单元内各点的应变列阵为

$$\{\varepsilon_e\}=[\varepsilon_x\quad \varepsilon_y\quad \varepsilon_z\quad \gamma_{xy}\quad \gamma_{yz}\quad \gamma_{zx}]^{\mathrm{T}}$$

$\{\varepsilon_e\}$ 与单元结点位移的关系为

$$\{\varepsilon_e\}=[B]\{u\}^e \tag{9-11}$$

式中，$[B]$ 为单元的应变矩阵。

设单元内各点的应力列阵为

$$\{\sigma_e\}=[\sigma_x\quad \omega_y\quad \sigma_z\quad \tau_{xy}\quad \tau_{yz}\quad \tau_{zx}]^{\mathrm{T}}$$

按胡克定律

$$\{\sigma_e\}=[D][B]\{u\}^e=[S]\{u\}^e \tag{9-12}$$

把式（9-11）代入此式，则

$$\{\sigma_e\}=[D][B]\{u\}^e=[S]\{u\}^e \tag{9-13}$$

$$[S]=[D][B] \tag{9-14}$$

式中，$[S]$ 称为单元的应力矩阵。

关于 $[N]$、$[B]$、$[D]$ 可按前章讲过的方法确定。下面重点讲述单元刚度矩阵 $[K^e]$、整体刚度矩阵 $[K]$、整体刚度矩阵的修正和载荷列阵。

9.2.1 单元刚度矩阵

下面按变分原理建立单元刚度矩阵。实际上应当将变分原理应用于整个变形体，即应用于单元的集合体。前已述及，我们是对连续体的每个单元（或子域）设定位移函数的，并保持了单元间必要的协调性，所以我们可以把变分原理中的任一积分看成是不同子域积分的总和。由于求和的积分与各积分的求和相同，因此可将变分原理分别用于各个单元。例如在最小能原理中线弹性体的变形能为

$$U=\frac{1}{2}\iiint_V\{\varepsilon\}^{\mathrm{T}}\{\sigma\}\,\mathrm{d}V$$

或

$$U=\frac{1}{2}\sum_{e=1}^{m}\iiint_{V_e}\{\varepsilon_e\}^{\mathrm{T}}\{\sigma_e\}\,\mathrm{d}V_e$$

在忽略质量力和惯性力的情况下,单元总势能泛函为

$$\phi^e=\frac{1}{2}\iiint_{V_e}\{\varepsilon_e\}^{\mathrm{T}}\{\sigma_e\}\,\mathrm{d}V_e-\iint_{S_1}\{u_e\}^{\mathrm{T}}\{q\}\,\mathrm{d}s$$

式中，S_1 是单元上给定了单位面力 q 的那部分表面。

注意到式(9-11)、式(9-12)和式(9-10)，则

$$\phi^e = \frac{1}{2}\iiint_{V_e}\{u\}^{eT}[B]^T[D][B]\{u\}^e dV_e - \iint_{S_1}\{u\}^{eT}[N]^T\{q\}ds \tag{9-15}$$

对此式求一阶变分并令其等于零，还注意到对于一个单元来讲，结点位移是给定的，对整体来说结点位移又是未知的。因为在一个单元城内积分，所以把 $\{\delta_n\}^{eT}$ 提到积分号外，于是得

$$\{\delta u\}^{eT}\left\{\frac{1}{2}\iiint_{V_e}[B]^T[D][B]dV_e\{u\}^e - \iint_{S_1}[N]^T\{q\}ds\right\} = 0^{①}$$

因为结点位移的变分是任意的，所以花括号中的表达式必为零。这就给出如下的方程

$$[K^e]\{u\}^e = \{F\}^e \tag{9-16}$$

式中 $\{F\}^e$——单元结点力列阵，$\{F\}^e = \iint_{S_1}[N]^T\{q\}ds$；

$[K^e]$——单元刚度矩阵，

$$[K^e] = \iiint_{V_e}[B]^T[D][B]dV_e \tag{9-17}$$

对于三维问题

$$[K^e] = \iiint_{V_e}[B]^T[D][B]dxdydz = \int_{-1}^{1}\int_{-1}^{1}\int_{-1}^{1}[B]^T[D][B]|J|d\xi d\eta d\zeta \tag{9-18}$$

对于二维问题

$$[K^e] = \iint[B]^T[D][B]dxdydz = \int_{-1}^{1}\int_{-1}^{1}[B]^T[D][B]t|J|d\xi d\eta \tag{9-19}$$

式中 t——单元厚度。

例如，对于平面应力问题，三角形单元的刚度矩阵为

$$[K^e]_{6\times6} = [B]_{6\times3}^T[D]_{3\times3}[B]_{3\times6}tA = \begin{pmatrix} K_{ii}^e & K_{ij}^e & K_{im}^e \\ K_{ji}^e & K_{jj}^e & K_{jm}^e \\ K_{mi}^e & K_{mj}^e & K_{mm}^e \end{pmatrix} \tag{9-20}$$

式中，$[B]$ 按式（8-7）确定。

$$[D] = \frac{E}{1-\nu}\begin{pmatrix} 1 & & \text{对称} \\ \nu & 1 & \\ 0 & 0 & \frac{1-\nu}{2} \end{pmatrix} \tag{9-21}$$

$$[K_{rs}^e] = [B_r]^T[D][B_s]tA = \frac{Et}{4(1-\nu^2)A}\begin{pmatrix} b_rb_s + \frac{1-\nu}{2}c_rc_s & \nu b_rc_s + \frac{1-\nu}{2}c_rb_s \\ \nu c_rb_s + \frac{1-\nu}{2}b_rc_s & c_rc_s + \frac{1-\nu}{2}b_rb_s \end{pmatrix}$$

$$(r = i, j, m; s = i, j, m) \tag{9-22}$$

式中，$[K_{rs}^e]$ 为分块矩阵。

顺便指出，对于平面应变问题，只把上式中的 E 换成 $E/(1-\nu^2)$、ν 换成 $\nu/(1-\nu)$ 即可。其中的分块矩阵为

$$[K_{rs}^e]=\frac{E(1-\nu)t}{4(1-\nu)(1+\nu)A}\begin{pmatrix} b_rb_s+\frac{1-2\nu}{2(1-\nu)}c_rc_s & \frac{\nu}{1-\nu}b_rb_s+\frac{1-2\nu}{2(1-\nu)}c_rb_s \\ \frac{\nu}{1-\nu}c_rb_s+\frac{1-2\nu}{2(1-\nu)}b_rc_s & c_rc_s+\frac{1-2\nu}{2(1-\nu)}b_rb_s \end{pmatrix} \tag{9-22a}$$

9.2.2 整体刚度矩阵

在划分为 m 个单元和 n 个结点的弹性体中,对每个单元都进行刚度矩阵$[K^e]$的建立和结点力$\{F\}^e$与结点位移$\{u\}^e$关系方程的组成,于是便得到 m 组形如式(9-16)的方程。把这些方程集合起来便可得到表征整个弹性体平衡的表达式。

下面将变分原理用于整个集合体。假定结点位移是整个集合体的未知量,它可以写成 $3n\times1$ 的列阵$\{u\}_{3n\times1}$。和简单引例中的做法类似,我们可以把单元结点位移、单元刚度矩阵和单元结点力分别扩大成为 $3n\times1$ 列阵$\{u^e\}_{3n\times1}$、$3n\times3n$ 方阵$\{K^e\}_{3n\times3n}$和 $3n\times1$ 列阵$\{F\}^e_{3n\times1}$。将已知的单元结点位移、刚度(影响系数)和结点力分别放在相应的位置上,其余位置用零充填,然后叠加。如单元结点力和结点位移的行阵分别表示为

$$\{F\}^{eT}_{1\times3n}=[\{0\}^T\{0\}^T\cdots\{0\}^T\{F\}^{eT}\{0\}\cdots\{0\}^T]$$

$$\{u\}^{eT}_{1\times3n}=[\{0\}^T\{0\}^T\cdots\{0\}^T\{u\}^{eT}\{0\}\cdots\{0\}^T]$$

和简单引例类似,把变分原理用于集合体可以看出这种叠加性。注意到式(9-17)和式(9-15),单元的总势能可写成

$$\phi^e=\frac{1}{2}\{u\}^{eT}_{1\times3n}[K^e]_{3n\times3n}\{u\}^e_{3n\times1}-\{u\}^{eT}_{1\times3n}\{F\}^e_{3n\times1}$$

$$\phi=\sum_{e=1}^{m}\varphi^e=\frac{1}{2}\{u\}^{eT}[K^e]\{u\}^e-\sum_{e=1}^{m}\{u\}^{eT}\{F\}^e$$

按变分原理

$$\delta\phi=\{\delta u\}^{eT}\{\sum_{e=1}^{m}[K^e]\{u\}^e-\sum_{e=1}^{m}\{F\}^e\}=0$$

由于结点位移变分的任意性,因此花括号内的表达式必为零,即

$$\sum_{e=1}^{m}[K^e]\{u\}^e=\sum_{e=1}^{m}\{F\}^e$$

这就是集合体的平衡方程组,它也可写成

$$[K]\{u\}=[F] \tag{9-23}$$

式中

$$[K]=\sum_{e=1}^{m}[K]^e \tag{9-24}$$

$[K]$ 称为整体刚度矩阵。

$$\{F\}=\sum_{e=1}^{m}\{F\}^e \tag{9-25}$$

$\{F\}$ 称为集合体载荷列阵。

例如,对平面问题三角形单元。

整个集合体的结点位移列阵 $\{u\}_{2n\times1}$是由各结点位移按结点号码从小到大依次排列组

成的，即

$$\{u\}_{2n\times 1}=[u_1^{\mathrm T}\quad u_2^{\mathrm T}\quad \cdots\quad u_n^{\mathrm T}]^{\mathrm T} \tag{9-26}$$

其中子矩阵

$$\{u_i\}=[u_{xi}\quad u_{yi}]^{\mathrm T}(i=1,2,\cdots,n)$$

把$\{F\}^e_{6\times 1}$加以扩大,使之成为$2n\times 1$列阵

$$\{F\}^e_{2n\times 1}=\begin{bmatrix} 1 & & i & & j & & m & n \\ \cdots & & (F_i^e)^{\mathrm T} & \cdots & (F_j^e)^{\mathrm T} & \cdots & (F_{\mathrm m}^e)^{\mathrm T} & \cdots \end{bmatrix}^{\mathrm T} \tag{9-27}$$

其中子矩阵

$$\{F_i^e\}=[F_{xi}^e\quad F_{yi}^e]^{\mathrm T},\{F_j^e\}=[F_{xj}^e\quad F_{yj}^e]^{\mathrm T},\{F_{\mathrm m}^e\}=[F_{xm}^e\quad F_{ym}^e]^{\mathrm T}$$

它是单元结点i,j,m上的结点力分块列阵。式（9-27）中圆点处元素均为零，矩阵号上面的i,j,m表示分块矩阵F_i^e，F_j^e，$F_{\mathrm m}^e$所占的位置。这里已假定i,j,m的次序恰和结点号码次序从小到大的排列是一致的。各单元结点力经这样扩大之后便可相加，将全部单元的结点力列阵叠加在一起就得到整个集合体的载荷列阵，即

$$\{F\}_{2n\times 1}=\sum_{e=1}^{m}\{F\}^e$$

因为在叠加过程中相邻单元公共边内力引起的等效结点力必然互相抵消，只剩下载荷引起的等效结点力。

将式（9-20）确定的六阶方阵$[K^e]_{6\times 6}M$扩大成$2n$阶方阵，并将分块子矩阵$[K_{rt}^e]$按结点号码次序对号入座，则有

$$[K^e]_{2n\times 2n}=\begin{pmatrix} \cdots & \cdots & \cdots & \cdots & \cdots & \cdots & \cdots & \cdots & \cdots \\ \vdots & \cdots & K_{ii}^e & \cdots & K_{ij}^e & \cdots & K_{im}^e & \cdots & \vdots \\ \vdots & \cdots & K_{ji}^e & \cdots & K_{jj}^e & \cdots & K_{jm}^e & \cdots & \vdots \\ \vdots & \cdots & K_{mi}^e & \cdots & K_{mj}^e & \cdots & K_{mm}^e & \cdots & \vdots \\ \cdots & \cdots & \cdots & \cdots & \cdots & \cdots & \cdots & \cdots & \cdots \end{pmatrix}\begin{matrix}1\\ i\\ j\\ m\\ n\end{matrix} \tag{9-28}$$

（列标：$1\quad i\quad j\quad m\quad n$）

$[K^e]$扩大以后，除了对应i,j,m双行双列上的九个子矩阵外，其余都为零。这样，在$[K^e]_{2n\times 2n}\{u\}_{2n\times 1}=\{F\}^e_{2n\times 1}$式中各单元的结点位移列阵$\{u\}^e_{2n\times 1}$便可用整体位移列阵$\{u\}_{2n\times 1}$来代替。如此扩大以后各单元的刚度矩阵便可相加，即

如写成分块矩阵的形式，则

$$[K]=\begin{pmatrix} K_{11} & \cdots & K_{1i} & \cdots & K_{1j} & \cdots & K_{1m} & \cdots & K_{1n} \\ \vdots & & & & & & & & \\ K_{i1} & \cdots & K_{ii} & \cdots & K_{ij} & \cdots & K_{im} & \cdots & K_{in} \\ \vdots & & & & & & & & \\ K_{j1} & \cdots & K_{ji} & \cdots & K_{jj} & \cdots & K_{jm} & \cdots & K_{jn} \\ \vdots & & & & & & & & \\ K_{m1} & \cdots & K_{mi} & \cdots & K_{mj} & \cdots & K_{mm} & \cdots & K_{mn} \\ \vdots & & & & & & & & \\ K_{n1} & \cdots & K_{ni} & \cdots & K_{nj} & \cdots & K_{nm} & \cdots & K_{nn} \end{pmatrix} \tag{9-29}$$

其中子矩阵

$$[K_{rs}]_{2\times2} = \sum_{e=1}^{m} \boldsymbol{K}_{rs}^{e}(r = 1,2,\cdots,n;s = 1,2,\cdots,n) \tag{9-30}$$

此矩阵是单元刚度矩阵扩大到 $2n\times2n$ 之后，在同一位置上子矩阵的和。由于式(9-28)中很多位置上的子矩阵都为零，所以实际上式（9-30）不必对全部单元求和，而只对分块矩阵［K_{rs}^{e}］的下标 $r=s$ 或者 r，s 属于同一结点号码的单元求和。

这样，便得到

$$\sum_{e=1}^{m}[K^{e}]_{2n\times2n}\{u\}_{2n\times1} = \sum_{e=1}^{m}\{F\}_{2n\times1}^{e}$$

$$[K]\{u\} = \{F\}$$

整体刚度矩阵［K］具有如下的性质：

（1）［K］中每列元素的物理意义是某一结点在坐标轴方向发生单位位移，而其他结点位移约束为零时，在所有结点上于坐标轴方向需施加的结点力。

（2）［K］的主元素是正的。［K］中的元素 K_{ss}（K_{ss}为与 u_{x2} 相对应的分块矩阵［K_{rs}］的元素）表示结点 2 在 x 方向产生的单位位移，而其他位移为零时，在结点 2 的 x 方向上必须施加的力，它自然应顺着位移方向，因而是正号。

（3）［K］是对称矩阵。由式(9-22)和式(9-30)可知

$$[K_{rs}] = \sum_{e=1}^{m}[K_{sr}^{e}]^{\mathrm{T}} = \sum_{e=1}^{m}([B_{\mathrm{s}}]^{\mathrm{T}}[D][B_{r}])^{\mathrm{T}}tA$$

$$= \sum_{e=1}^{m}([B_{r}]^{\mathrm{T}}[D][B_{\mathrm{s}}])tA = \sum_{e=1}^{m}[K_{sr}^{e}] = [K_{rs}]$$

所以［K］是对称矩阵。利用此对称性，在电子计算机中可只存贮刚度矩阵的上三角或下三角部分，这就可节省一半的存贮量。

（4）［K］是一个稀疏阵。整体刚度矩阵中绝大多数元素都是零，非零元素集中在主对角线附近呈带状，这种稀疏性的形成是由于整体刚度矩阵是把全部单元刚度矩阵按结点编号叠加所致的。如上述［K］中的第 r 行于矩阵［K_{rs}］，只有当下标 $r=s$ 或者 r 与 s 同属一个单元的结点号码时才不为零，其他为零。

如图 9-2（a）所示，当 $r=2$ 时，结点 2 只与周围四个结点 1，3，4，5 用三角形相连，这四个结点称为相关结点，子矩阵下标 s 与 r 属于同一个单元的结点号码。这样，矩阵［K］中第 r 行（$r=2$）的非零子矩阵只有 5 个（图 9-2（b）中之×号），其余为零。［K］的其他行也依此类推，其非零子矩阵如图 9-2(b）中的○号。从而可见，整体刚度矩阵［K］的非零元素呈带状集中分布在主对角线附近。这种矩阵称为带状矩阵。在半个斜带区中包括主对角线元素在内，每行具有的元素个数（不是子矩阵数)，称为半带宽，用 B 表示。半带宽的计算式为

$$B = (d+1)f$$

式中 d——相邻结点编号的最大差值；

f——结点的自由度数。

图 9-2（b）中 $d=3$，$f=2$，所以半带宽为

$$B = (3+1)\times2 = 8$$

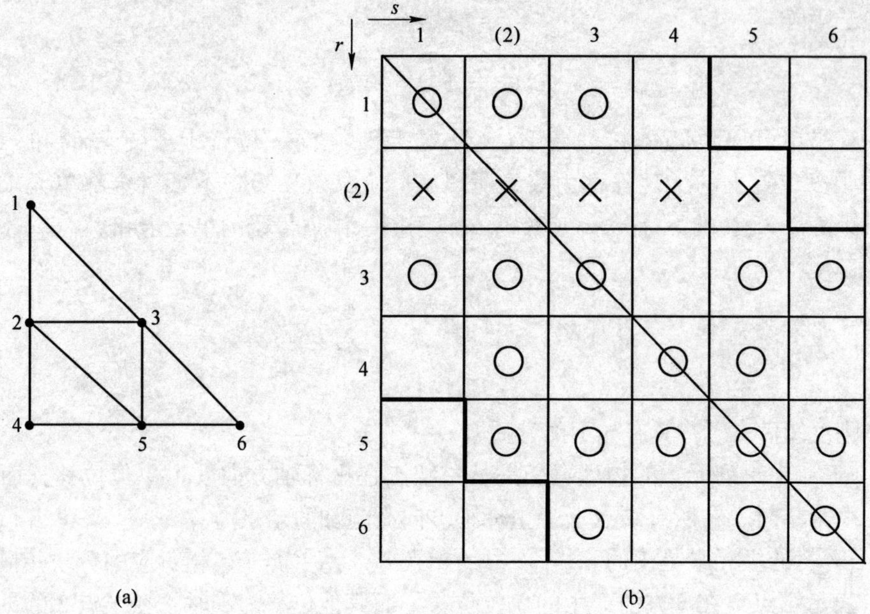

图 9-2　带状矩阵的成因

由于整体刚度矩阵的带状特点和对称性，在电子计算机中可只存贮上半带或下半带。

为了节省计算机存贮单元，应使 B 尽可能地小。这就要求结点编号时尽量使直接相邻的两结点（属于同一单元）的号码差减小以达到［K］具有较小的带宽，如图 9-3 所示，（b）比（a）情况可节省存贮单元。

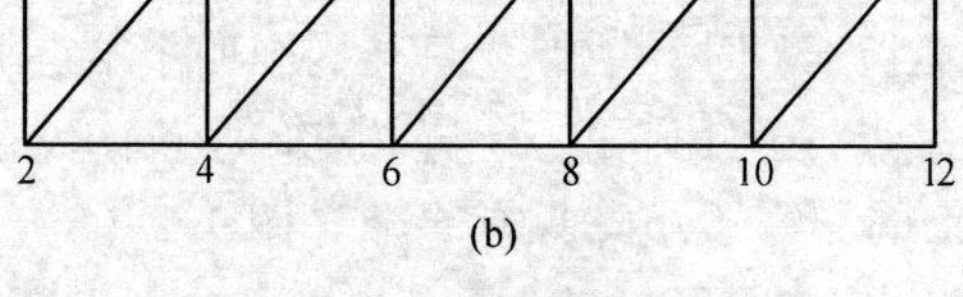

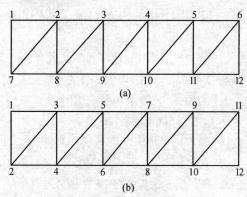

图 9-3　单元结点的两种编号情况

（5）［K］是一个奇异阵，在排除刚性位移后，它是正定阵。

因为弹性体在｛F｝作用下处于平衡，｛F｝的分量应满足三个静力平衡方程。与此相对反映在［K］中就存在两个线性相关的行或列，因而［K］是奇异的。

应指出，在排除刚性位移后［K］将是正定的。例如平面问题三角形单元

$$[K]\{u\} = \sum_{e=1}^{m}[K^e]\{u\} = \sum_{e=1}^{m}[B]^{\mathrm{T}}[D][B]tA\{u\}$$

将上式左乘 $\{u\}^{\mathrm{T}}$，并注意 $\{\varepsilon_e\} = [B]\{u\}^e$，在集合过程中将［$B$］扩大到 $3\times 2n$ 后，

有$[B]_{3\times 2n}\{u\}^{e}_{2n\times 1}=[B]_{3\times 2n}\{u\}_{2n\times 1}$，于是得 $\{u\}^{\mathrm{T}}[K]\{u\} = \sum_{e=1}^{m}\{\varepsilon_e\}^{\mathrm{T}}[D]\{\varepsilon_e\}tA$，由于 $[D]$ 是正定的，且 t 和 A 都是正的，因此仅当在每个单元中都有 $\{\varepsilon_e\}=0$ 时，才有 $\sum_{e=1}^{m}\{\varepsilon_e\}^{\mathrm{T}}[D]\{\varepsilon_e\}tA = 0$，否则它大于零。也就是当集合体排除了刚性位移 $\{\varepsilon_e\}=0$ 之后，若 $\{u\}\neq 0$，则二次型$\{u\}^{\mathrm{T}}[K]\{u\}$ 恒大于零。于是 $[K]$ 为正定阵。这样，必须考虑边界约束条件以排除集合体的刚性位移。消除了 $[K]$ 的奇异性才能从式（9-23）中解出结点位移。故必须对 $[K]$ 进行修正。

9.2.3 整体刚度矩阵的修正

一般情况下所研究问题的边界往往已有一定的位移约束条件，而排除了刚性运动的可能性。此时待定结点未知量的数目和方程的数目便可相应地减少。但是比较方便的做法是以某种方式引入已知的结点位移而保持方程原有数目（以免计算机存贮做大的更动）和 $[K]$ 的对称性不变来进行整体刚度矩阵的修正。下面以平面问题为例介绍两种办法：

（1）保持方程 $[K]\{u\}=F[K]$ 中的 $[K]$ 仍是 $2n\times 2$，而将 $[K]$ 和 $\{F\}$ 加以修正。现以四个方程的简例来说明。

$$\begin{pmatrix} K_{11} & K_{12} & K_{13} & K_{14} \\ K_{21} & K_{22} & K_{23} & K_{24} \\ K_{31} & K_{32} & K_{33} & K_{34} \\ K_{41} & K_{42} & K_{43} & K_{44} \end{pmatrix}\begin{Bmatrix} u_{x1} \\ u_{y1} \\ u_{x2} \\ u_{y2} \end{Bmatrix}=\begin{Bmatrix} F_1 \\ F_2 \\ F_3 \\ F_4 \end{Bmatrix} \tag{9-30a}$$

假设在此系统中指定结点位移 $u_{x1}=\beta_1$，$u_{x2}=\beta_2$，于是由方程（9-30a），可写成

$$\begin{pmatrix} 1 & 0 & 0 & 0 \\ 0 & K_{22} & 0 & K_{24} \\ 0 & 0 & 1 & 0 \\ 0 & K_{42} & 0 & K_{44} \end{pmatrix}\begin{Bmatrix} u_{x1} \\ u_{y1} \\ u_{x2} \\ u_{y2} \end{Bmatrix}=\begin{Bmatrix} \beta_1 \\ F_2-K_{21}\beta_1 \\ \beta_3 \\ F_4-K_{41}\beta_1-K_{43}\beta_3 \end{Bmatrix} \tag{9-30b}$$

然后，用这组维数不变的方程可解出所有结点位移。显然，其解为 $u_{x1}=\beta_1$，$u_{x2}=\beta_2$，u_{y1}，u_{y2}，它们仍为原方程的解。

（2）将方程 $[K]\{u\}=\{F\}$ 的 $[K]$ 中与指定结点位移有关的主对角线元素乘上一个大数，例如 1×10^{16}，同时将 $\{F\}$ 的对应元素换上结点位移指定值与同一个大数的乘积。式（9-30a）可写成

$$\begin{pmatrix} K_{11}\times 10^{15} & K_{12} & K_{13} & K_{14} \\ K_{21} & K_{22} & K_{23} & K_{24} \\ K_{31} & K_{32} & K_{33}\times 10^{15} & K_{34} \\ K_{41} & K_{42} & K_{43} & K_{44} \end{pmatrix}\begin{Bmatrix} u_{x1} \\ u_{y1} \\ u_{x2} \\ u_{y2} \end{Bmatrix}=\begin{Bmatrix} \beta_1 K_{11}\times 10^{15} \\ F_2 \\ \beta_1 K_{33}\times 10^{15} \\ F_4 \end{Bmatrix} \tag{9-30c}$$

为了看出此方程组能给出所求的结果，来考察第一方程

$$\beta_1 K_{12}\times 10^{15}=K_{11}\times 10^{15}u_{x1}+K_{12}u_{y1}+K_{13}u_{x2}+K_{14}u_{y2}$$

右边 2 ~4 项与 1 项比较可以忽略，可见

$$u_{x1}=\beta_1$$

9.2.4　等效结点力和载荷列阵

如上述式（9-23）中的载荷列阵 $\{F\}$ 是由集分体全部单元的等效结点力集合而成，即 $\{F\} = \sum_{e=1}^{m}\{F\}^e$。其中单元结点力 $\{F\}^e$ 是由作用在单元上的集中力 $\{G\}$、表面力 $\{p\}$ 和体积力 $\{q\}$，分别移置到结点上再逐点加以合成而得到的。例如，对平面问题，按虚功原理等效结点力大小可按下式确定

$$(\{u^*\}^e)^{\mathrm{T}}\{F\}^e = \{u_e^*\}^{\mathrm{T}}\{G\} + \int\{u_e^*\}^{\mathrm{T}}\{p\}t\mathrm{d}l + \iint\{u_e^*\}^{\mathrm{T}}\{q\}t\mathrm{d}x\mathrm{d}y \tag{9-30d}$$

式中，$\{u^*\}^e$、$\{u_e^*\}$ 分别表示单元结点和单元内任意点的虚位移列阵。等号左边表示单元等效结点力 $\{F\}^e$ 所做的虚功；等号右边 1～3 项分别表示集中力 $\{G\}$、面力 $\{p\}$ 体积力 $\{q\}$ 所做的虚功。

式（9-30d）也可以写成

$$(\{u^*\}^e)^{\mathrm{T}}\{F\}^e = (\{u^*\}^e)^{\mathrm{T}}([N]^{\mathrm{T}}\{G\} + \int\{N\}^{\mathrm{T}}\{p\}t\mathrm{d}l + \iint\{N\}^{\mathrm{T}}\{q\}t\mathrm{d}x\mathrm{d}y)$$

或

$$\{F\}^e = [N]^{\mathrm{T}}\{G\} + \int\{N\}^{\mathrm{T}}\{p\}t\mathrm{d}l + \iint\{N\}^{\mathrm{T}}\{q\}t\mathrm{d}x\mathrm{d}y = \{R\}^e + \{Q\}^e + \{P\}^e$$

式中，$\{R\}^e$、$\{P\}^e$ 和 $\{Q\}^e$ 分别为由集中力、面力和体积力移置到结点上得到的等效结点力。载荷列阵 $\{F\} = \sum\{R\}^e + \{P\}^e = \{Q\}^e = \{R\} + \{P\} + \{Q\}$。可以证明，由静力学平行力分解原理得到的等效结点力与按虚功相等原则得到的完全一致。

实际计算等效结点力时，对于均质等厚的三角形单元，由重力引起的等效结点力只需把 1/3 的重量移置到结点上。对于作用在长度为 l 的三角形一个边 ij 上强度为 q 的均布表面力，只需把$\frac{1}{2}qtl$ 移置到结点 i 及 j 上。又如线性分布载荷，如在结点 i 处强度为零，在结点 j 处强度为 q，则合力大小为$\frac{1}{2}qtl$，共需将合力的 1/3 移置到结点 i，2/3 移置到结点 j。

9.2.5　计算步骤及注意事项

例如对于三角形常应变单元解平面问题时其具体步骤归结如下：

（1）把弹性体划分成三角形单元。对结点进行编号，列出结点坐标作为输入信息。

（2）对单元进行编号。列出各单元三个结点的号码作为输入信息。

（3）计算载荷的等效结点力。把等效结点力作为输入信息。

（4）按照式（8-3）计算各单元的常数 $b_i, c_i, b_j, c_j, b_m, c_m$，再按式（8-2）计算 $2A$。

（5）按式（9-22）、式（9-20）计算各单元的刚度矩阵。

（6）按式（9-30）形成整体刚度矩阵中的非零子矩阵。

（7）约束条件的处理及整体刚度矩阵的修正。

（8）解线性方程组（9-23）求结点位移。

（9）按式(9-14)，并注意式(8-7)、式(9-21)，计算应力矩阵；按式(9-13)计算单元应力。

通常，步骤（4）～(9）由计算机完成；（1）～(3）可用手工完成，也可用计算机完成。

此外，还应注意如下事项：

（1）对于对称和反对称情况，可取部分物体作为计算模型。如受纯弯曲的梁对 x，y 轴几何对称，而载荷对 y 轴对称、对 x 轴反对称。如图 9-4（a）所示，只研究四分之一部分。

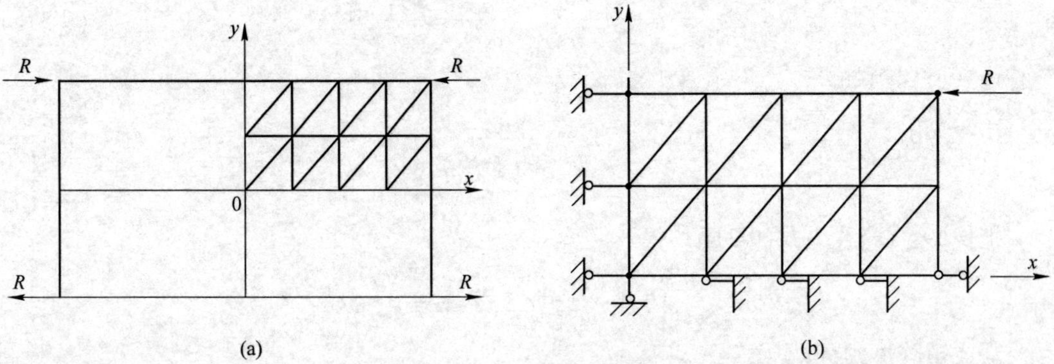

图 9-4 对称性的利用

对于删去部分应考虑处于 y 轴对称面内各结点 x 方向位移为零，而对于处在 x 轴反对称面上的各结点的 x 方向位移也都应等于零。这些条件相当于在图 9-4（b）上所加的约束；此外在零点加以 y 方向的约束是为了消除整体刚性移动。

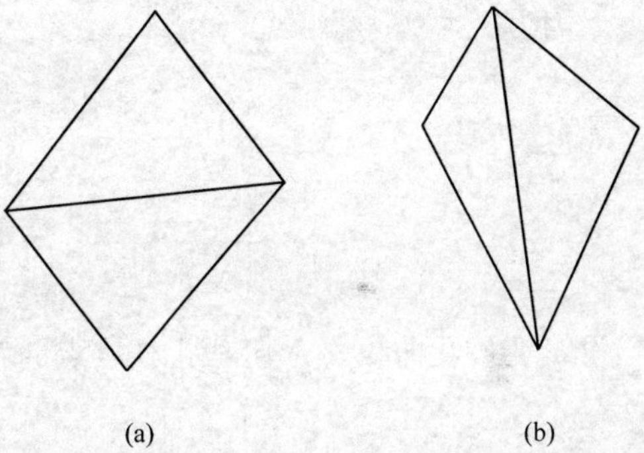

图 9-5 两种三角形单元

（2）一般集中载荷作用点、分布载荷强度的突变点、分布载荷与自由边界的分界点、支承点都应取为结点。结点的多少和分布的疏密，视计算精度和计算机容量而定。对应力变化急剧的区域可分细些，应力变化平缓区可以分粗些。此外，单元三条边也不要差得太悬殊，以免计算中出现过大的误差，如图 9-5 所示，（a）比（b）更加合理。相邻结点的号码差尽可能小以减少［K］的带宽。三角形面积 A 取绝对值（由于 i, j，m 顺序的任意安排可使 A 出现负值）。三角形常应变单元，也是常应力单元，算出的应力作为单元形心处的应力。

9.3 弹－塑性矩阵

上面介绍了线弹性有限元法。当物体产生塑性变形之后，塑性变形区内的几何方程和平衡方程与弹性变形时相同。但是，其应力应变关系，则由线性变为非线性的，应力和应变也不再一一对应。这时应建立应力增量与应变增量之间的关系，即

$$\mathrm{d}\{\sigma\} = [D]_{ep}\mathrm{d}\{\varepsilon\} \tag{9-31}$$

目前弹塑性有限元法有两种：变刚度法和初载荷法（包括初应力和初应变法）。为了

讲述这两种方法需首先介绍联系应变增量和应力增量的弹 - 塑性矩阵 $[D]_{ep}$。

在以后的计算中，假定材料是各向同性强化材料，并采用 Mises 屈服条件和 Reuss 应力 - 应变关系。

由等效应力式（5-14）可知

$$\frac{\partial\bar{\sigma}}{\partial\sigma_{11}}=\frac{3}{2}\quad\frac{s_{11}}{\bar{\sigma}},\cdots,\frac{\partial\bar{\sigma}}{\partial\sigma_{12}}=\frac{3\sigma_{12}}{\sigma},\cdots \tag{9-31a}$$

由式(5-48)知

$$d\varepsilon_{ij}^{p}=\frac{3}{2}\frac{d\bar{\varepsilon}^{p}}{\sigma}s_{ij} \tag{9-31b}$$

把式(9-31a)代入式(9-31b)，得

$$d\varepsilon_{11}^{p}=\frac{\partial\bar{\sigma}}{\partial\sigma_{11}}d\bar{\varepsilon}^{p},\cdots,d\gamma_{12}^{p}=2\varepsilon_{12}^{p}=\frac{\partial\bar{\sigma}}{\partial\tau_{12}}d\bar{\varepsilon}^{p},\cdots$$

写成矩阵形式，得

$$d\{\varepsilon\}^{p}=\frac{\partial\bar{\sigma}}{\partial\{\sigma\}}d\bar{\varepsilon}^{p} \tag{9-31c}$$

式中，$d\{\varepsilon\}^{p}$ 为塑性应变增量矢量。

又因为

$$d\bar{\sigma}=\frac{\partial\bar{\sigma}}{\partial\sigma_{ij}}-d\sigma_{ij}$$

即

$$d\bar{\sigma}=\left(\frac{\partial\bar{\sigma}}{\partial\{\sigma\}}\right)^{T}d\{\sigma\} \tag{9-31d}$$

设 φ' 为硬化曲线 $\bar{\sigma}-\int d\bar{\varepsilon}^{p}$ 上任一点的斜率，则

$$\psi'=\frac{d\bar{\sigma}}{d\bar{\varepsilon}^{p}}$$

由式(9-31d)得

$$\left(\frac{\partial\bar{\sigma}}{\partial\{\sigma\}}\right)^{T}d\{\sigma\}=\psi'd\bar{\varepsilon}^{p} \tag{9-31e}$$

在弹 - 塑性问题中，全应变增量 $d\{\varepsilon\}$ 可以分解为弹性应变增量 $d\{\varepsilon\}^{e}$ 和塑性应变增量 $d\{\varepsilon\}^{p}$，即

$$d\{\varepsilon\}=d\{\varepsilon\}^{e}+d\{\varepsilon\}^{p} \tag{9-31f}$$

应力增量 $d\{\sigma\}$ 和它所产生的弹性应变增量 $d\{\varepsilon\}^{e}$ 满足线弹性胡克定律，可写成

$$d\{\sigma\}=[D]d\{\varepsilon\}^{e} \tag{9-31g}$$

所以

$$d\{\sigma\}=[D](d\{\varepsilon\}-d\{\varepsilon\}^{p}) \tag{9-31h}$$

两边乘以 $\left(\frac{\partial\bar{\sigma}}{\partial\{\sigma\}}\right)^{T}$ 后，得

$$\left(\frac{\partial\bar{\sigma}}{\partial\{\sigma\}}\right)^{T}d\{\sigma\}=\left(\frac{\partial\bar{\sigma}}{\partial\{\sigma\}}\right)^{T}[D](d\{\varepsilon\}-d\{\varepsilon\}^{p})$$

利用式(9-31e)和式(9-31c)得

$$\psi' \mathrm{d}\bar{\varepsilon}^{p} = \left(\frac{\partial \sigma}{\partial\{\sigma\}}\right)^{\mathrm{T}}[D]\mathrm{d}\{\varepsilon\} - \left(\frac{\partial \sigma}{\partial\{\sigma\}}\right)^{\mathrm{T}}[D]\frac{\partial \sigma}{\partial\{\sigma\}}\mathrm{d}\bar{\varepsilon}^{p}$$

$$\mathrm{d}\bar{\varepsilon}^{p} = \frac{\left(\frac{\partial \bar{\sigma}}{\partial\{\sigma\}}\right)^{\mathrm{T}}[D]\mathrm{d}\{\varepsilon\}}{\psi' + \left(\frac{\partial \bar{\sigma}}{\partial\{\sigma\}}\right)^{\mathrm{T}}[D]\frac{\partial \bar{\sigma}}{\partial\{\sigma\}}} \tag{9-31i}$$

将式(9-31i)代入式(9-31c)，再代入式(9-31h)，得

$$\mathrm{d}\{\sigma\} = \left([D] - \frac{[D]\frac{\partial \bar{\sigma}}{\partial\{\sigma\}}\left(\frac{\partial \bar{\sigma}}{\partial\{\sigma\}}\right)^{\mathrm{T}}[D]}{\varphi' + \left(\frac{\partial \bar{\sigma}}{\partial\{\sigma\}}\right)^{\mathrm{T}}[D]\frac{\partial \bar{\sigma}}{\partial\{\sigma\}}}\right)\mathrm{d}\{\varepsilon\} \tag{9-31j}$$

$$[D]^{p} = \frac{[D]\frac{\partial \bar{\sigma}}{\partial\{\sigma\}}\left(\frac{\partial \bar{\sigma}}{\partial\{\sigma\}}\right)^{\mathrm{T}}[D]}{\psi' + \left(\frac{\partial \bar{\sigma}}{\partial\{\sigma\}}\right)^{\mathrm{T}}[D]\frac{\partial \bar{\sigma}}{\partial\{\sigma\}}} \tag{9-32}$$

则

$$d\{\sigma\} = ([D] - [D]^{p})\mathrm{d}\{\varepsilon\} \tag{9-33}$$

这里弹－塑性矩阵定义为

$$[D]^{ep} = [D] - [D]^{p} \tag{9-34}$$

在计算中需要写出 $[D]_{ep}$的表达式。由式（9-34）和式（9-32）可知，求 $[D]_{ep}$的表达式关键在于计算 $[D]\frac{\partial \sigma}{\partial\{\sigma\}}$的项。注意到 $[D]$ 的表达式（8-44）和 $s_{11}+s_{22}+s_{33}$，得

$$[D]\frac{\partial \bar{\sigma}}{\partial\{\sigma\}} = \frac{3G}{\bar{\sigma}}(s_{11} \quad s_{22} \quad s_{33} \quad \sigma_{12} \quad \sigma_{23} \quad \sigma_{31})^{\mathrm{T}}$$

式中 G——材料的剪切模量，$G = \frac{F}{2(1+\gamma)}$。

由

$$\left([D]\frac{\partial \bar{\sigma}}{\partial\{\sigma\}}\right)^{\mathrm{T}} = \left(\frac{\partial \bar{\sigma}}{\partial\{\sigma\}}\right)^{\mathrm{T}}[D]\text{（因为}[D]\text{为对称阵）}$$

及式（9-32），易得

$$[D]^{p} = \frac{9G^{2}}{(\psi' + 3G)\sigma^{2}}\begin{pmatrix} s_{11}^{2} & s_{11}s_{22} & s_{11}s_{33} & s_{11}s_{12} & s_{11}s_{23} & s_{11}s_{31} \\ & s_{11}^{2} & s_{22}s_{33} & s_{22}s_{12} & s_{22}s_{23} & s_{22}s_{31} \\ & & s_{33}^{2} & s_{33}s_{12} & s_{33}s_{23} & s_{33}s_{31} \\ & & & \sigma_{12}^{2} & \sigma_{12}\sigma_{23} & \sigma_{12}\sigma_{31} \\ & \text{对称} & & & \sigma_{23}^{2} & \sigma_{23}\sigma_{31} \\ & & & & & \sigma_{2}\sigma_{31} \end{pmatrix} \tag{9-35}$$

把式(8-44)和式(9-35)代入式(9-34)，就可得三维问题的弹塑性矩阵

$$[D]_{ep}=\frac{E}{1+\nu}\begin{pmatrix}\frac{1-\nu}{1-2\nu}-\frac{s_{11}^2}{S} & \frac{1-\nu}{1-2\nu}-\frac{s_{11}s_{33}}{S} & \frac{1-\nu}{1-2\nu}-\frac{s_{11}s_{33}}{S} & -\frac{s_{11}s_{33}}{S} & -\frac{s_{11}s_{33}}{S} & -\frac{s_{11}s_{33}}{S}\\ & \frac{1-\nu}{1-2\nu}-\frac{s_{22}^2}{S} & \frac{1-\nu}{1-2\nu}-\frac{s_{22}s_{33}}{S} & -\frac{s_{22}s_{12}}{S} & -\frac{s_{22}s_{23}}{S} & -\frac{s_{22}s_{31}}{S}\\ & & \frac{1-\nu}{1-2\nu}-\frac{s_{33}^2}{S} & -\frac{s_{33}s_{12}}{S} & -\frac{s_{33}s_{23}}{S} & -\frac{s_{33}s_{31}}{S}\\ & \text{对称} & & \frac{1}{2}-\frac{\sigma_{12}^2}{S} & -\frac{\sigma_{12}\sigma_{23}}{S} & -\frac{\sigma_{12}\sigma_{31}}{S}\\ & & & & \frac{1}{2}-\frac{\sigma_{12}^2}{S} & -\frac{\sigma_{23}\sigma_{31}}{S}\\ & & & & & \frac{1}{2}-\frac{\sigma_{31}^2}{S}\end{pmatrix}\tag{9-36}$$

式中

$$S=\frac{2}{3}\bar{\sigma}^2\left(\frac{\varphi'}{3G}+1\right)\tag{9-37}$$

对轴对称情况，我们取 σ_{11} 为轴正应力 σ_z，σ_{22} 为径向正应力 σ_r，σ_{33} 为环向正应力 σ_θ，而 $\sigma_{12}=\tau_{zr}$，$\sigma_{23}=\tau_{r\theta}=0$，$\sigma_{31}=\tau_{\theta z}=0$，并记

$$\mathrm{d}\{\sigma\}=[\mathrm{d}\sigma_z\quad \mathrm{d}\sigma_r\quad \mathrm{d}\sigma_\theta\quad \mathrm{d}\tau_{zr}]^{\mathrm{T}},\mathrm{d}\{\varepsilon\}=[\mathrm{d}\varepsilon_z\quad \mathrm{d}\varepsilon_r\quad \mathrm{d}\varepsilon_\theta\quad \mathrm{d}\gamma_{zr}]^{\mathrm{T}}$$

则由式（9-36）中划去最后的二行二列使得到相应的弹－塑性矩阵为

$$[D]_{ep}=\frac{E}{1+\gamma}\begin{pmatrix}\frac{1-\nu}{1-2\nu}-\frac{s_z^2}{S} & \frac{1-\nu}{1-2\nu}-\frac{s_zs_r}{S} & \frac{1-\nu}{1-2\nu}-\frac{s_zs_\theta}{S} & -\frac{s_z\tau_{zr}}{S}\\ & \frac{1-\nu}{1-2\nu}-\frac{s_z^2}{S} & \frac{1-\nu}{1-2\nu}-\frac{s_rs_\theta}{S} & -\frac{s_r\tau_{zr}}{S}\\ \text{对称} & & \frac{1-\nu}{1-2\nu}-\frac{s_\theta^2}{S} & -\frac{s_\theta\tau_{zr}}{S}\\ & & & \frac{1}{2}-\frac{\tau_{zr}^2}{S}\end{pmatrix}\tag{9-38}$$

其中，S 仍由式（9-37）确定，此时

$$\bar{\sigma}=\left\{\frac{3}{2}(s_z^2+s_r^2+s_\theta^2+2\tau_{zr}^2)\right\}^{1/2}\tag{9-39}$$

对于平面应力状态，则 $\sigma_{33}=\sigma_{23}=\sigma_{31}$，注意［$D$］的表达式（9-21）和

$$\bar{\sigma}=\sqrt{\sigma_{11}^2+\sigma_{22}^2-\sigma_{11}\sigma_{22}+3\sigma_{12}^2}\tag{9-40}$$

按同上方法可得

$$[D]^p=\frac{E}{Q(1-\nu^2)}\begin{pmatrix}(s_{11}+\nu s_{22})^2 & (s_{11}+\nu s_{22})(s_{22}+\nu s_{11}) & (1-\nu)(s_{11}+\nu s_{22})\sigma_{12}\\ & (s_{22}+\nu s_{11})^2 & (1-\nu)(s_{22}+\nu s_{11})\sigma_{12}\\ \text{对称} & & (1-\nu)^2\sigma_{12}^2\end{pmatrix}\tag{9-41}$$

而

$$Q=s_{11}^2+s_{22}^2-2\nu s_{11}s_{22}+2(1-\nu)\sigma_{12}^2+\frac{2\psi'(1-\nu)\bar{\sigma}^2}{9G}\tag{9-42}$$

把式（9-21）和式（9-41）代入式（9-34），得平面应力问题的弹－塑性矩阵为

$$[D]_{ep}=\frac{E}{Q}\begin{pmatrix} s_{22}^2+2P & -s_{11}s_{22}+2\nu P & -\frac{s_{11}+\nu s_{22}}{1+\nu}\sigma_{12} \\ & s_{11}^2+2P & -\frac{s_{22}+\nu s_{11}}{1+\nu}\sigma_{12} \\ \text{对称} & & \frac{R}{2(1+\nu)}+\frac{2\psi'}{9E}(1-\nu)\overline{\sigma}^2 \end{pmatrix} \tag{9-43}$$

其中

$$P=\frac{2\psi'}{9E}\overline{\sigma}^2+\frac{\sigma_{12}^2}{1+\nu}$$

$$R=s_{11}^2+2\nu s_{11}s_{22}+s_{22}^2 \tag{9-44}$$

而 Q 的表达式（9-42）可改写为

$$Q=R+2(1-\nu^2)P \tag{9-45}$$

对于平面应变问题，$\sigma_{33}=\nu(\sigma_{11}+\sigma_{22})$，$\sigma_{23}=\sigma_{31}=0$ 的弹性矩阵，只需将式(9-21)中的 E 和 γ 分别换成 $E/(1-\nu^2)$ 和 $\nu/(1-\nu)$ 即可。

对弹－塑性阶段平面变形时，取 $\nu=1/2$，$\sigma_{33}=(\sigma_{11}+\sigma_{22})/2, s_{33}=0$

$$\overline{\sigma}=\frac{\sqrt{3}}{2}\sqrt{(\sigma_{11}-\sigma_{22})^2+4\sigma_{12}^2} \tag{9-46}$$

关于平面应变问题的弹－塑性矩阵 $[D]_{ep}$ 可用式（9-43）直接得到，只需将 E 换成 $E/(1-\nu^2)$，ν 换成 $\nu/(1-\nu)$。

由上可见，在弹－塑性矩阵中出现了 φ'，φ'如何确定呢？前已述及，$\sigma=\varphi(\varepsilon^p)$ 描述了简单拉伸时拉伸应力与塑性拉伸应变之间的函数关系。但通常的拉伸试验往往只给出拉伸应力与全拉伸应变之间的关系

$$\sigma=f(\varepsilon) \tag{9-47}$$

我们需要通过式（9-47）来确定 ψ'。

由于全拉伸应变由弹性和塑性两部分组成

$$\varepsilon=\varepsilon^e+\varepsilon^p=\frac{\sigma}{E}+\varepsilon^p$$

代入式（9-47）得

$$\sigma=f(\varepsilon)=f\left(\frac{\sigma}{E}+\varepsilon^p\right) \tag{9-48}$$

对式（9-48）微分得

$$\mathrm{d}\sigma=\left(\frac{\mathrm{d}\sigma}{E}+\mathrm{d}\varepsilon^p\right)f'$$

或

$$\left(1-\frac{f'}{E}\right)\mathrm{d}\sigma=f'\mathrm{d}\varepsilon^p$$

由此得

$$\psi'=\frac{\mathrm{d}\sigma}{\mathrm{d}\varepsilon^p}=\frac{f'}{1-\frac{f'}{E}} \tag{9-49}$$

这就是所需要的用一般拉伸曲线、$\sigma = f(\varepsilon)$ 的斜率f'表示的ψ'。

如果材料的强化程度不大，即进入屈服后$f' = \dfrac{\mathrm{d}\sigma}{\mathrm{d}\varepsilon} \ll E$时，由于$f'/E \ll 1$，式(9-49)就可近似化为

$$\psi' = \frac{f'}{1 - \dfrac{f'}{E}} \approx f' \tag{9-50}$$

此时可用简单拉伸曲线的斜率来近似表示ψ'。

9.4　弹－塑性有限元的变刚度法

我们可以把全部外载荷分成若干部分，进入屈服之后，每次所加的载荷增量足够小时，可将式（9-31）写成增量形式

$$\Delta\{\sigma\} = [D]_{ep}\Delta\{\varepsilon\} \tag{9-51}$$

由式（9-36）可见，$[D]_{ep}$只与加载前的应力水平有关，而与应力增量无关。因此式（9-51）表示了$\Delta\{\sigma\}$和$\Delta\{\varepsilon\}$之间的线性关系。又由于位移插值函数，位移－应变的几何关系与弹性变形时相同，所以对于每次加载，解弹塑性问题都可用与弹性有限元法完全相同的计算格式进行。也就是解基本方程

$$[K]\Delta\{u\} = \Delta\{F\} \tag{9-52}$$

式中　$[K]$——由单元刚度矩阵$[K^e]$叠加起来而成的整体刚度矩阵；

$\Delta\{F\}$——由作用的载荷增量而得到的结点载荷增量列阵；

$\Delta\{u\}$——每次加载引起的结点位移增量列阵。

式(9-52)可由增量理论的最小势能原理导出。

注意到

$$\{\sigma\} = [D]_{ep}\{\varepsilon\} \quad 或 \quad \Delta\{\sigma\} = [D]_{ep}\Delta\{\varepsilon\}$$

$$\{\varepsilon\} = [B]\{u\}^e \quad 或 \quad \Delta\{\varepsilon\} = [B]\Delta\{u\}^e$$

$$\{\sigma\} = [D]_{ep}[B]\{u\}^e \quad 或 \quad \Delta\{\sigma\} = [D]_{ep}[B]\Delta\{u\}^e$$

$$\{\sigma\}^{\mathrm{T}} = \{u\}^{e\mathrm{T}}[B]^{\mathrm{T}}[D]_{ep}^{\mathrm{T}} = \{u\}^{e\mathrm{T}}[B]^{\mathrm{T}}[D]_{ep}\ ([D]_{ep}是对称阵)$$

或

$$\Delta\{\sigma\}^{\mathrm{T}} = \Delta\{u\}^{e\mathrm{T}}[B]^{\mathrm{T}}[D]_{ep}$$

按增量理论的最小势能原理式（6-72），则

$$\begin{aligned}\tilde{\phi} &= \sum_{e=1}^{m}\frac{1}{2}\iiint_{V_e}\Delta\{\sigma\}^{\mathrm{T}}\Delta\{\varepsilon\}\mathrm{d}V - \sum_{e=1}^{m}\Delta\{F\}^{e\mathrm{T}}\Delta\{u\}^e \\ &= \sum_{e=1}^{m}\Delta\{u\}^{e\mathrm{T}}\frac{1}{2}\iiint_{V_e}[B]^{\mathrm{T}}[D]_{ep}[B]\Delta\{u\}^e\mathrm{d}V_e - \sum_{e=1}^{m}\Delta\{F\}\Delta\{u\}^e \\ &= \sum_{e=1}^{m}\frac{1}{2}\Delta\{u\}^{e\mathrm{T}}[K^e]\Delta\{u\}^e - \sum_{e=1}^{m}\Delta\{u\}^{e\mathrm{T}}\Delta\{F\}^e\end{aligned}$$

式中　$[K^e]$——进入屈服后的单元刚度矩阵，$[K^e] = \iiint_{V_e}[B]^{\mathrm{T}}[D]_{ep}[B]\mathrm{d}V_e$。

由$\delta\tilde{\phi} = 0$，则得式（9-52）。其中

$$[K] = \sum_{e=1}^{m}[K^e]$$

$$\Delta\{F\} = \sum_{e=1}^{m}\Delta\{F\}^e$$

应指出，处于弹性状态的单元刚度矩阵仍按式（9-17）确定，即

$$[K^e] = \iiint_{V_e}[B]^{\mathrm{T}}[D][B]\mathrm{d}V_e$$

前已述及，进入屈服后 $[D]_{ep}$ 是与此次加载前的应力有关，因此 $[K]$ 是每次加载前的应力的函数，其计算过程如下：若设物体开始屈服时的应力、应变和结点位移分别为 $\{\sigma\}_0$、$\{\varepsilon\}_0$、$\{u\}_0$，再加载时弹-塑性矩阵 $[D]_{ep}$ 因之 $[K]$ 应用 $\{\sigma\}_0$ 来计算。然后求解方程组

$$[K]_0\Delta\{u\}_1 = \Delta\{F\}_1 \tag{9-53}$$

可求出：$\Delta\{u\}_1$、$\Delta\{\varepsilon\}_1$ 和 $\Delta\{\sigma\}_1$。由此得到经过第一次载荷增量后的位移、应变和应力的新水平

$$\{u\}_1 = \{u\}_0 + \Delta\{u\}_1$$

$$\{\varepsilon\}_1 = \{\varepsilon\}_0 + \Delta\{\varepsilon\}_1$$

$$\{\sigma\}_1 = \{\sigma\}_0 + \Delta\{\sigma\}_1$$

继续增加载荷重复上述计算，直到全部载荷加完为止，因此式（9-53）可写成如下的通式

$$\left.\begin{aligned}&[K]_{i-1}\Delta\{u\}_i = \Delta\{F\}\\&\{u\}_i = \{u\}_{i-1} + \Delta\{u\}_i\\&\{\varepsilon\}_i = \{\varepsilon\}_{i-1} + \Delta\{\varepsilon\}_i\\&\{\sigma\}_i = \{\sigma\}_{i-1} + \Delta\{\sigma\}_i\end{aligned}\right. \tag{9-54}$$

由于每次加载都必须重新计算刚度矩阵，故这种方法称为变刚度法。

通常，在逐步加载过程中，塑性区不断扩展。有些单元虽处于弹性区，但它们与塑性区相邻近，因而在增加载荷 $\Delta\{F\}$ 的过程中进入塑性区，由这些单元构成的区域称为过渡区域。

对弹性单元用 $[D]$ 求 $[K^e]$；对屈服后的塑性单元，用 $[D]_{ep}$ 求 $[K^e]$；但对过渡单元无论用 $[D]$ 或用 $[D]_{ep}$ 求 $[K^e]$，都会带来不小的误差。

对于过渡单元可采用加权平均弹-塑性矩阵

$$[\overline{D}]_{ep} = m[D] + (1-m)[D]_{ep} \tag{9-55}$$

而单元刚度矩阵为

$$[\overline{K^e}] = \iiint_{V_e}[B]^{\mathrm{T}}[\overline{D}]_{ep}[B]\mathrm{d}V_e \tag{9-56}$$

式（9-55）中的 m 称为加权系数，可用下式确定

$$m = \frac{\Delta\overline{\varepsilon}_{\mathrm{s}}}{\Delta\overline{\varepsilon}} \quad (0 \leqslant m \leqslant 1) \tag{9-57}$$

式中　$\Delta\bar{\varepsilon}_s$——单元达到所需要的等效应变增量；

$\Delta\bar{\varepsilon}$——由这次载荷增量引起的等效应变增量。

$m=1$ 时，$[\bar{D}]_{ep}$为弹性矩阵；$m=0$ 时，$[\bar{D}]_{ep}$为弹－塑性矩阵。

在确定 m 时，首先可算出 $\Delta\bar{\varepsilon}_s$；$\Delta\bar{\varepsilon}$ 的估计，开始时往往不够精确，通常第一次计算是把过渡单元看做弹性元处理，而得到 $\Delta\bar{\varepsilon}$，根据计算结果修正 $\Delta\bar{\varepsilon}$，经 2～3 次这样的迭代可以计算出比较精确的结果。

变刚度法的主要计算步骤如下：

（1）对变形体施加一适当的载荷 $\{F\}_0$，每个单元计算结点的弹性位移和单元内的弹性应变、应力和等效应力。找出等效应力的最大值 σ_{max}。

（2）计算比值$\dfrac{\sigma_s}{\sigma_{max}}=\dfrac{1}{L}$（$\sigma_s$ 为变形体的屈服应力）。为了使具有最大等效应力的单元达到屈服面加大外载荷，在外载荷$\dfrac{\{F\}_0}{L}$的作用下重新计算各单元的结点位移和单元内的应变、应力和等效应力。

（3）对进入屈服的单元（开始往往只有一个单元屈服）计算 $[D]_{ep}$和 $[K^e]$，对于仍处于弹性状态的每个单元计算 $[D]$ 和 $[K^e]$。

（4）施加载荷增量 $\Delta\{F\}$ 估计各单元所引起的 $\Delta\bar{\varepsilon}$，并计算单元应力达屈服点时所需的等效应变增量 $\Delta\bar{\varepsilon}_s$，然后由式（9-17）确定过渡单元的 m 值，并计算 $[D]_{ep}$和 $[K^e]$。

（5）对于每个单元按其弹性区、塑性区、过渡区的不同情况形成单元刚度矩阵后，把这些单元刚度矩阵组合成整体刚度矩阵。

（6）解基本方程求得位移增量，进而计算应变增量及等效应变增量，并按此修改 $\Delta\bar{\varepsilon}$ 和 m，重复修改 m 值 2～3 次。

（7）计算应力增量，并把应力增量、位移增量、应变增量加到加载前的水平上去。

（8）输出结果。

（9）载荷全部加完，则停机。否则，回到（3）继续计算。

【例题】　图 9-6 是圆轴锻压的有限元网格，由于对称只取圆的四分之一进行计算，共有 112 个单元，71 个结点，在水平和垂直对称面上分别设有垂直方向支承 8 个，水平方向支承 11 个，外载荷垂直作用在 68，69，70 号结点上，半带宽为 32，材料屈服应力 $\sigma_s=84.336$MPa，锻造砧宽为 360mm，压下量为 10mm。

对变形体先施加载荷 1765.8kN，此时算出的$\dfrac{1}{L}=3.4785$。然后重新加载荷 $P_0=1765.8\times3.4785=6142.34$kN，这时 110 号单元开始屈服。以后每次施加载荷增量 $\Delta P=P_0\times0.04=245.25$kN，当加到第六次载荷增量以后上下塑性区开始相遇，此时的累计载荷就是变形力 $P=P_0+6\times\Delta P=7616.48$kN。和用滑移线法计算结果相比，两者差一般不超过 2%。

用有限元确定的各阶段塑性区的扩展情况如图 9-7 所示，这和实验结果一致。

用有限元法算出的沿垂直轴 σ_x 的分布及沿水平轴 σ_z、σ_y 的分布如图 9-8 所示。由图 9-8（a）可见，工件中部存在拉应力 σ_x，如材料内部塑性较差，便会由此拉应力而引起中心区开裂，这也和很多实验结果相符。

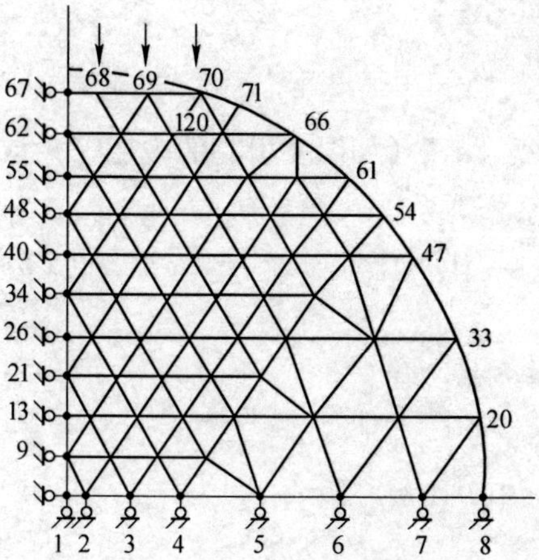

图 9-6　圆轴锻压的有限元网格

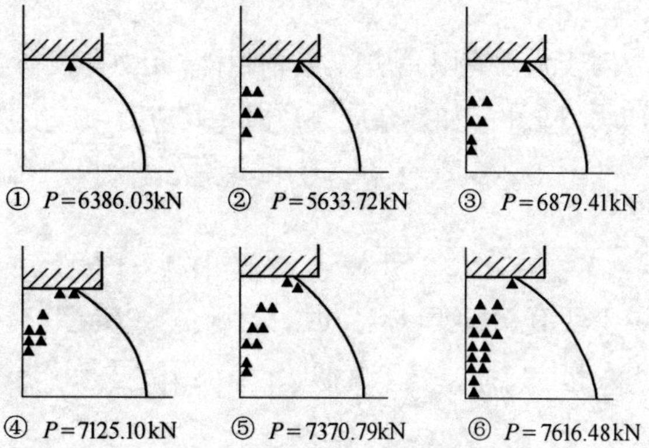

图 9-7　塑性区的扩展情况

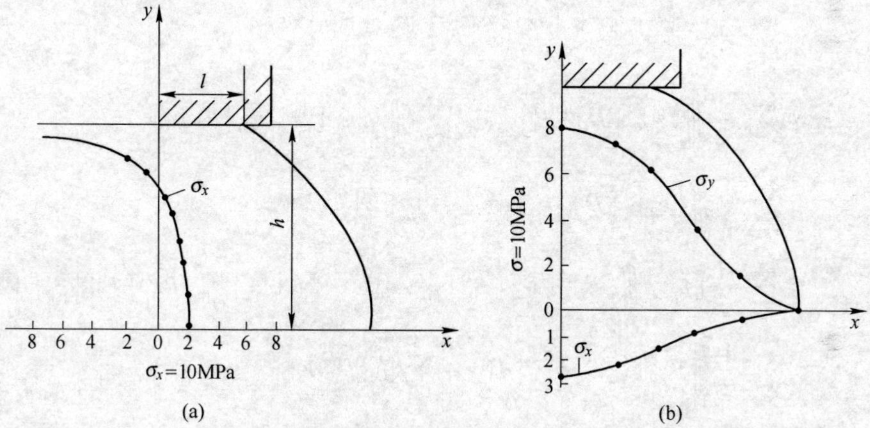

图 9-8　σ_x 沿垂直轴（a）和 σ_x、σ_y 沿水平轴（b）的分布

应指出，对具有加工硬化的材料，用有限元法计算应力和应变是很方便的。圆轴锻压通常采用热变形。此时可以忽略加工硬化。该例题对每一步载荷增量以后，将超过屈服表面的应力值拉回到屈服面上来(图 9-9)。为了减少计算时间，对过渡单元仍按弹性处理，只是在计算以后把超过屈服表面的应力值拉回屈服表面上来，这也能得到较满意的结果。此外，对 $\bar{\sigma} \geqslant 0.99\sigma_s$ 的单元在下一步及以后各次计算中都按已屈服单元来处理。

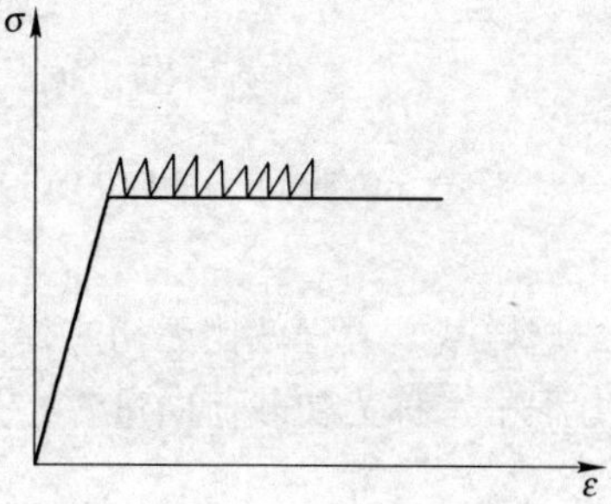

图 9-9　σ-ε 关系曲线

此外，用弹－塑性有限元法，对平压头压入、圆环压缩、轧制、挤压和拉拔等变形过程也进行了解析。

9.5　弹－塑性有限元的初载荷法

对于弹性有限元法，当弹性体单元中存在初应变 $\{\varepsilon_0\}$（如温度引起的应变等）或有初应力 $\{\sigma_0\}$（如残余应力）时，其应力－应变关系分别为

$$\{\sigma\}=[D](\{\varepsilon\}-\{\varepsilon_0\})=[D]\{\varepsilon\}_i \tag{9-58a}$$

和

$$\{\sigma\}=[D]\{\varepsilon\}+\{\sigma_0\} \tag{9-58b}$$

对于有初应变 $\{\varepsilon_0\}$ 时，泛函

$$\begin{aligned}\phi &= \sum_e \frac{1}{2}\iiint_{V_e}\{\varepsilon\}_i^{\mathrm{T}}\{\sigma\}\mathrm{d}V_e-\sum_e\{u\}^{e\mathrm{T}}\{F\}^e\\ &=\frac{1}{2}\iiint_{V_e}[\{\varepsilon\}-\{\varepsilon_0\}]^{\mathrm{T}}[D](\{\varepsilon\}-\{\varepsilon_0\})\mathrm{d}V_e-\sum_e[u]^{e\mathrm{T}}\{F\}^e\end{aligned}$$

由于

$$\{\varepsilon\}^{\mathrm{T}}[D]\{\varepsilon_0\}=\{\varepsilon_0\}^{\mathrm{T}}[D]\{\varepsilon\}$$

所以

$$\begin{aligned}\phi &= \sum_e \frac{1}{2}\iiint_{V_e}\{\varepsilon\}^{\mathrm{T}}[D]\{\varepsilon\}\mathrm{d}V_e-\sum_e\iiint_{V_e}\{\varepsilon\}^{\mathrm{T}}[D]\{\varepsilon_0\}\mathrm{d}V_s+\\ &\quad\sum_e\frac{1}{2}\iiint_{V_e}\{\varepsilon_0\}^{\mathrm{T}}[D]\{\varepsilon_0\}\mathrm{d}V_e-\sum_e[u]^{e\mathrm{T}}\{F\}^e\\ &=\sum_e\frac{1}{2}[u]^{e\mathrm{T}}\iiint_{V_e}[B]^{\mathrm{T}}[D][B][u]e\mathrm{d}V_e-\sum_e[u]^{e\mathrm{T}}\iiint_{V_e}\{B\}^{\mathrm{T}}[D]\{\varepsilon_0\}\mathrm{d}V+\\ &\quad\sum_e\frac{1}{2}\iiint_{V_e}\{\varepsilon_0\}^{\mathrm{T}}[D]\{\varepsilon_0\}\mathrm{d}V_e-\sum_e[u]^{e\mathrm{T}}\{F\}^e\end{aligned} \tag{9-59}$$

由 $\delta\phi=0$，得

$$\sum_e[K^e]\{u\}^e=\sum_e\{F\}^e+\sum_e\iiint_{V_e}[B]^{\mathrm{T}}[D]\{\varepsilon_0\}\mathrm{d}V_e \tag{9-59a}$$

同理，对于有初应力 $\{\sigma_0\}$ 的情况，则有

$$\sum_e[K^e]\{u\}^e=\sum_e\{F\}^e-\sum_e\iiint_{V_e}[B]^{\mathrm{T}}[D]\{\varepsilon_0\}\mathrm{d}V_e \tag{9-59b}$$

对于式（9-59a）和式（9-59b）可写成如下的通式

$$[K]\{u\}=\{F\}+\{\xi\} \tag{9-60}$$

这样基本方程就比无初应变或无初应力时的多 $\{\xi\}$ 一项。$\{\xi\}$ 作为初载荷存在于基本方程中，称为初载荷向量。它是由初应变或初应力引起的，分别为

$$\{\xi\}=\sum_e\iiint_{V_e}[B]^{\mathrm{T}}[D]\{\varepsilon_0\}\mathrm{d}V_e \tag{9-61}$$

$$\{\xi\}=-\sum_e\iiint_{V_e}[B]^{\mathrm{T}}\{\sigma_0\}\mathrm{d}V_e \tag{9-62}$$

前已述及在小变形的弹性问题中，由式（9-33），则

$$d\{\sigma\} = ([D]-[D]^p)d\{\varepsilon\} = [D]d\{\varepsilon\} - [D]^p d\{\varepsilon\} \tag{9-63}$$

注意到式（9-58b）和式（9-63），我们把 $-[D]^p d\{\varepsilon\}$ 视为初应力。这样，它便与弹性有限元法一样在增量形式的基本方程中增加一个由 $[D]^p d\{\varepsilon\}$ 引起的初载荷矢量。于是联系应力增量和应变增量的仅是弹性矩阵 $[D]$，因此相应刚度矩阵的计算就与弹性问题时的相同，这给计算带来不少方便，这种方法称为初应力法。

在小变形的弹塑性问题中应力－应变关系也可写成

$$d\{\sigma\} = [D](d\{\varepsilon\} - d\{\varepsilon\}^p) \tag{9-64}$$

对照式（9-58a），也可以把 $d\{\varepsilon\}^p$ 视为初应变。于是就与弹性问题中存在初应变的情况相似。要在基本方程上加上一个由 $d\{\varepsilon\}^p$ 引起的初载荷矢量，且由于使用的只是弹性矩阵 $[D]$，因此其相应刚度矩阵的计算就与弹性时的相同。这种方法称为初应变法。

无论初应力法或是初应变法，它们都是在基本方程中加上一个由初应力（或初应变）引起的初载荷矢量，并由此求出弹－塑性体中结点的位移、单元的应变和应力等，所以把它们称为初载荷法。

下面再进一步叙述初应力法和初应变法。

9.5.1 初应力法

为使问题线性化，单元屈服后，仍用逐步加载法，由于每次所加载荷较小，则式(9-63)可写成

$$\Delta\{\sigma\} = [D]\Delta\{\varepsilon\} + \Delta\{\sigma_0\} \tag{9-65}$$

其中

$$\Delta\{\sigma_0\} = -[D]^p\Delta\{\varepsilon\} \tag{9-66}$$

仿照弹性有限元法（见式（9-60））可得

$$[K]\Delta\{u\} = \Delta\{F\} + \{\xi(\Delta\{\varepsilon\})\} \tag{9-67}$$

其中

$$\{\xi(\Delta\{\varepsilon\})\} = -\sum_e \iiint_{V_e} [B]^T\Delta\{\sigma_0\}dV_e = \sum_e \iiint_{V_e} [B]^T[D]^\gamma\Delta\{\varepsilon\}dV \tag{9-68}$$

由式(9-68)可见，初载荷 $\{\xi(\Delta\{\varepsilon\})\}$ 不仅与加载前的应力水平有关，而且也与此次加载引起的应变增量有关。这样，在式（9-67）等号两边都包含有未知数 $\Delta\{\varepsilon\}$ 或 $\Delta\{u\}$。因此，每一步加载我们必须通过迭代手续来同时求出位移增量与应变增量。其具体的迭代过程是，先取 $\Delta\{u\}_0=0$，则 $\Delta\{\varepsilon\}_0=0$、$\Delta\{\sigma_0\}=0$，由式(9-68)得初载荷矢量 $\{\xi(\Delta\{\varepsilon\})\}=0$。然后，在载荷 $\Delta\{F\}$ 下，按纯弹性计算解方程式（9-67）。此时式(9-67)可写为

$$[K]\Delta\{u\}_1 = \Delta\{F\} + \{\xi(\Delta\{\varepsilon\})\}_0 = \Delta\{F\}$$

由此可解出 $\Delta\{u\}_1$，并由 $\Delta\{u\}_1$ 算出相应的应变增量 $\Delta\{\varepsilon\}_1$ 和由式（9-68）算出初载荷矢量 $\{\xi(\Delta\{\varepsilon\})\}_1$。然后进行第二次计算，解方程

$$[K]\Delta\{u\}_2 = \Delta\{F\} + \{\xi(\Delta\{\varepsilon\})\}_i$$

得 $\Delta\{u\}_2$。依此类推迭代下去，其一般迭代式为

$$[K]\Delta\{u\}_{i+1} = \Delta\{F\} + \{\xi(\Delta\{\varepsilon\})\}_i \quad (i=0,1,\cdots) \tag{9-69}$$

当相邻两次迭代所得的初应力相差很小时，迭代结束。

对于过渡单元，可引入前节所述的加权系数 m 来计算初载荷矢量，即

$$\{\xi(\Delta\{\varepsilon\})\} = \sum_e \iiint_{V_e} [B][D]^p(1-m)\Delta\{\varepsilon\}\mathrm{d}V_e$$

当单元为弹性状态时，取 $m=1$；当单元为塑性状态时，取 $m=0$；若为过渡单元，则 m 值按式（9-57）确定。

初应力法的主要计算步骤：

（1）与变刚度法（1）、（2）步相同。

（2）施加荷载增量 $\Delta\{F\}$。对屈服单元（包括过渡单元）以加载前的应力（对过渡单元则取进入屈服时的应力）计算 $[D]^p$。

（3）对载荷增量 $\Delta\{F\}$ 进行纯弹性计算，求得各单元全应变增量 $\Delta\{\varepsilon\}_1$。

（4）用上次迭代所得的全应变增量重新计算初应力。

（5）求出相应的初载荷与 $\Delta\{F\}$ 一起作用，按弹性问题求解得结点位移增量和应变增量。

（6）重复（4）、（5），直到相邻两次所得的初应力非常接近时为止。

（7）求出应力增量，并把位移增量、应变增量和应力增量叠加到加载前的数值上去。

（8）输出计算结果。

（9）载荷全部加完，则停机。否则，回到（3）继续计算。

9.5.2　初应变法

对照式(9-64)，我们把塑性应变增量称为初应变，即

$$\mathrm{d}\{\varepsilon_0\} = \mathrm{d}\{\varepsilon\}^p$$

由式(9-31c）和式（9-31e）可知

$$\mathrm{d}\{\varepsilon\}^p = \frac{1}{\varphi'}\frac{\partial\bar{\sigma}}{\partial\{\sigma\}}\left(\frac{\partial\bar{\sigma}}{\partial\{\sigma\}}\right)^{\mathrm{T}}\mathrm{d}\{\sigma\} \tag{9-70}$$

若采用逐步加载法，进行线性化处理，则式（9-70）可写成

$$\Delta\{\varepsilon_0\} = \Delta\{\varepsilon\}^p = \frac{1}{\varphi'}\frac{\partial\bar{\sigma}}{\partial\{\sigma\}}\left(\frac{\partial\bar{\sigma}}{\partial\{\sigma\}}\right)^{\mathrm{T}}\Delta\{\sigma\} \tag{9-71}$$

基本方程与式(9-67)相同，但其中初载荷矢量（见式(9-61)）为

$$\{\xi(\Delta\{\varepsilon\})\} = \sum_e \iiint_{V_e}[B]^{\mathrm{T}}[D]\Delta\{\varepsilon\}\mathrm{d}V_e = \sum_e \iiint_{V_e}\frac{1}{\varphi'}[B]^{\mathrm{T}}[D]\frac{\partial\bar{\sigma}}{\partial\{\sigma\}}\left(\frac{\partial\bar{\sigma}}{\partial\{\sigma\}}\right)^{\mathrm{T}}\Delta\{\sigma\}\mathrm{d}V_e \tag{9-72}$$

这样，初载荷矢量不仅与加载前的应力有关，而且也与这次加载的应力增量有关。所以，在基本方程等号两侧均有未知量，必须用迭代法求解。迭代公式与初应力法相似，即

$$[K]\Delta\{u\}_{i+1} = \Delta\{F\} + \{\xi(\Delta\{\sigma\})\}_i \quad (i=0,1,\cdots) \tag{9-73}$$

当 $i=0$ 时，$\Delta\{\sigma_0\}=0$、$\{\xi(\Delta\{\sigma\})\}_0=0$，因此此时作纯弹性计算。迭代中若相邻两次计算所得的 $\Delta\{\varepsilon_0\}=\Delta\{\varepsilon\}^p$ 相差很小时，迭代完成。每次加载荷时 $\frac{1}{\varphi'}\frac{\partial\bar{\sigma}}{\partial\{\sigma\}}\left(\frac{\partial\bar{\sigma}}{\partial\{\sigma\}}\right)^{\mathrm{T}}$ 的计算可用此次加载前的应力进行。初应变法的计算步骤与初应力法大体相同。

应指出，对于变刚度法，每次加载都必须重新计算刚度矩阵；对于初应力或初应变

法，其每一步加载只须求解一个具有相同刚度矩阵的问题。所以，变刚度法的计算量一般比初应力法或初应变法大一些。但是，后两种方法每加载一次都必须对初应力和初应变进行迭代，于是就产生这种迭代是否收敛问题。对应变强化材料初应力法一定收敛；一般初应变法也是收敛的，然而对理想塑性材料初应力法和初应变法迭代是发散的。事实上，当材料的强化程度接近理想塑性材料时用初应力法或初应变法迭代过程收敛也是极缓慢的。可以把初应力法或初应变法与变刚度法结合起来使用，先用初应力或初应变法，在若干次载荷增量以后采用变刚度法以加速收敛。

9.6 残余应力和残余应变的计算

塑性加工中载荷去除后在工件内部一般还保留有残余应力和残余应变，它对产品质量有影响，有时需要计算残余应力和残余应变。此外部分进入塑性状态后再卸载的构件也残留有残余应变和应力。

设卸载的位移、应变和应力状态分别是 $\{u\}_0$、$\{\varepsilon\}_0$、$\{\sigma\}_0$，它们是通过前述逐步加载的弹塑性应力计算而得到的。为了求解残余应力和应变，而要在此基础上进行卸载，并采用相应的逐次卸载的方法来进行。假设原先共有 n 次加载，与每次施加的载荷增量相等效的结点载荷向量为 $\Delta\{F\}_i(i=1,2,\cdots,n)$。实际上逐次卸载可看作是对物体依次施加一系列与加载时相抵消的载荷的结果，与这些载荷等效的结点载荷增量为 $-\Delta\{F\}_i$ $(i=n,n-1,\cdots,1)$。

设在卸载的第 i 步所得到的位移增量，应变增量与应力增量分别为 $\Delta\{u\}_i$、$\Delta\{\varepsilon\}_i$ 和 $\Delta\{\sigma\}_i(i=n,n-1,\cdots,1)$，由于卸载时应力－应变关系是线弹性的，则有

$$\Delta\{\sigma\}_i=[D]\Delta\{\varepsilon\}_i(i=n,n-1,\cdots,1) \tag{9-74}$$

而位移增量所满足的基本方程为

$$[K]\Delta\{u\}_i=-\Delta\{F\}_i(i=n,n-1,\cdots,1) \tag{9-75}$$

这里 $[D]$ 是弹性矩阵，而 $[K]$ 为通常的弹性刚度矩阵。

把式(9-74)和式(9-75)分别关于 i 求和，因为这两个式子都是线性的，于是有

$$\sum_{i=1}^{n}\Delta\{\sigma\}_i=[D]\sum_{i=1}^{n}\Delta\{\varepsilon\}_i \tag{9-76}$$

$$[K]\sum_{i=1}^{n}\Delta\{u\}_i=-\sum_{i=1}^{n}\Delta\{F\}_i \tag{9-77}$$

若记

$$\begin{cases}\{\sigma\}=\sum_{i=1}^{n}\Delta\{\sigma\}_i\\ \{\varepsilon\}=\sum_{i=1}^{n}\Delta\{\varepsilon\}_i\\ \{u\}=\sum_{i=1}^{n}\Delta\{u\}_i\end{cases} \tag{9-78}$$

及

$$\{F\}=\sum_{i=1}^{n}\Delta\{F\}_i \tag{9-79}$$

于是式（9-76）和式（9-77）可改写为

$$\{\sigma\} = [D]\{\varepsilon\} \tag{9-80}$$

及

$$[K]\{u\} = -\{F\} \tag{9-81}$$

这里 $\{F\}$ 恰是与施加全部载荷所等效的结点载荷向量。考虑到单元中应变与位移的关系也是线性的，因此我们可以把求一系列卸载问题归结为求一个线弹性问题，其相应的载荷大小与原来施加的载荷相同，符号相反。即由式（9-81）求得 $\{u\}$，然后据此按几何方程确定 $\{\varepsilon\}$，最后由式（9-80）计算 $\{\sigma\}$。

若以 $\{u\}_c$、$\{\varepsilon\}_c$ 和 $\{\sigma\}_c$ 分别表示将载荷全部卸载按纯弹性计算所得到的位移、应变和应力，则残余位移、残余应变和残余应力分别为

$$\begin{cases} \{u\}_r = \{u\}_0 - \{u\}_e \\ \{\varepsilon\}_r = \{\varepsilon\}_0 - \{\varepsilon\}_e \\ \{\sigma\}_r = \{\sigma\}_0 - \{\sigma\}_e \end{cases} \tag{9-82}$$

或者说残余位移、残余应变和残余应力为弹塑性计算所得的位移，应变和应力与相应的纯弹性计算所得的位移、应变和应力的差。

关于挤压圆棒时残余应力的计算详见文献［29］。

10 刚－塑性有限元法

由前章可见，弹塑性有限元法，在每步计算的加载中，不允许有多数单元同时屈服，因此计算时每次变形量不能太大。所以，对于像塑性加工那样的大变形过程，所需的计算时间就较长。为了解决这个问题，可采用大变形的弹塑性有限元法和刚－塑性有限元法。本章讲述刚－塑性有限元法。

10.1 刚－塑性有限元法概述

刚－塑性有限元法是1973年由小林史郎（Shiro Kabayashi）和李（C. H. Lee）提出的。十几年来大量用于塑性加工问题的解析。刚－塑性有限元法的计算步长可以取大些，而且计算每一步的应力时不是靠应力叠加而得的；此法每步变形增量仍然是较小的（如镦粗时每步压下率为1%～2%），下一步计算是在材料以前累加变形的几何形状和硬化基础上进行的，因此可用小变形的计算方法来处理塑性加工的大变形问题，并且计算模型也比较简单，所以能用较短的时间计算较大的变形；由于此法忽略弹性变形，在计算小变形时其精度不如弹塑性有限元法；卸载时应按弹性有限元法计算，所以刚－塑性有限元法不能计算残余应力。

刚－塑性有限元法的基础是刚－塑性材料的变分原理。首先由能量泛函最小化来确定一个最适速度场，然后利用本构关系确定应力。由式（7-46）并注意 $\dot{\varepsilon}_{ij}=\dot{\varepsilon}_{ij}^{p}$ 和 $\sigma_{ij}=s_{ij}+\sigma_{m}\delta_{ij}$，则

$$\sigma_{ij}=\frac{2}{3}\frac{\sigma_{n}}{\dot{\bar{\varepsilon}}}\dot{\varepsilon}_{ij}+\sigma_{m}\delta_{ij}$$

可见，正应力用线应变速率 $\dot{\varepsilon}_{ij}$ 和平均应力 σ_{m} 来表示。对于体积不可压缩材料，平均应力 σ_{m} 与应变速率无关，即不能由应变速率唯一地确定正应力。例外的是平面应力状态，此时 σ_{m} 可由应变速率确定。平面应力状态时 $\sigma_{z}=\tau_{xz}=\tau_{yz}=0$，于是

$$\sigma_{z}=\frac{2}{3}\frac{\sigma_{s}}{\dot{\bar{\varepsilon}}}\dot{\varepsilon}_{z}+\sigma_{m}=0$$

所以

$$\sigma_{m}=-\frac{2}{3}\frac{\sigma_{s}}{\dot{\bar{\varepsilon}}}\dot{\varepsilon}_{z}$$

除此之外，除非给出平均应力 σ_{m}，否则是不能由应变速率唯一地确定正应力的。后面将要讲到，对于体积可压缩材料，即

$$\dot{\varepsilon}_{v}=\dot{\varepsilon}_{x}+\dot{\varepsilon}_{y}+\dot{\varepsilon}_{z}\neq 0$$

应力分量便可由应变速率分量给出。

对刚 - 塑性有限元法，在求解的过程中，针对不可压缩条件的处理方法不同提出不同的解法，主要有拉格朗日乘子法、材料体积可压缩法和罚函数法。

10.2 拉格朗日乘子法

这种方法首先为小林史郎所采用。

为了便于有限元法的计算，我们把刚 - 塑性材料不完全的广义变分原理式（6-49）改写成矩阵形式，并用 ϕ 代替 ϕ_1^{**}，得

$$\phi = \sqrt{\frac{2}{3}}\sigma_s \iiint_V \sqrt{\{\varepsilon\}^T\{\varepsilon\}}\,dV - \iint_{S_p}\{v\}^T\{p\}\,ds + \iiint_V \lambda\{\dot{\varepsilon}\}^T\{C\}\,dV \tag{10-1}$$

式中，$\{\dot{\varepsilon}\}$ 为应变速率列阵；$\{v\}$ 为速度列阵；$\{p\}$ 为边界 S_p 上给定表面力的矩阵；$\{C\}=[111000]^T$。

由式（10-1）可见，ϕ 可看作是速度场和拉格朗日乘子的函数。在 6.3 节已经证明，使泛函 ϕ 取驻值的速度场 $\{v\}$ 是真实的，并且拉格朗日乘子等于平均应力（负的静水压力），即 $\lambda=\sigma_m$ 下面按泛函 ϕ 取驻值的条件来确定速度场 $\{v\}$ 和 λ（或 σ_m）。

将连续体离散化成具有 n 个结点的 m 个单元。假定一个位移（或速度）的插值函数，于是对每个单元就有一个假定分布的速度场。对应于这个速度场的单元泛函设为 φ^e。在有限元法中假定分布的速度场又是结点速度的函数，所以 φ^e 也是结点速度的函数。

已知

$$\{v_e\} = \{N\}\{v\}^e$$

$$\{\dot{\varepsilon}_e\} = [B]\{v\}^e$$

$$\{\dot{\varepsilon}_e\}^T\{\dot{\varepsilon}_e\} = \{v\}^{eT}[B]^T[B]\{v\}^e$$

把这些式子代入式（10-1），则对于第 e 个单元，其泛函为

$$\varphi_e = \sqrt{\frac{2}{3}}\sigma_s \iiint_V (\{v\}^{eT}[B]^T[B]\{v\}^e)^{\frac{1}{2}}\,dV_e - \{v\}^{eT}\left(\iint_{S_p^e}[N]^T\{p\}\,ds - \iiint_{V_e}\lambda^e[B]^T\{C\}\,dV_e\right) \tag{10-2}$$

整个物体的泛函 ϕ，可近似看成结点速度 v_i（$i=1, 2, \cdots, 3n$）（其中 n 的系数 3 为每个结点的自由度数）和各单元的 λ_j（$j=1, 2, \cdots, m$）的函数，即

$$\phi \approx \sum_{e=1}^{m}\varphi^e = \varphi(v_1, v_2, \cdots, v_{3n}, \lambda_1, \lambda_2, \cdots, \lambda_m)$$

泛函的驻值条件为

$$\delta\phi \approx \sum_{e=1}^{m}\left(\frac{\partial\varphi^e}{\partial v_i}\delta v_i + \frac{\partial\varphi^e}{\partial\lambda_j}\delta\lambda_j\right) = 0$$

由于变分 δv_i 和 $\delta\lambda_j$ 是任意的独立变量，因此有

$$\sum_{e=1}^{m}\frac{\partial\varphi^e}{\partial v_i} = 0 \quad (i = 1,2,\cdots,3n)$$

$$\sum_{e=1}^{m}\frac{\partial\varphi^e}{\partial\lambda_j} = 0 \quad (j = 1,2,\cdots,m) \tag{10-3}$$

这时 $m+3n$ 个联立方程组可解出 $3n$ 个结点上的速度 v_i 和 m 个单元上的拉格朗日乘子 λ_f。

另一方面对式（10-2）求变分得

$$\frac{\partial \varphi^e}{\partial \{v\}^e} = \sigma_s \sqrt{\frac{2}{3}} \iiint_{V_e} \frac{[B]^T[B]\{v\}^e}{(\{v\}^{eT}[B]^T[B]\{v\}^e)^{\frac{1}{2}}} dV_e - \iint_{S_p^e} [N]^T\{p\} ds + \lambda^e \iiint_{V_e} [B]^T\{C\} dV_e \tag{10-4}$$

$$\frac{\partial \varphi^e}{\partial \lambda^e} = \{v\}^{eT} \iiint_{V_e} [B]^T\{C\} dV_e = \iiint_{V_e} \{C\}^T[B]\{v\}^e dV_e \tag{10-5}$$

由式（10-4）和式（10-5）对各单元求出的结果，按式（10-3）对所有单元进行组合，便得到与未知数个数相同的联立方程组。解这个方程组就可得到整个集合体各结点上的速度上的速度 $\{v\}$ 及各单元内的 λ 即 σ_m。但是，此联立方程组关于 $\{v\}$ 是非线性的，直接求解是困难的，必须采用线性化。

下面采用摄动法对此方程进行线性化。

首先假定结点速度的初值为 $\{v\}_0$，然后引入结点速度的摄动量 $\{\Delta v\}$ 比结点速度 $\{v\}$ 小得多，因此可以省略 $\{\Delta v\}$ 二次以上的微小项，于是方程组就变成关于 $\{\Delta v\}$ 的线性方程组，把解此方程组得到的 $\{\Delta v\}$ 加到初值 $\{v\}_0$ 上，再用这个值求出下一个解。这样迭代下去可求出 $\{v\}$ 的收敛解。上述这种方法称为摄动法。具体做法如下。

设第 k 次迭代时

$$\{v\}_k^e = \{v\}_{k-1}^e + \{\Delta v\}_k^e \tag{10-6}$$

把式（10-6）代入式（10-4）和式（10-5）中，忽略关于 $\{\Delta v\}_k$ 的二次以上的微小项，它们就变成关于 $\{\Delta v\}$ 的线性方程了，即

$$\begin{aligned}\frac{\partial \varphi^e}{\partial \{v\}^e} = {} & \sigma_s \frac{2}{3} \iiint_{V_e} \frac{1}{\dot{\varepsilon}_{k-1}} \left[[B]^T[B] - \frac{2}{3\dot{\varepsilon}_{k-1}^2} \{b\}_{k-1}\{b\}_{k-1}^T \right] dV_e \{\Delta v\}_k^e + \\ & \sigma_s \frac{2}{3} \iiint_{V_e} \frac{1}{\dot{\varepsilon}_{k-1}} \{b\}_{k-1} dV_e - \iint_{S_p^e} [N]^T\{p\} ds + \lambda_k^e \iiint_{V_e} \{C\}[B] dV_e \{v\}_{k-1}^e\end{aligned} \tag{10-7}$$

$$\frac{\partial \varphi^e}{\partial \lambda^e} = \iiint_{V_e} \{C\}^T[B] dV_e \{\Delta v\}_k^e + \iiint_{V_e} \{C\}^T[B] dV_e \{v\}_{k-1}^e \tag{10-8}$$

式中

$$\dot{\varepsilon}_{k-1} = \left(\frac{2}{3} \{v\}_{k-1}^{eT} [B]^T[B] \{v\}_{k-1}^e \right)^{\frac{1}{2}} \tag{10-9}$$

$$\{b\}_{k-1} = [B]^T[B]\{v\}_{k-1}^e \tag{10-10}$$

式(10-7)和式(10-8)可改写成如下的矩阵形式

$$\begin{bmatrix} \dfrac{\partial \varphi^e}{\partial \{v\}^e} \\ \cdots\cdots \\ \dfrac{\partial \varphi^e}{\partial \lambda^e} \end{bmatrix} = \left[\begin{array}{c:c} \sigma_s \dfrac{2}{3} \displaystyle\iiint_{V_e} \dfrac{1}{\dot{\varepsilon}_{k-1}} [[B]^T[B] - \dfrac{2}{3\dot{\varepsilon}_{k-1}^2} [b]_{k-1}[b]_{k-1}^T] dV_e & \displaystyle\iiint_{V_e} [B]^T\{C\} dV_e \\ \cdots\cdots\cdots\cdots & \cdots\cdots \\ \displaystyle\iiint_{V_e} \{C\}^T[B] dV_e & 0 \end{array} \right]$$

$$\begin{bmatrix} \{\Delta v\}^e \\ \cdots\cdots \\ \lambda^e \end{bmatrix} = \begin{bmatrix} \iint\limits_{S_p^e} [N]^{\mathrm{T}}\{p\}\,\mathrm{d}s \\ \cdots\cdots\cdots\cdots\cdots\cdots \\ 0 \end{bmatrix} + \begin{bmatrix} \sigma_s \dfrac{2}{3}\iiint\limits_{V_e} \dfrac{1}{\dot{\varepsilon}_{k-1}}\{b\}_{k-1}\mathrm{d}V_e \\ \cdots\cdots\cdots\cdots\cdots\cdots\cdots\cdots \\ \iiint\limits_{V_e}\{C\}^{\mathrm{T}}[B]\mathrm{d}V_e\{v\}_{k-1}^e \end{bmatrix} \tag{10-11}$$

把式(10-11)组合到式(10-3)中去，则得第 k 次迭代中单元集合体构成的如下方程组

$$\{S\}_{k-1}^{\mathrm{T}}\begin{Bmatrix} \{\Delta v\} \\ \cdots\cdots \\ \{\lambda\} \end{Bmatrix}_k = \{R\}_{k-1} \tag{10-12}$$

其中，$\{\Delta v\}$ 是对所有结点的结点速度增量；λ 也是对所有单元的。

例如压缩圆柱体，单元划分如图 10-1 所示。

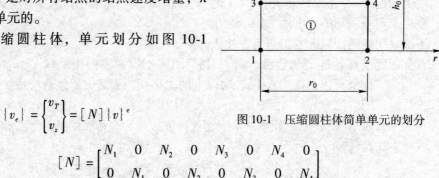

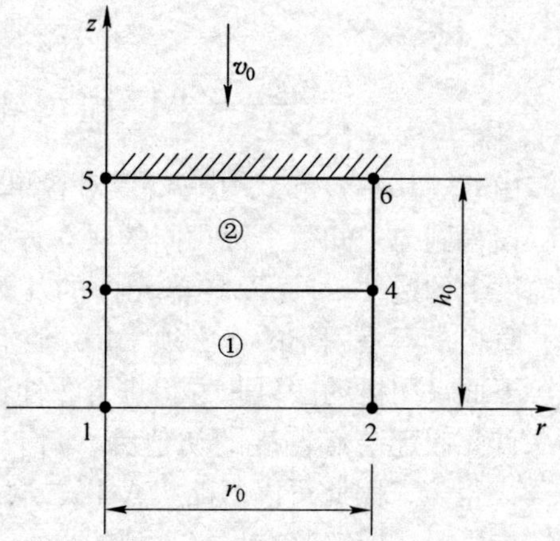

图 10-1　压缩圆柱体简单单元的划分

此时

$$\{v_e\} = \begin{Bmatrix} v_T \\ v_z \end{Bmatrix} = [N]\{v\}^e$$

$$[N] = \begin{bmatrix} N_1 & 0 & N_2 & 0 & N_3 & 0 & N_4 & 0 \\ 0 & N_1 & 0 & N_2 & 0 & N_3 & 0 & N_4 \end{bmatrix}$$

其中 $N_1 \sim N_4$ 可由式(8-15)确定

$$\{\dot{\varepsilon}_e\} = [\dot{\varepsilon}_\gamma \quad \dot{\varepsilon}_\theta \quad \dot{\varepsilon}_\tau \quad \dot{\gamma}_{rz}]^{\mathrm{T}} = [B]\{v\}^e$$

$[B]$ 由几何方程确定

$$\{C\} = [C]^{\mathrm{T}} = [1110]^{\mathrm{T}}$$

由于在 S_p 面上只有在 r 负方向作用单位摩擦力 τ_f，而其在 z 方向的分量为零，则

$$\{p\} = \begin{Bmatrix} \tau_f \\ 0 \end{Bmatrix}$$

速度边界条件为

$$\begin{cases} \gamma = 0 \text{ 时，} & v_{r1} = v_{r3} = v_{rs} = 0 \\ z = 0 \text{ 时，} & x_{z1} = v_{z2} = 0 \\ z = h_0 \text{ 时，} & v_{z5} = v_{z6} = -v_0 \end{cases} \tag{10-13}$$

初速度场可按均匀变形情况来估计，所以除已知式（10-13）表示的速度外，其他的结点速度按下式确定

$$v_{r2} = v_{r4} = v_{r6} = \frac{v_0}{2h_0}T_0 \quad (\text{由 } v_0\pi r_0{}^2 = 2\pi r_0 h_0 v_r \text{ 得出})$$

$$v_{z3} = v_{z4} = -\frac{v_0}{2}$$

由于式(10-13)表示的速度已给定，故在计算时可从矩阵式（10-11）中去掉这些速度的摄动量。经整理可得

对单元①

$$\begin{Bmatrix} \dfrac{\partial \varphi^{①}}{\partial \{v\}^{①}} \\ \cdots\cdots \\ \dfrac{\partial \varphi^{①}}{\partial \lambda_1} \end{Bmatrix} = \left[\begin{array}{c:c} \{G_1\}_{k-1} & \{H_1\} \\ (4\times4) & (4\times1) \\ \cdots\cdots & \cdots\cdots \\ \{H_1\}^{\mathrm{T}}(1\times4) & 0 \end{array} \right] \begin{pmatrix} \Delta v_{r2} \\ \Delta v_{z3} \\ \Delta v_{r4} \\ \Delta v_{z4} \\ \vdots \\ \lambda_1 \end{pmatrix}_k + \begin{Bmatrix} \{Q_1\}_{k-1} \\ (4\times1) \\ \cdots\cdots \\ \{H_1\}^{\mathrm{T}}\{v\}^{①}_{k-1} \end{Bmatrix} \tag{10-14}$$

$$\begin{Bmatrix} \dfrac{\partial \varphi^{②}}{\partial \{v\}^{②}} \\ \cdots\cdots \\ \dfrac{\partial \varphi^{②}}{\partial \lambda_2} \end{Bmatrix} = \left[\begin{array}{c:c} \{G_2\}_{k-1} & \{H_2\} \\ (4\times4) & (4\times1) \\ \cdots\cdots & \cdots\cdots \\ \{H_2\}^{\mathrm{T}}(1\times4) & 0 \end{array} \right] \begin{pmatrix} \Delta v_{z3} \\ \Delta v_{r4} \\ \Delta v_{z4} \\ \Delta v_{r6} \\ \vdots \\ \lambda_2 \end{pmatrix}_k - \begin{Bmatrix} \{M\} \\ (4\times1) \\ \cdots\cdots \\ 0 \end{Bmatrix} + \begin{Bmatrix} \{Q_2\}_{k-1} \\ (4\times1) \\ \cdots\cdots \\ \{H_2\}^{\mathrm{T}}\{v\}^{②}_{k-1} \end{Bmatrix} \tag{10-15}$$

把式（10-14）和式（10-15）进行叠加，则得

$$\left\{ \begin{array}{ccccc:cc} \{G_1\}_{k-1} & & & & 0 & & 0 \\ & & \{G_1\}_{k-1} + \{G_2\}_{k-1} & & & \{H_1\} & \\ & & & & & & \{H_2\} \\ 0 & & & & \{G_2\}_{k-1} & 0 & \\ \cdots & \cdots & \cdots & \cdots & \cdots & \cdots & \cdots \\ & \{H_1\}^{\mathrm{T}} & & 0 & & 0 & 0 \\ & 0 & & \{H_2\}^{\mathrm{T}} & & 0 & 0 \end{array} \right\} \begin{Bmatrix} \Delta v_{r2} \\ \Delta v_{z3} \\ \Delta v_{r4} \\ \Delta v_{z4} \\ \Delta v_{r6} \\ \cdots\cdots \\ \lambda_1 \\ \lambda_2 \end{Bmatrix}_k + \begin{Bmatrix} \{Q_1\}_{k-1} \\ \{Q_1\}_{k-1} + \{Q_2\}_{k-1} \\ \{Q_2\}_{k-1} \\ \cdots\cdots \\ \{H_1\}^{\mathrm{T}}\{v\}^{①}_{k-1} \\ \{H_2\}^{\mathrm{T}}\{v\}^{②}_{k-1} \end{Bmatrix} - \begin{Bmatrix} 0 \\ \{M\} \\ \\ \cdots\cdots \\ 0 \\ 0 \end{Bmatrix} = 0 \tag{10-16}$$

这相当于式（10-12）。

这样，按 $k-1$ 次迭代后求出 $\{v\}_{k-1}$，则式（10-12）中的 $\{S\}^{\mathrm{T}}_{k-1}$和 $\{R\}_{k-1}$便可算出来，于是式（10-12）就成为以 $\{\Delta v\}_k$ 和 $\{\lambda\}_k$ 为未知量的线性方程组。当迭代计算到 $\{\Delta v\}$ 充分小时，便可认为求出了 $\{v\}$ 的收敛解。

迭代收敛的判据为

$$\|\{\Delta v\}\| / \|\{v\}\| \leqslant \text{某个微小数}(\delta_1) \tag{10-17}$$

式中

$$\|\{\Delta v\}\| = \sqrt{\sum_{i=1}^{n} \Delta v_i^2},\ \|\{v\}\| = \sqrt{\sum_{i=1}^{n} v_i^2}$$

也有用$|\phi_k - \phi_{k-1}|/\phi_{k-1} \leqslant$某个微小数（$\delta_2$）。

δ_1一般可取在0.0005以下；δ_2一般可取在0.0001以下。

为了促进收敛，可采用下式代替式（10-6）（注意这里$\{v\}$是结点速度，故可把角标e去掉）

$$\{v\}_k = \{v\}_{k-1} + \alpha\{\Delta v\}_k \tag{10-18}$$

式中，α为收缩系数，α取小于1的值。α也可通过迭代法按ϕ取最小值来确定。

10.3 体积可压缩法

这种方法首先为小坂田等人所采用。

大家知道，多孔材料塑性变形将伴随体积变化。对孔隙率相当小的一般金属材料由空隙压密而引起的体积变化也包括在塑性变形中，此时可认为体积变化率取决于平均应力σ_m。可以设法由速度场计算出平均应力σ_m，从而可求出应力分量。

前已述及，对于体积不可压缩材料，平均应力σ_m与屈服条件无关，因之也就与塑性应变速率无关。对于体积可压缩材料，屈服条件与平均应力有关，并给出屈服条件式（5-12），此式也可写成

$$\begin{aligned}\overline{\sigma}^{*2} &= \frac{1}{2}[(\sigma_{11}-\sigma_{22})^2+(\sigma_{22}-\sigma_{33})^2+(\sigma_{33}-\sigma_{11})^2+6(\sigma_{12}^2+\sigma_{23}^2+\sigma_{31}^2)]+g\sigma_m^2 \\ &= \frac{3}{2}s_{ij}\delta_{ij}+g\sigma_m^2\end{aligned} \tag{10-19}$$

下面利用屈服条件式（10-19）来确定考虑体积可压缩时的应力－应变关系。

对照式（7-32）和式（7-37），塑性势可写成

$$\varphi = \frac{1}{2}[(\sigma_{11}-\sigma_{22})^2+(\sigma_{22}-\sigma_{33})^2+(\sigma_{33}-\sigma_{11})^2+6(\sigma_{12}^2+\sigma_{23}^2+\sigma_{31}^2)]+g\sigma_m^2-\overline{\sigma}^{*2}$$

其中$\overline{\sigma}^*$可视为阶段硬化的屈服应力，而

$$\dot{\varepsilon}_{11}^p = \dot{\varepsilon}_{11} = \dot{C}\frac{\partial\varphi}{\partial\sigma_{11}} = 3\dot{C}\left[\sigma_{11}-\left(1-\frac{2}{9}g\right)\sigma_m\right]$$

令$3C=\lambda$，$s_{11}=\sigma_{11}-\sigma_m$，则

$$\dot{\varepsilon}_{11} = \dot{\lambda}\left[\sigma_{11}-\left(1-\frac{2}{9}g\right)\sigma_m\right]$$

或

$$\dot{\varepsilon}_{11} = \dot{\lambda}\left(S_{11}+\frac{2}{9}g\sigma_m\right)$$

写成通式为

$$\dot{\varepsilon}_{ij} = \dot{\lambda}\left[\sigma_{ij}-\left(1-\frac{2}{9}g\right)\sigma_m\delta_{ij}\right] \tag{10-19a}$$

或

$$\dot{\varepsilon}_{ij}=\dot{\lambda}\left(S_{ij}+\frac{2}{9}g\sigma_{\mathrm{m}}\delta_{ij}\right) \tag{10-19b}$$

体积应变速率为

$$\dot{\varepsilon}_v=\dot{\varepsilon}_{11}+\dot{\varepsilon}_{22}+\dot{\varepsilon}_{33}=\dot{\varepsilon}_{ij}\delta_{ij}=\dot{\lambda}\frac{2}{3}g\sigma_{\mathrm{m}}$$

或

$$\sigma_{\mathrm{m}}=\frac{3\dot{\varepsilon}_v}{2\dot{\lambda}g} \tag{10-19c}$$

把式（10-19c）代入式（10-19a）和式（10-19b），则

$$\dot{\varepsilon}_{ij}=\dot{\lambda}\sigma_{ij}-\left(\frac{3\varepsilon_v}{2g}-\frac{\dot{\varepsilon}_v}{3}\right)\delta_{ij} \tag{10-19d}$$

或

$$\dot{\varepsilon}_{ij}=\dot{\lambda}S_{ij}+\frac{\dot{\varepsilon}_v}{3}\delta_{ij} \tag{10-19e}$$

单位体积的塑性变形功率可写作

$$\sigma_{11}\dot{\varepsilon}_{11}+\sigma_{22}\dot{\varepsilon}_{22}+\sigma_{33}\dot{\varepsilon}_{33}+2\sigma_{12}\dot{\varepsilon}_{12}+2\sigma_{23}\dot{\varepsilon}_{23}+2\sigma_{31}\dot{\varepsilon}_{31}=\overline{\sigma}^*\dot{\overline{\varepsilon}}^* \tag{10-19f}$$

把式（10-19a）或者式（10-19b）代入式（10-19f），并注意式（8-19），则得

$$\dot{\lambda}=\frac{3}{2}\frac{\dot{\overline{\varepsilon}}^*}{\overline{\sigma}^*} \tag{10-19g}$$

把式（10-19g）代入式（10-19d）和式（10-19e），得考虑体积可压缩时的应力－应变关系

$$\sigma_{ij}=\frac{\overline{\sigma}^*}{\dot{\overline{\varepsilon}}^*}\left[\frac{2}{3}\dot{\varepsilon}_{ij}+\left(\frac{1}{g}-\frac{2}{9}\right)\dot{\varepsilon}_v\delta_{ij}\right] \tag{10-20}$$

$$S_{ij}=\frac{\overline{\sigma}^*}{\dot{\overline{\varepsilon}}^*}\left[\frac{2}{3}\dot{\varepsilon}_{ij}-\frac{2\dot{\varepsilon}_v}{9}\delta_{ij}\right] \tag{10-21}$$

把式（10-19f）中的各应力分量均用式（10-20）或者式（10-21）的应变速率表示，可得

$$\begin{aligned}\dot{\overline{\varepsilon}}^*&=\left\{\frac{2}{9}\left[(\dot{\varepsilon}_{11}-\dot{\varepsilon}_{22})^2+(\dot{\varepsilon}_{22}-\dot{\varepsilon}_{33})^2+(\dot{\varepsilon}_{33}-\dot{\varepsilon}_{11})^2+\frac{3}{2}(\dot{\gamma}_{12}^2+\dot{\gamma}_{23}^2+\dot{\gamma}_{31}^2)\right]+\frac{1}{g}\dot{\varepsilon}_v^2\right\}^{\frac{1}{2}}\\&=\sqrt{\frac{2}{3}\dot{e}_{ij}\dot{e}_{ij}+\frac{1}{g}\dot{\varepsilon}_v^2}\end{aligned} \tag{10-22}$$

注意，其中 $\dot{\gamma}_{12}=2\dot{\varepsilon}_{12}$，…

这样，如已知 g 和阶段硬化的屈服应力 $\overline{\sigma}^*$ 以及按变分原理确定的应变速率场，则由式（10-20）可确定应力场。

应指出这里 $\overline{\sigma}^*$ 和 $\dot{\overline{\varepsilon}}^*$ 上的星号表示体积可压缩材料。本节所研究的材料均认为是体积可压缩的，以后为书写方便而把星号去掉。

下面按变分原理确定速度场。

前已述及正确的速度场应使泛函

$$\phi = \iiint_V \bar{\sigma}\,\dot{\bar{\varepsilon}}\mathrm{d}V - \iint_{S_p} v_i p_i \mathrm{d}s \tag{10-19h}$$

的一阶变分 $\delta\phi$ 为零，并取极小值。

为便于有限元法的运算，把泛函式（10-19h）改写成矩阵的形式。注意到式（10-22），则得

$$\phi = \iiint_V \bar{\sigma}\sqrt{\frac{2}{3}\{\dot{e}\}^{\mathrm{T}}\{\dot{e}\} + \frac{1}{g}(\{\dot{\varepsilon}\}^{\mathrm{T}}\{C\})^2}\mathrm{d}V - \iint_{S_p}\{v\}^{\mathrm{T}}\{p\}\mathrm{d}s \tag{10-19i}$$

我们把刚 - 塑性体划分 m 个单元和 n 个结点。设第 e 个单元的泛函为 ϕ^e，则

$$\phi = \sum_{e=1}^{m}\phi^e$$

现对单元假设一种速度插值函数，对于这种速度插值函数，第 e 个单元的泛函 ϕ^e 应为结点速度的函数。若单元划分得当，则 $\phi^e \approx \varphi^e$。所以

$$\phi = \sum_{e=1}^{m}\phi^e \approx \sum_{e=1}^{m}\varphi^e$$

令 $\{\dot{e}\} = [W]\{\dot{\varepsilon}\} = [W][B][v]^e$，其中 W 为联系应变速率 $\dot{\varepsilon}_{ij}$ 和偏差应变速率 $\dot{e}_{ij}$ 的矩阵。注意到

$$\dot{\varepsilon}_{ij} = \dot{e}_{ij} + \frac{\dot{\varepsilon}_v}{3}\delta_{ij},\quad W\dot{\varepsilon}_{ij} = \dot{e}_{ij}$$

则

$$\dot{\varepsilon}_{ij} = W\dot{\varepsilon}_{ij} + \frac{\dot{\varepsilon}_v}{3}\delta_{ij}$$

所以

$$[W] = \begin{bmatrix} W_{11} & & & & & \\ & W_{22} & & & 0 & \\ & & W_{33} & & & \\ & & & 1 & & \\ & 0 & & & 1 & \\ & & & & & 1 \end{bmatrix}$$

于是

$$\{\dot{e}\}^{\mathrm{T}}\{\dot{e}\} = \{\dot{\varepsilon}\}^{\mathrm{T}}[W]^{\mathrm{T}}[W]\{\dot{\varepsilon}\} = \{v\}^{e\mathrm{T}}[B]^{\mathrm{T}}[W]^{\mathrm{T}}[W][B]\{v\}^e = \{v\}^{e\mathrm{T}}[Z]\{v\}^e$$

其中

$$[Z] = [B]^{\mathrm{T}}[W]^{\mathrm{T}}[W][B]$$

由式(10-19i)得

$$\varphi^e = \iiint_{V_e}\sigma\left[\frac{2}{3}\{v\}^{e\mathrm{T}}[Z]\{v\}^p + \frac{1}{g}(\{v\}^{e\mathrm{T}}[B]^{\mathrm{T}}\{C\})^2\right]^{\frac{1}{2}}\mathrm{d}V_e - \{v\}^{e\mathrm{T}}\iint_{S_p^e}[N]^{\mathrm{T}}\{p\}\mathrm{d}s \tag{10-19j}$$

按泛函极值条件，则有

$$\delta\phi \approx \sum_{e=1}^{m}\frac{\partial\varphi^e}{\partial v_i}\delta v_i = 0 \quad (i = 1,2,\cdots,3n)$$

所以

$$\sum_{e=1}^{m} \frac{\partial \varphi^e}{\partial v_i} = 0 \quad (i = 1,2,\cdots,3n) \tag{10-23}$$

对式（10-19j）求导，则

$$\frac{\partial \varphi^e}{\partial \{v\}^e} = \iiint_{V_e} \bar{\sigma} \frac{\frac{2}{3}[Z]\{v\}^e + \frac{\dot{\varepsilon}_v}{g}[B]^{\mathrm{T}}\{C\}}{\dot{\bar{\varepsilon}}^*} \mathrm{d}V_e - \iint_{S_p^e} [N]\{p\}\mathrm{d}s \tag{10-24}$$

把式（10-24）对单元计算的结果，按式（10-23）进行组合，便得到以所有结点速度为未知量的方程组

$$\begin{aligned} f_1(v_1, v_2, \cdots, v_{3n}) &= 0 \\ f_{3n}(v_1, v_2, \cdots, v_{3n}) &= 0 \end{aligned} \tag{10-25}$$

式（10-25）是非线性方程组，应设法使其线性化。可采用已知的 Newton-Raphson 法求解。若取第 $k-1$ 次的速度场为 $(v_i)_k$

$$(v_i)_k = (v_i)_{k-1} + (\mathrm{d}v_i)_k$$

式（10-25）中的各 f 可在试验解附近按台劳级数展开，忽略高阶微小量，则

$$\begin{cases} (f_1)_{k-1} + \left(\dfrac{\partial f_1}{\partial v_1}\right)_{k-1} (\mathrm{d}v_1)_k + \left(\dfrac{\partial f_1}{\partial v_2}\right)_{k-1} (\mathrm{d}v_2)_k + \cdots = 0 \\ (f_{3n})_{k-1} + \left(\dfrac{\partial f_{3n}}{\partial v_1}\right)_{k-1} (\mathrm{d}v_1)_k + \left(\dfrac{\partial f_{3n}}{\partial v_2}\right)_{k-1} (\mathrm{d}v_2)_k + \cdots = 0 \end{cases} \tag{10-26}$$

这里$(f_1)_{k-1},\cdots,(f_{3n})_{k-1}$以及$\left(\dfrac{\partial f_1}{\partial v_1}\right)_{k-1},\cdots,\left(\dfrac{\partial f_{3n}}{\partial v_1}\right)_{k-1},\cdots$可用已求出的第 $k-1$ 次速度场确定。解线性方程组（10-26）可求出第 k 次的速度修正量为 $(\mathrm{d}v_1)_k,(\mathrm{d}v_2)_k,\cdots,(\mathrm{d}v_n)_k$。一直迭代到速度修正量充分地小为止。也应按式（10-18）考虑收缩系数，以促进收敛。

速度场确定之后，由式(10-20)确定应力场。为了有限元计算方便，把式(10-20)改写成矩阵形式

$$\{\sigma\} = \frac{\bar{\sigma}}{\dot{\bar{\varepsilon}}}[\Lambda]\{\varepsilon\} \tag{10-27}$$

式中

$$[\Lambda] = \begin{bmatrix} \frac{2}{3}+G & G & G & 0 & 0 & 0 \\ & \frac{2}{3}+G & G & 0 & 0 & 0 \\ & & \frac{2}{3}+G & 0 & 0 & 0 \\ & & & \frac{2}{3} & 0 & 0 \\ & & & & \frac{2}{3} & 0 \\ & & & & & \frac{2}{3} \end{bmatrix}$$

其中

$$G=\frac{1}{g}-\frac{2}{9}$$

10.4　罚函数法

这种方法为 O. C. Zienkiewicz 和 J. W. H. Price 等人所采用。

前已述及，当稍许偏离不可压缩约束条件 $\dot{\varepsilon}_v=\dot{\varepsilon}_x+\dot{\varepsilon}_y+\dot{\varepsilon}_z=0$ 时，便可把此约束条件的平方乘以足够大的数 M 加到原泛函中去予以惩罚，使得到的新泛函取极值时 $\dot{\varepsilon}_v$ 趋于零。

若取 $M=\frac{\xi}{2}$（ξ 也是一个足够大的数），则新泛函为

$$\phi_P=\iiint_V\bar{\sigma}\,\dot{\bar{\varepsilon}}\mathrm{d}V-\iint_{S_p}p_iv_i\mathrm{d}s+\iiint_V\frac{\xi}{2}\dot{\varepsilon}_v^2\mathrm{d}V \tag{10-28a}$$

应指出，当使用四结点四边形单元时单元体积内体积应变速率呈线性分布，若体积应变速率由正到负呈线性变化，则可实现 $\iiint_V\dot{\varepsilon}_v\mathrm{d}V=0$ 的约束条件；然而对于式（10-28a）中的惩罚项 $\iiint_V\frac{\xi}{2}\dot{\varepsilon}_v^2\mathrm{d}V$ 中由于 $\dot{\varepsilon}_v$ 是平方项，却需要在单元内每一点 ε_v 都为零，才能实现约束条件。对于这种过分的约束，若不加以修正，则得不到正确解。于是便把式（10-28a）写成

$$\phi_P=\iiint_V\bar{\sigma}\,\dot{\bar{\varepsilon}}\mathrm{d}V-\iint_{S_p}p_iv_i\mathrm{d}s+\frac{\xi}{2V}\left(\iiint_V\dot{\varepsilon}_v\mathrm{d}V\right)^2 \tag{10-28b}$$

由于是$\left(\iiint_V\dot{\varepsilon}_v\mathrm{d}V\right)^2$，而排除过分约束的可能。

对新泛函式(10-28b)在无约束条件下求驻值便得到近于正确解的速度场。这就是所谓的罚函数法。

罚函数法中的 ξ 和拉格朗日乘子法中的 λ 在两者取正确解时有一定关系。

大家知道，拉格朗日法中的新泛函为

$$\phi_L=\iiint_V\bar{\sigma}\,\dot{\bar{\varepsilon}}\mathrm{d}V-\iint_{S_p}p_iv_i\mathrm{d}s+\iiint_V\lambda\dot{\varepsilon}_v\mathrm{d}V$$

这两种方法的新泛函驻值点应相同，即

$$\delta\phi_L=\delta\phi_P$$

由此可得速度场符合正确解时的

$$\sigma_{\mathrm{m}}=\lambda=\xi\frac{1}{V}\iiint_V\dot{\varepsilon}_v\mathrm{d}V=\xi\dot{\varepsilon}_{vm}$$

式中　$\dot{\varepsilon}_{vm}$——平均体积应变速率，$\dot{\varepsilon}_{vm}=\frac{1}{V}\iiint_V\dot{\varepsilon}_v\mathrm{d}V$。

已知正确解时的平均应力 σ_{m} 后，则应力分量可按下式确定

$$\sigma_{ij} = \frac{2}{3}\frac{\overline{\sigma}}{\dot{\overline{\varepsilon}}}\dot{\varepsilon}_{ij} + \xi\dot{\varepsilon}_{vm}\delta_{ij}$$

一般 ξ 可取 10^6 或更大些。

计算程序与拉格朗日法类似，仅由于 ξ 取某一大数，而使方程数减少了 m 个。

拉格朗日法与罚函数法相比，由于前者引入了附加的拉格朗日乘子 λ，若单元数目很大，这个附加的未知量 λ 将会增加联立方程数目或增加系数矩阵的带宽，从而增加了计算时间。罚函数法虽然避免了附加的未知量，但若初始速度场设定不好，结果会导致 $\xi\dot{\varepsilon}_{vm}$ 非常大，而难以得到正确解。体积可压缩法类似于罚函数法。

10.5　刚－塑性有限元法计算中的若干技术问题

刚－塑性有限元法计算中，常遇到如下的几个技术问题。如果这些问题处理不好，会直接影响刚塑性有限元法的应用。可以说它们是刚－塑性有限元法的难点。目前有些问题已经解决，但也有些问题尚未完满解决。

10.5.1　初始速度场

在前面所讲述的刚－塑性有限元法的迭代计算中，首先碰到的问题就是选择初始速度场。初始速度场选择得越接近真实的，收敛速度就越快，计算时间也就越短。初始速度场选择得不好，甚至会引起发散。所以，正确选择初始速度场是极其重要的。关于初始速度场的确定，目前主要有如下两种方法：

（1）对于边界条件比较简单的情况，可以采用前面讲过的能量法或其他近似法求得速度场，并把它作为有限元法计算的初始速度场。

（2）对于复杂的边界条件，可按如下泛函最小化确定初始速度场。

森和小坂田在应用体积可压缩法时建议一个便于求导并和 ϕ 相似的泛函 $\overline{G}$

$$\overline{G} = \sqrt{\sum_{i=1}^{m_1}[(\overline{\sigma}\,\dot{\overline{\varepsilon}}V_e)^2]_i \pm \sum_{i=1}^{m_2}[(\tau_f S_f \Delta v_f)^2]_i \sum_{i=1}^{m_3}[(P_v)^2]_i} \qquad (10\text{-}29a)$$

式中　m_1——单元总数；

m_2——和工具接触的单元数；

m_3——给定表面力（除去摩擦力）的单元数；

P——表面力；

v——表面力作用面的速度。

P 与 v 同向者第三项前面取负号；反之，取正号。

由泛函 $\overline{G}$ 取最小值可求出初速度场。从而可得如下的方程组

$$\frac{\partial\overline{G}}{\partial v_{x1}} = 0,\ \frac{\partial\overline{G}}{\partial v_{y1}} = 0,\ \frac{\partial\overline{G}}{\partial v_{z1}} = 0,\ \cdots$$

容易看出，此方程组是一个线性方程组，因此求解较为简单。

拉格朗日乘子法和罚函数法也可用类似的方法求初速度场，对于拉格朗日乘子法

$$\overline{G}' = \sqrt{\sum_{i=1}^{m_1}[(\overline{\sigma}\dot{\overline{\varepsilon}}V_e)^2]_i + \sum_{i=1}^{m_2}[(\tau_f s_f \Delta v_f)^2]_i \pm \sum_{i=1}^{m_3}[(pv)^2]_i + \sum_{i=1}^{m_1}(\lambda^* \dot{\varepsilon}_v V_e)_i} \tag{10-29b}$$

$\overline{G}'$是结点速度和各单元的 λ^* 的函数。

对于罚函数法

$$\overline{G}'' = \sqrt{\sum_{i=1}^{m_1}[(\overline{\sigma}\dot{\overline{\varepsilon}}V_e)^2]_i + \sum_{i=1}^{m_2}[(\tau_f s_f \Delta v_f)^2]_i \pm \sum_{i=1}^{m_3}[(pv)^2]_i + \beta\sum_{i=1}^{m_1}[(\dot{\varepsilon}_v V_e)^2]_i} \tag{10-29c}$$

式中　β——大的正整数。

10.5.2　关于收敛判据

在刚 - 塑性有限元法的迭代计算中，必须给出收敛判据。在讲拉格朗日乘子法时，曾以式（10-17）作为收敛判据。下面再介绍另一种收敛判据。

大家知道，当泛函 ϕ 的变分 $\delta\phi$ 为零时，对应的速度场是一个真实的速度场，对于每个结点由此速度场计算出来的总的结点力应与给定的结点载荷相等。然而，当应用刚 - 塑性有限元法使泛函最小化时，其泛函的变分不能完全等于零，只是接近于零。加上其他的一些原因，则与按此确定的速度场相应的应力场就不是静力许可的，因此由此速度场得到的该结点的总的结点力与结点载荷就不平衡，其不平衡量可按下式确定。例如对于第 k 个结点

$$\Delta P_K = \{[\sum_{j=1}^{n_K}(F_{Kx}^e)_j - F_{Kx}]^2 + [\sum_{j=1}^{n_K}(F_{Ky}^e)_j - F_{Ky}]^2 + [\sum_{j=1}^{n_K}(F_{Kz}^e)_j - F_{Kz}]^2\}^{\frac{1}{2}} \tag{10-30}$$

式中　　n_k——围绕 K 结点的单元数；

$F_{Kx}^e, F_{Ky}^e, F_{Kz}^e$——$x, y, z$ 方向 K 结点的单元结点力；

F_{Kx}, F_{Ky}, F_{Kz}——x, y, z 方向 K 结点的结点载荷。

不平衡程度可用下式表示

$$\Delta S = \sum_{k=1}^{n}\Delta P_K / nA \tag{10-31}$$

其中，n 为总结点数；A 为所有单元边界面的均值。通常取 ΔS 为屈服点的 1/10000 以下为收敛。

10.5.3　刚 - 塑性区分界的确定

大家知道，以刚 - 塑性变分原理为基础的刚 - 塑性有限元法，只对塑性区适用，而对刚性区是不适用的。然而在计算初期很难确定哪里是刚性区，哪里是塑性区。目前在计算中通常采用如下的处理办法。

在计算初期取一个比较大的区域进行计算。事先规定一个小的等效应变速率 $\dot{\overline{\varepsilon}}^0$。当 $\dot{\overline{\varepsilon}} > \dot{\overline{\varepsilon}}^0$ 时，认为该单元属于塑性区；当 $\dot{\overline{\varepsilon}} \leqslant \dot{\overline{\varepsilon}}^0$ 时，认为该单元属于刚性区。这样，对于相应体积求极小值的泛函变为

$$\phi = \begin{cases} \iiint_V \overline{\sigma}\,\dot{\overline{\varepsilon}}\mathrm{d}V - \iint_{S_p} p_i v_i \mathrm{d}s & (\dot{\overline{\varepsilon}} > \dot{\overline{\varepsilon}}^0) \\ \iiint_V \frac{1}{2}\overline{\sigma}\,\dot{\overline{\varepsilon}}\mathrm{d}V - \iint_{S_p} p_i v_i \mathrm{d}s & (\dot{\overline{\varepsilon}} \leqslant \dot{\overline{\varepsilon}}^0) \end{cases} \tag{10-32}$$

对于$\dot{\overline{\varepsilon}} \leqslant \dot{\overline{\varepsilon}}^0$ 的单元，若采用体积可压缩法，可参照式（10-20）由下式近似确定应力

$$\sigma_{ij} = \frac{\overline{\sigma}^*}{\dot{\overline{\varepsilon}}^{*0}}\left[\frac{2}{3}\dot{\varepsilon}_{ij} + \left(\frac{1}{g} - \frac{2}{9}\right)\dot{\varepsilon}_v \delta_{ij}\right] \tag{10-33}$$

应指出$\dot{\overline{\varepsilon}}^0$ 的选取对收敛影响较大。小林建议，边界条件主要是给定速度的挤压和拉拔问题，因为容易收敛，取$\dot{\overline{\varepsilon}}^0 = 10^{-4}$；而锻压问题由于大部分表面是自由边界，又有较大的刚性区，致使收敛性变坏，此时取$\dot{\overline{\varepsilon}}^0 = 10^{-3}$。我们在实践中采用如下的处理方法。在刚开始时，初速度场和真实速度场相差较大，此时$\dot{\overline{\varepsilon}}^0$ 如取得过小，迭代难以收敛，故稍取大些，如在带外端锻压时开始取$\dot{\overline{\varepsilon}}^0 = 0.002$；在迭代三次后速度已比较接近真实场了，此时取$\dot{\overline{\varepsilon}}^0 = 0.0002$。通过这种办法使假想刚性区减少，从而使计算结果更加真实。实践证明，这样做对加快结点力不平衡量的收敛也是有效的。

10.5.4 奇异点的处理

在塑性加工中，常常存在流动速度发生急剧变化的部位。如轧制时入口处(图 10-2a)和挤压（或拉拔）时在锥形模的出、入口处（图 10-2b）等，这些流动速度方向发生突变的点称为奇异点。在有限元分析中，为了得到较好的计算结果，在奇异点附近必须配置较多的单元，但这势必增加计算时间。为了在奇异点附近配置较少的单元，又能取得较好的计算结果，可采用下面的处理方法。如图 10-3 所示，在(a)中单元①的 k 点，其速度方向沿 BC 方向，m 点沿 AB 方向。当 m，k 两点重合时，则得(b)中的单元，在奇异点 B 便有两个速度。计算时，单元①仍可按等参四边形单元计算，但 m，k 两点的位置重合于 B 点。

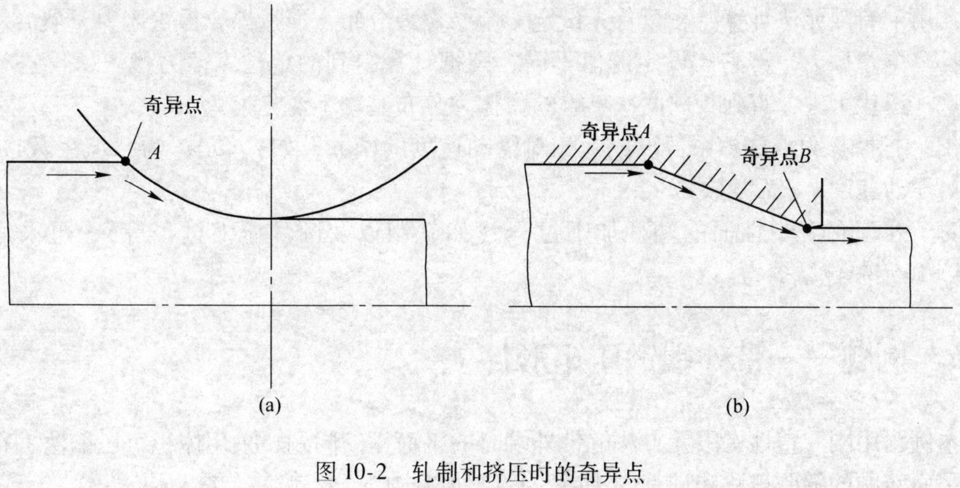

图 10-2 轧制和挤压时的奇异点

（a）轧制；（b）挤压

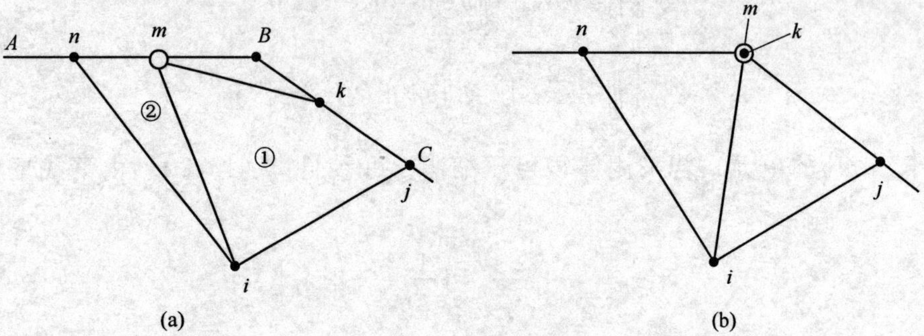

图 10-3　奇异点的处理

此外，佐藤一雄等人提出，考虑单元间产生滑动，但不分离时而增加附加剪切功率的办法来处理奇异点问题，详见文献［34］。还有，在流动分界面处，泛函的一阶偏导数发生跳动，而导致解不收敛。

10.5.5　摩擦条件

工具和工件间的摩擦力是由许多因素决定的，如金属的成分、滑动速度和润滑条件等。正确地决定摩擦力是很困难的，迄今这个问题尚未完满地解决。然而，为了进行实际分析总喜欢使用较简单的公式。目前，刚－塑性有限元法的计算中常采用以下几种摩擦条件：

（1）采用常摩擦应力，如

$$\tau_{\mathrm{f}} = mk = \frac{m}{\sqrt{3}}\sigma_{\mathrm{s}}$$

这种摩擦条件，用于有限元计算时最为简单，但它与实际情况差距较大。

（2）采用常摩擦系数，如

$$\tau_{\mathrm{f}} = fp$$

在用于有限元法计算时，可首先设定一个摩擦力分布，通过计算得正压力，然后按上式计算单位摩擦力，若它与设定的值不同，则把计算得到的单位摩擦力代入，再进行计算，这样迭代下去，直到相邻两次算得的摩擦力分布基本不变化为止。

（3）把摩擦力或摩擦系数设成为相对滑动速度的函数，如 $f = a\Delta v_{\mathrm{f}}$ 为摩擦系数（Δv_{f} 为相对滑动速度，a 为常数）。

对于处理含有中性面的塑性加工过程（如轧制以及圆环压缩过程等），可采用式（6-64）确定单位摩擦力。

10.6　例题——带外端锻压矩形件

本例题用刚－塑性有限元方法解带外端时的平面压缩问题，采用体积可压缩法。在掌握了平面问题的解题思路和计算方法后，只要加以推广，并解决一些具体问题，就可以求解三维变形问题。

（1）求解平面问题时的单元。这里采用图 10-4 所示的四边形单元。

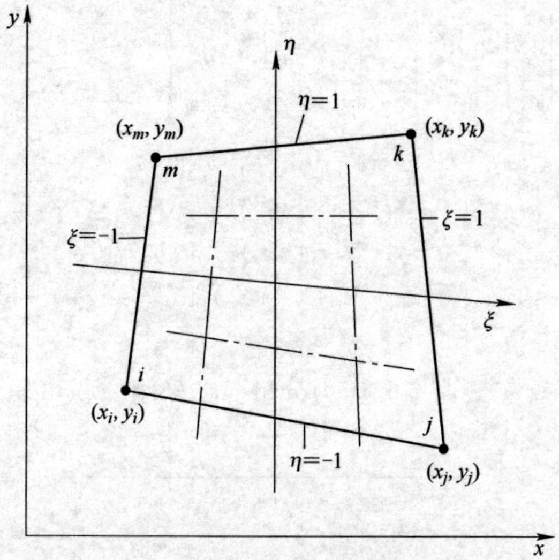

图 10-4 四边形单元

它的四个结点的序号分别为 i, j，m，k。单元内各点的水平运动速度 v_x 及垂直运动速度 v_y 分别为

$$v_x = \frac{1}{4}[(1-\xi)(1-\eta)v_{xi} + (1+\xi)(1-\eta)v_{xj} + (1+\xi)(1+\eta)v_{xm} + (1-\xi)(1+\eta)v_{xk}]$$

$$v_y = \frac{1}{4}[(1-\xi)(1-\eta)v_{yi} + (1+\xi)(1-\eta)v_{yj} + (1+\xi)(1+\eta)v_{ym} + (1-\xi)(1+\eta)v_{yk}]$$

(10-34)

根据上面的速度场，平面变形时的应变速率为

$$\begin{bmatrix} \dot{\varepsilon}_x \\ \dot{\varepsilon}_y \\ \dot{\gamma}_{xy} \end{bmatrix} = \begin{bmatrix} b_i & 0 & b_j & 0 & b_m & 0 & b_k & 0 \\ 0 & c_i & 0 & c_j & 0 & c_m & 0 & c_k \\ c_i & b_i & c_j & b_j & c_m & b_m & c_k & b_k \end{bmatrix} \begin{Bmatrix} v_{xi} \\ v_{yi} \\ v_{xj} \\ v_{yj} \\ v_{xm} \\ v_{ym} \\ v_{xk} \\ v_{yk} \end{Bmatrix} \tag{10-35}$$

其中

$$\begin{Bmatrix} b_i \\ b_j \\ b_m \\ b_k \end{Bmatrix} = \frac{2}{|J|} \begin{Bmatrix} Y_{jk} - Y_{mk}\xi - Y_{jm}\eta \\ -Y_{im} + Y_{mk}\xi + Y_{ik}\eta \\ -Y_{jk} + Y_{ij}\xi - Y_{jk}\eta \\ Y_{im} - Y_{ij}\xi + Y_{jm}\eta \end{Bmatrix}$$

$$\begin{Bmatrix} c_i \\ c_j \\ c_m \\ c_k \end{Bmatrix} = \frac{2}{|J|} \begin{Bmatrix} -X_{jk} - X_{mk}\xi + X_{jm}\eta \\ X_{im} - X_{mk}\xi - X_{ik}\eta \\ X_{jk} - X_{ij}\xi + X_{ik}\eta \\ -X_{im} + X_{ij}\xi - X_{jm}\eta \end{Bmatrix}$$

$$Y_{ij} = y_i - y_j, X_{ij} = x_i - x_j$$

$$\begin{aligned} 6|J| = & [(-x_i + x_j + x_m - x_k) + (x_i - x_j + x_m - x_k)\eta] + \\ & [(-y_i - y_j + y_m + y_k) + (y_i - y_j + y_m - y_k)\xi] - \\ & [(-x_i - x_j + x_m + x_k) + (x_i - x_j + x_m - x_k)\xi] + \\ & [(-y_i + y_j + y_m - y_k) + (y_i - y_j + y_m - y_k)\eta] \end{aligned}$$

（2）等效应力、等效应变速率和应力分量。在采用体积可压缩法求解平面问题时，等效应力为

$$\sigma^* = \sqrt{\frac{3}{4}[(\sigma_x - \sigma_y)^2 + 4\tau_{xy}{}^2] + g\sigma_m^2}$$

在这种情况下，等效应变速率为

$$\dot{\varepsilon}^* = \sqrt{\frac{4}{9}(\dot{\varepsilon}_x{}^2 + \dot{\varepsilon}_y{}^2 - \dot{\varepsilon}_x\dot{\varepsilon}_y) + \frac{1}{3}\dot{\gamma}_{xy}{}^2 + \frac{1}{g}\dot{\varepsilon}v_0^2}$$

计算时取 $g = 0.01$。

应力分量可由式（10-20）求出

$$\sigma_x = \frac{\overline{\sigma}^*}{\dot{\varepsilon}^*}\left[\frac{2}{3}\dot{\varepsilon}_x + \left(\frac{1}{g} - \frac{2}{9}\right)\dot{\varepsilon}_v\right]$$

$$\sigma_y = \frac{\overline{\sigma}^*}{\dot{\varepsilon}^*}\left[\frac{2}{3}\dot{\varepsilon}_y + \left(\frac{1}{g} - \frac{2}{9}\right)\dot{\varepsilon}_v\right]$$

$$\tau_{xy} = \frac{\overline{\sigma}^*}{3\dot{\varepsilon}^*}\dot{\gamma}_{yx}$$

（3）泛函及其极值。根据 Марков 原理，泛函决定于金属塑性变形功和外摩擦功，下面分别针对平面问题进行处理。

1）塑性区的变形功率

$$\phi_D = \sum_{i=1}^{m_1}(\overline{\sigma}\dot{\varepsilon}V_e)_i \tag{10-36a}$$

小变形区（假定刚性区）的变形功率

$$\phi_D = \sum_{i=1}^{m_1}\frac{1}{2}(\overline{\sigma}\dot{\varepsilon}V_e)_i \tag{10-36b}$$

式中　V_e——单元体积；

m_1——变形单元数；

$\dot{\overline{\varepsilon}}$——$i$ 单元的等效应变速率，它由 $\xi = \pm 0.5$ 的四个点的等效应变速率求得

$$\dot{\varepsilon} = \frac{1}{4}\sum_{j=1}^{4}\dot{\overline{\varepsilon}}_j = \frac{1}{4}\sum_{j=1}^{4}\left\{\sqrt{\frac{4}{9}(\dot{\varepsilon}_x^2 + \dot{\varepsilon}_y^2 - \dot{\varepsilon}_x\dot{\varepsilon}_y) + \frac{1}{3}\dot{\gamma}_{xy}^2 + \frac{1}{g}\dot{\varepsilon}_{v0}^2}\right\}_j \tag{10-37}$$

将 ϕ_D 对 V_{xk}，V_{yk}求偏导数，并对与 k 结点有关的单元进行组合，则

$$\frac{\partial\phi_D}{\partial v_{xk}} 或 \frac{\partial\phi_D}{\partial v_{yk}} = \sum_{i=1}^{m_2}\left[\frac{1}{4}\bar{\sigma}V\sum_{j=1}^{4}\left(\frac{Y}{\dot{\varepsilon}}\right)_j\right]_i \tag{10-38}$$

$$Y_{v_x} = \frac{4}{9}b_k\dot{\varepsilon}_x - \frac{2}{9}b_k\dot{\varepsilon}_y + \frac{1}{3}c_k\dot{\gamma}_{xy} + \frac{1}{g}b_{k0}\dot{\varepsilon}_{v0}$$

$$Y_{v_y} = \frac{4}{9}c_k\dot{\varepsilon}_y - \frac{2}{9}c_k\dot{\varepsilon}_x + \frac{1}{3}b_k\dot{\gamma}_{xy} + \frac{1}{g}c_{k0}\dot{\varepsilon}_{v0}$$

式中 m_2——含有 k 结点的单元数目；

v_x——足标，表示对 v_x 求偏导数；

v_y——足标，表示对 v_y 求偏导数；

0——足标，表示对四个结点求平均值。

用 Newton-Raphson 法解式（10-25）时，需将其线性化，即

$$\frac{\partial\phi_D}{\partial v_{xk}} 或 \frac{\partial\phi_D}{\partial v_{yk}} = \sum_{i=1}^{m_2}\left[\frac{1}{4}\bar{\sigma}V\sum_{j=1}^{4}\left(\frac{Y}{\dot{\varepsilon}_j} + \frac{1}{\dot{\varepsilon}_j^3}\{A\}^{\mathrm{T}}\{\mathrm{d}v\}\right)\right]_i \tag{10-39}$$

$$\{A\}^{\mathrm{T}}\{\mathrm{d}v\} = \begin{Bmatrix} E_xb_{k-2} + E_0b_{k-20} + Gc_{k-2} \\ E_yc_{k-2} + E_0c_{k-20} + Gb_{k-2} \\ E_xb_{k-1} + E_0b_{k-10} + Gc_{k-1} \\ E_yc_{k-1} + E_0c_{k-10} + Gb_{k-1} \\ E_xb_k + E_0b_{k0} + Gc_k \\ E_yc_k + E_0c_{k0} + Gb_k \\ E_xb_{k+1} + E_0b_{k+10} + Gc_{k+1} \\ E_yc_{k+1} + E_0c_{k+10} + Gb_{k+1} \end{Bmatrix}^{\mathrm{T}} \begin{Bmatrix} \mathrm{d}v_{xk-2} \\ \mathrm{d}v_{yk-2} \\ \mathrm{d}v_{xk-1} \\ \mathrm{d}v_{yk-1} \\ \mathrm{d}v_{xk} \\ \mathrm{d}v_{yk} \\ \mathrm{d}v_{xk+1} \\ \mathrm{d}v_{yk+1} \end{Bmatrix} \tag{10-40}$$

其中

$$\begin{cases} E_{xv_x} = \dfrac{4}{9}\left[b_k\dot{\varepsilon}_j^2 - Y_{v_{xk}}\left(\dot{\varepsilon}_x - \dfrac{1}{2}\dot{\varepsilon}_y\right)\right] \\ E_{0v_x} = \dfrac{1}{g}(b_{k0}\dot{\varepsilon}_j^2 - Y_{v_{xk}}\dot{\varepsilon}_{v0}) \\ C_{v_x} = \dfrac{1}{3}(c_k\dot{\varepsilon}_j^2 - Y_{v_{xk}}\dot{\gamma}_{xk}) \\ E_{yv_x} = -\dfrac{2}{9}b_k\dot{\varepsilon}_j^2 - \dfrac{4}{9}Y_{v_{xk}}\left(\dot{\varepsilon}_y - \dfrac{1}{2}\dot{\varepsilon}_x\right) \\ E_{xv_y} = -\dfrac{2}{9}c_k\dot{\varepsilon}_j^2 - \dfrac{4}{9}Y_{v_{yk}}\left(\dot{\varepsilon}_x - \dfrac{1}{2}\dot{\varepsilon}_y\right) \\ E_{0v_y} = \dfrac{1}{g}(c_{k0}\dot{\varepsilon}_j^2 - Y_{v_{yk}}\dot{\varepsilon}_{v0}) \\ C_{v_y} = \dfrac{1}{3}(b_k\dot{\varepsilon}_j^2 - Y_{v_{yk}}\dot{\gamma}_{xk}) \\ E_{yv_x} = \dfrac{4}{9}\left[c_k\dot{\varepsilon}_j^2 - Y_{v_{yk}}\left(\dot{\varepsilon}_y - \dfrac{1}{2}\dot{\varepsilon}_x\right)\right] \end{cases} \tag{10-41}$$

2）与摩擦损失有关的项。由于工件和工具接触面上的摩擦，造成摩擦损失，若接触

面上单元数目为 m_3，则摩擦损失为

$$\phi_F = \sum_{i=1}^{m_3} (\tau_f S_f \Delta v)_i \tag{10-42}$$

式中　τ_f——作用于摩擦面上的摩擦应力；

S_f——接触面积；

Δv——相对滑动速度，

$$\Delta v = \sqrt{\frac{1}{2}(v_{xk}^2 + v_{xk+1}^2)}$$

所以

$$\frac{\partial \phi_\gamma}{\partial v_{zk}} = \sum_{i=1}^{m_4} \left(\frac{1}{\sqrt{2}} \tau_f S_f \frac{v_{xk}}{\sqrt{v_{xk}^2 + v_{xk+1}^2}} \right)_i \tag{10-43}$$

线性化之后，得到

$$\frac{\partial \phi_\gamma}{\partial v_{xk}} = \sum_{i=1}^{m_4} \left\{ \frac{1}{\sqrt{2}} \tau_f S_f \left[\frac{v_{xk}}{(v_{xk}^2 + v_{xk+1}^2)^{1/2}} + \frac{\mathrm{d}v_{xk}}{(v_{xk}^2 + v_{xk+1}^2)^{1/2}} - \frac{v_{xk}^2 \mathrm{d}v_{xk}}{(v_{xk}^2 + v_{xk+1}^2)^{3/2}} - \frac{v_{xk} v_{xk+1} \mathrm{d}v_{xk+1}}{(v_{xk+1}^2 + v_{xk}^2)^{3/2}} \right] \right\}_i \tag{10-44}$$

式中　m_4——接触面上与 k 结点有关的单元数。

（4）初速度场的确定。刚－塑性有限元法采用迭代算法，迭代计算是否收敛以及收敛的快慢与所取的初速度场关系极大，前已述及森和小坂田建议采用下述与 ϕ 相似的泛函 G 来建立初速度场，按式（10-29a），则

$$G = \sqrt{\sum_{i=1}^{m_1} [(\bar{\sigma} V_e \dot{\bar{\varepsilon}})^2]_i + \sum_{i=1}^{m_2} [(\tau_f S_f \Delta v)^2]_i} \tag{10-45}$$

由于 G 相似于 ϕ，所以由 G 建立的初速度场与 ϕ 所建立的散度场是接近的。将 G 对结点速度求偏导数，则有

$$\frac{\partial G}{\partial v_{xk}} \text{或} \frac{\partial G}{\partial v_{yk}} = \frac{1}{G} \left\{ \sum_{i=1}^{m_1} \left[\frac{1}{4} \bar{\sigma}^2 V^2 \sum_{j=1}^{4} (\{A\}^{\mathrm{T}} \{v\})_j \right]_i \right\} + F v_{xk} \tag{10-46}$$

在式（10-46）的 $\{A\}^{\mathrm{T}}$ 中

$$\begin{cases} E_{xv_x} = \dfrac{4}{9} b_k & E_{xv_y} = -\dfrac{2}{9} c_k \\ E_{0v_x} = \dfrac{1}{g} b_k & E_{0v_y} = \dfrac{1}{g} c_k \\ Gv_x = \dfrac{1}{3} c_k & Gv_y = \dfrac{1}{3} b_k \\ E_{yv_x} = -\dfrac{2}{9} b_k & E_{yv_x} = \dfrac{4}{9} c_k \\ F_{v_x} = \sum\limits_{i=1}^{m_1} \left(\dfrac{1}{2} \tau_f^2 S_f^2 \right) & F_{v_y} = 0 \end{cases} \tag{10-47}$$

这是含有未知量 v_x、v_y 的线性代数方程组，解此方程组便可求出初速度场 v_x、v_y。

（5）外端的处理。由于所计算的问题带有外端，因此必须对各单元进行判断，看其是属于刚性区还是塑性区，以便利用不同的变形抗力模型和不同的泛函表达式。为此，可以规定一个等效应变速率 $\dot{\bar{\varepsilon}}$，当 $\dot{\bar{\varepsilon}} > \dot{\bar{\varepsilon}}^0$ 时，认为该单元属于塑性区；当 $\dot{\bar{\varepsilon}} \leqslant \dot{\bar{\varepsilon}}^0$ 时，认为该单元属于刚性区。这样，对相应区域求极小值的泛函按式（10-32）确定。当 $\dot{\bar{\varepsilon}} \leqslant \dot{\bar{\varepsilon}}^0$ 的单元，按式（10-33），应力表达式成为

$$\sigma_x = \frac{\bar{\sigma}^*}{\dot{\bar{\varepsilon}}^0}\left[\frac{2}{3}\dot{\varepsilon}_x + \left(\frac{1}{g} - \frac{2}{9}\right)\dot{\varepsilon}_v\right]$$

$$\sigma_y = \bar{\sigma}^* \frac{\bar{\sigma}^*}{\dot{\bar{\varepsilon}}^0}\left[\frac{2}{3}\dot{\varepsilon}_y + \left(\frac{1}{g} - \frac{2}{9}\right)\dot{\varepsilon}_v\right]$$

$$\tau_{xy} = \frac{\bar{\sigma}^*}{3\dot{\bar{\varepsilon}}^0}\dot{\gamma}_{xy} \tag{10-48}$$

其中，$\dot{\bar{\varepsilon}}^0$ 的选择对于计算是否收敛关系很大，它与外端大小，初速度场和真实场的接近程度有关。

计算方法和实例。

计算程序框图如图 10-5 所示。

框 1 是输入原始数据，其中包括结点坐标、边界条件、材料常数等。

框 2 ~4 是利用 G 函数（式（8-45））建立初速度场。其中框 2 中计算 B 矩阵，框 3 中按式（10-47）计算 $\{A\}$ 向量（式（10-40））中的系数，框 4 通过解线性代数方程组（10 -46）确定初始速度 v_x、v_y 即建立初速度场。

框 5 ~10 通过使泛函 ϕ 取极小值确定最接近真实场的速度场。框 5 计算 B 矩阵，框 6 计算式（10-40）中 $\{A\}^{\mathrm{T}}$ 中的系数，框 7 用 Newton-Raphson 法解方程组(由式(10-39)和式(10-44)组成)，确定速度修正量 $\mathrm{d}v_x$、$\mathrm{d}v_y$。框 8 利用求得的速度修正量对原速度场进行修正，框 9 利用刚 - 塑性区判断准则判断刚 - 塑性区，修改等效应力 $\bar{\sigma}$。在框 10 对塑性区和刚性区利用式（10-36a）、式（10-36b）和式（10-42）计算能量。框 11 是判断环节，当 $\delta_2 < \varepsilon$ 时，可以进行下面计算，否则返回框 8 重新计算。

在框 12 根据式（10-48）计算应力和式（10-31）计算应力不平衡量 PS。框 13 是判断环节，当 $PS < 0.02$ 时，认为满足静力平衡关系，可以进行下面计算，否则要迭代到框 5 进一步修正速度场，直到满足平衡关系为止。

在框 14 修正结点坐标，准备下一个压缩迭代的计算。框 15 输出本次计算结果，框 16 是压缩次数判断。

前已述及在处理外端时，$\dot{\bar{\varepsilon}}^0$ 如取得过小，迭代不收敛，故稍取大些，这里取 $\dot{\bar{\varepsilon}}^0 = 0.002$。在迭代三次后，速度场已比较接近真实场了，这时可取 $\dot{\bar{\varepsilon}}^0 = 0.0002$，通过这种办法使假想刚性区减少，从而使计算结果更真实。事实证明，这样做对于加快结点力不平衡量 PS 的收敛也是有效的。

此外，关于刚 - 塑性区判断问题，对于每一次小迭代都应该根据等效应变速率进行判断，这样根据各单元属于刚性区还是塑性区，采用不同的泛函表达式，提高了计算精度。

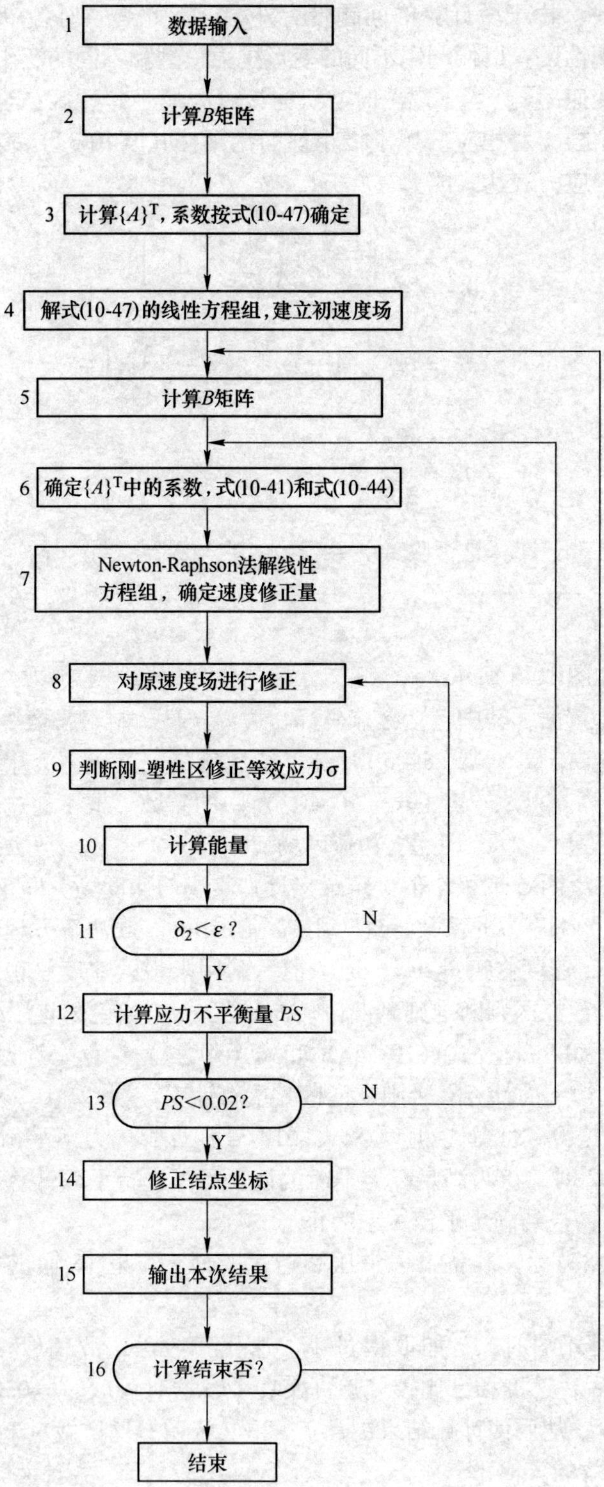
1 数据输入
2 计算B矩阵
3 计算{A}T，系数按式(10-47)确定
4 解式(10-47)的线性方程组，建立初速度场
5 计算B矩阵
6 确定{A}T中的系数，式(10-41)和式(10-44)
7 Newton-Raphson法解线性方程组，确定速度修正量
8 对原速度场进行修正
9 判断刚-塑性区修正等效应力σ
10 计算能量
11 δ2<ε？
N
Y
12 计算应力不平衡量 PS
13 PS<0.02？
N
Y
14 修正结点坐标
15 输出本次结果
16 计算结束否？
结束

图 10-5　计算框图

利用上述方法计算了带外端的平面压缩问题。单元划分如图 10-6 所示，锤头半宽 9.8mm，工件原始高度的二分之一为 3.92mm，考虑到对称性，将工件的四分之一划分为 27 个单元，锤头内 7×3 = 21 个单元、锤外 2×3 = 6 个单元，变形区 $l/h = 2.5$。设锤头和工件之间是滑动摩擦，摩擦系数为 0.3。

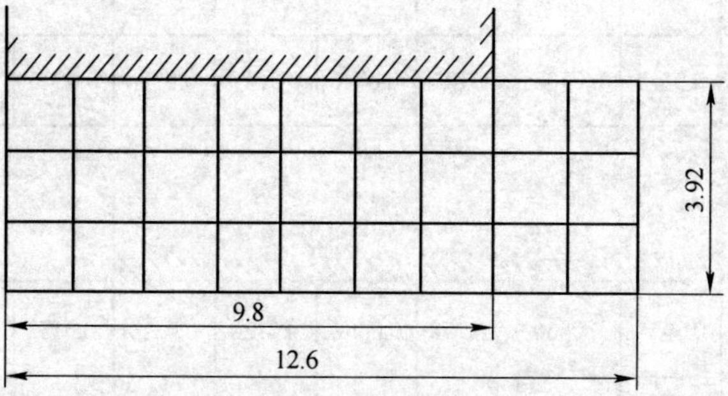

图 10-6 单元划分

工具和工件之间接触正应力计算结果如图 10-7（b）所示，图 10-7（a）是无润滑平面压缩的实测结果，两者规律是定性一致的。

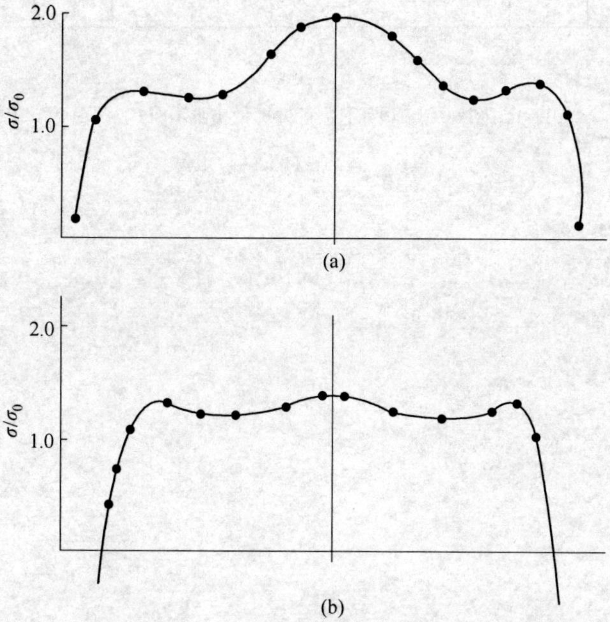

图 10-7 计算结果（铅试样）

（a）Унксов 实测结果；（b）有限元计算结果

图 10-8 是 $l/h = 2.5$，$l/h = 1.4$ 时变形沿工件断面的分布，变形分布也是符合规律的。

0.0097	0.0113	0.0123	0.0113	0.0093	0.0082	0.0134	0.0106	0.0007
0.0119	0.0116	0.0116	0.0116	0.0122	0.0135	0.0122	0.0053	0.0005
0.0130	0.0118	0.0108	0.0120	0.0148	0.0141	0.0094	0.0045	0.0008

(a)

0.0045	0.0055	0.0066	0.0078	0.0092	0.0120	0.0226	0.0155	0.0054
0.0067	0.0077	0.0092	0.0110	0.0135	0.0189	0.0158	0.0068	0.0024
0.0107	0.0111	0.0130	0.0146	0.0158	0.0131	0.0084	0.0064	0.0019
0.0160	0.0155	0.0150	0.0152	0.0120	0.0083	0.0074	0.0035	0.0005
0.0200	0.0186	0.0156	0.0120	0.0104	0.0087	0.0047	0.0022	0.0014

(b)

图 10-8　平面压缩时等效变形分布

(a) $\frac{l}{h}=2.5$；(b) $\frac{l}{h}=1.4$

11 其他有限元法

近年来有些研究者已把黏－塑性有限元法和大形变弹－塑性有限元法用于解塑性加工问题。此外，还有作为简易有限元法的上界元法以及能量法与刚－塑性有限元法相结合的方法。

11.1 黏－塑性有限元法

波兹纳（P. Perzyna）曾对黏－塑性材料的屈服准则和本构关系进行了总结。1972 年齐基维茨（O. C. Zienkiewicz）提出了黏－塑性材料有限元解法。后来又有不少研究者对塑性加工问题用黏－塑性有限元法进行了解析，取得了一定成果。

11.1.1 弹－黏塑性有限元法

弹－黏塑性有限元法和弹－黏塑性有限元法解析过程基本类似。其主要差别在于建立黏－塑性矩阵、刚度矩阵和虚拟载荷增量列阵上，下面重点推导这三者。

首先推导黏－塑性矩阵。

现将总应变速率表示为弹性的和塑性的两者之和

$$\{\dot{\varepsilon}\} = \{\dot{\varepsilon}^e\} + \{\dot{\varepsilon}^p\} \tag{11-1}$$

大家知道，总的应力速率取决于弹性应变速率，即

$$\{\dot{\sigma}\} = [D]\{\dot{\varepsilon}^e\} \tag{11-2}$$

式中　$[D]$——弹性矩阵。

在时间间隔 $dt^n = t^{n+1} - t^n$ 中取黏－塑性应变增量的加权表达式为

$$d\{\varepsilon^p\}_n = dt_n[(1-\theta)\{\dot{\varepsilon}^p\}_n + \theta\{\dot{\varepsilon}^p\}_{n+1}] \tag{11-3}$$

可见，$\theta = 0$ 时，$d\{\varepsilon^p\}_n = dt^n\{\varepsilon^p\}_n$，即由 t^n 时的 $\{\dot{\varepsilon}^p\}_n$ 便可完全确定 $d\{\varepsilon^p\}$；$\theta = 1$ 时，$d\{\varepsilon^p\}_n = dt^n\{\dot{\varepsilon}^p\}_{n+1}$即由 t^{n+1}的$\{\dot{\varepsilon}^p\}_{n+1}$便可完全确定 $d\{\varepsilon^p\}_n$。

式(11-3)中$\{\dot{\varepsilon}^p\}_{n+1}$可用泰勒级数求得

$$\{\dot{\varepsilon}^p\}_{n+1} = \{\dot{\varepsilon}^p\}_n + [H]_n d\{\sigma\}_n \tag{11-4}$$

$$[H]_n = \left(\frac{\partial\{\dot{\varepsilon}^p\}}{\partial\{\sigma\}}\right)_n$$

式中　$d\{\sigma\}_n$——在 dt_n 中的应力变化。

把式（11-4）代入式（11-3）中，则

$$d\{\varepsilon^p\}_n = \{\dot{\varepsilon}^p\}_n dt_n + [C]_n d\{\sigma\}_n \tag{11-5}$$

式中

$$[C]_n = \theta dt_n[H]_n \tag{11-6}$$

把式（11-2）改写为 $d\{\sigma\}_n = [D]d\{\varepsilon^e\}_n$，并把式（11-1）代入，则

$$d\{\sigma\}_n = [D](d\{\varepsilon^e\}_n - d\{\varepsilon^p\}_n) \tag{11-7a}$$

把式（11-5）代入式（11-7），则

$$d\{\sigma\}_n = [\hat{D}]_n(d\{\varepsilon\}_n - \{\dot{\varepsilon}^p\}_n dt_n) \tag{11-7b}$$

式中 $$[\hat{D}] = ([D]^{-1} + [C]_n)^{-1}$$

把式（9-31c）代入式（11-7b），则

$$d\{\sigma\}_n = [\hat{D}]_n[d\{\varepsilon\}_n - \frac{\partial\bar{\sigma}}{\partial\{\sigma\}n}\dot{\bar{\varepsilon}}^p_n dt_n]$$

为了简明以下不再记下标 n，但应记住是关于 t_n 时刻的。于是上式可写成

$$d\{\sigma\} = [\hat{D}][d\{\varepsilon\} - \frac{\partial\bar{\sigma}}{\partial\{\sigma\}}\dot{\bar{\varepsilon}}^p dt] \tag{11-8}$$

此式等号两边同时左乘$\left(\frac{\partial\bar{\sigma}}{\partial\{\sigma\}}\right)^{\mathrm{T}}$，则得

$$d\bar{\sigma} = \left(\frac{\partial\bar{\sigma}}{\partial\{\sigma\}}\right)^{\mathrm{T}}[\hat{D}]d\{\varepsilon\} - \left(\frac{\partial\bar{\sigma}}{\partial\{\sigma\}}\right)^{\mathrm{T}}[\hat{D}]\left(\frac{\partial\bar{\sigma}}{\partial\{\sigma\}}\right)\dot{\bar{\varepsilon}}^p dt$$

由于 $\bar{\sigma} = \varphi(\int_0^t \dot{\bar{\varepsilon}}^p dt)$，$d\bar{\sigma} = \varphi'\dot{\bar{\varepsilon}}^p dt$，则

$$\varphi'\dot{\bar{\varepsilon}}^p dt = \left(\frac{\partial\bar{\sigma}}{\partial\{\sigma\}}\right)^{\mathrm{T}}[\hat{D}]d\{\varepsilon\} - \left(\frac{\partial\bar{\sigma}}{\partial\{\sigma\}}\right)^{\mathrm{T}}[\hat{D}]\left(\frac{\partial\bar{\sigma}}{\partial\{\sigma\}}\right)\dot{\bar{\varepsilon}}^p dt$$

所以

$$\dot{\bar{\varepsilon}}^p dt = \frac{\left(\frac{\partial\bar{\sigma}}{\partial\{\sigma\}}\right)^{\mathrm{T}}[\hat{D}]}{\varphi' + \left(\frac{\partial\bar{\sigma}}{\partial\{\sigma\}}\right)^{\mathrm{T}}[\hat{D}]\left(\frac{\partial\bar{\sigma}}{\partial\{\sigma\}}\right)}d\{\varepsilon\}$$

把此式代回式（11-8），则得

$$d\{\sigma\} = ([D] - [D_V^p])d\{\varepsilon\} \tag{11-9}$$

$$[D]_V^p = \frac{[\hat{D}]\left(\frac{\partial\bar{\sigma}}{\partial\{\sigma\}}\right)\left(\frac{\partial\bar{\sigma}}{\partial\{\sigma\}}\right)^{\mathrm{T}}[\hat{D}]}{\varphi' + \left(\frac{\partial\bar{\sigma}}{\partial\{\sigma\}}\right)^{\mathrm{T}}[\hat{D}]\left(\frac{\partial\bar{\sigma}}{\partial\{\sigma\}}\right)} \tag{11-10}$$

式中　$[D]_V^p$——黏－塑性矩阵。

下面按变分原理确定刚度矩阵和虚拟载荷列阵。在忽略质量力和惯性力的情况下，由式（6-56）

$$\delta\phi = \iiint_V \frac{\partial E(\dot{\varepsilon}_{ij})}{\partial\dot{\varepsilon}_{ij}}d\dot{\varepsilon}_{ij}dV - \iint_{S_p} p_i\delta v_i ds = 0$$

或写成矩阵形式 $$\iiint_V d\{\dot{\varepsilon}_e\}^{\mathrm{T}}d\{\sigma\}dV = \iint_{S_p} d\{v\}^{e\mathrm{T}}d\{p\}ds$$

因为 $$d\{\dot{\varepsilon}_e\} = [B]d\{V\}^e$$

于是 $$\iiint_V [B]^{\mathrm{T}}d\{\sigma\}dV = \iint_{S_p}[N]^{\mathrm{T}}d\{p\}ds = d\{F\}$$

式中，$d\{F\}$ 表示在时间间隔 dt 中载荷的变化。注意到式（11-7b），则

$$\iiint_V [B]^{\mathrm{T}}[\hat{D}][B]d\{u\}^e dV - \iiint_{V_e}[B]^{\mathrm{T}}[D]\{\dot{\bar{\varepsilon}}^p\}dtdV = d\{F\}$$

或 $$[K^e]d\{u\}^e = d\{\bar{F}\} \tag{11-11}$$

式中
$$[K^e]=\iiint_{V_e}[B]^{\mathrm{T}}[\hat{D}][B]\mathrm{d}V \tag{11-12}$$
称为单元刚度矩阵。
$$\mathrm{d}\{\overline{F}\}=\mathrm{d}\{F\}+\iiint_{V_e}[B]^{\mathrm{T}}[\hat{D}]\{\dot{\varepsilon}^p\}\mathrm{d}t\mathrm{d}V \tag{11-13}$$
称为虚拟载荷增量列阵。

11.1.2 刚－黏塑性有限元法

这种方法和10.2节讲述的拉格朗日乘子法类似。按不完全广义变分原理（式（6-62））表示的泛函
$$\phi=\iiint_V E(\dot{\varepsilon}_{ij})\mathrm{d}V-\iint_{S_p}\overline{p}_i v_i\mathrm{d}s+\iiint_V\lambda\dot{\varepsilon}_{ij}\delta_{ij}\mathrm{d}V$$
取驻值，即 $\delta\phi=0$，乃真实解的速度场。此时 $\lambda=\sigma_{\mathrm{m}}$。

注意式（6-60）和式（6-61），对于 $\overline{\sigma}=\sigma_{\mathrm{sc}}\left[1+\left(\dfrac{\dot{\overline{\varepsilon}}}{\gamma_0}\right)^n\right]$ 的材料，则
$$E(\dot{\overline{\varepsilon}})=\int_0^{\dot{\overline{\varepsilon}}}\overline{\sigma}\mathrm{d}\dot{\overline{\varepsilon}}=\frac{1}{n+1}(n\sigma_{\mathrm{sc}}+\overline{\sigma})\dot{\overline{\varepsilon}}$$

对于 m 个单元，n 个结点的系统 $\phi=\sum\limits_{e=1}^{m}\phi^e$
$$\sum_{e=1}^{m}\frac{\partial\varphi^e}{\partial v_i}=0\quad(i=1,2,\cdots,3n)$$
$$\sum_{e=1}^{m}\frac{\partial\varphi_n}{\partial\lambda_j}=0\quad(j=1,2,\cdots,m)$$
以后的步骤和刚－塑性材料的拉格朗日法相同。

11.2 大变形弹－塑性有限元法

金属塑性加工成型过程，实质上是一种大位移有限应变的弹－塑性问题。前已述及，用小变形弹－塑性有限元法解大变形的塑性加工问题，需要较长的计算时间。为了缩短计算时间和提高计算精度，从20世纪70年代开始采用大变形弹－塑性有限元法。

在前面讲过的小变形弹－塑性有限元法中，因为变形增量很小，故在每步增量变形中认为每个单元的形状或［B］矩阵是不变的。以此为依据的理论称为无限小变形理论。为了更精确计算，必须在每步增量变形过程中考虑单元的形状变化和旋转。以此为依据的理论称为有限变形理论。大变形弹－塑性有限元法就是建立在这个理论基础上的。

下面以平面变形的三角形单元为例从无限小变形理论入手，来叙述有限变形理论及大变形弹－塑性有限元的基本思想。

如图11-1所示，分布在单元内任何应力应该与沿单元边界上作用的面力相平衡。

如沿 mi 和 ij 界面上 x 方向的分布力分别为
$$(q_{mi})_x=t[-\sigma_x(y_m-y_i)+\tau_{xy}(x_m-x_i)]/l_{mi}$$

$$(q_{ij})_x = t[\sigma_x(y_j - y_i) - \tau_{xy}(x_j - x_i)]/l_{ij}$$

式中　t——三角形厚度。

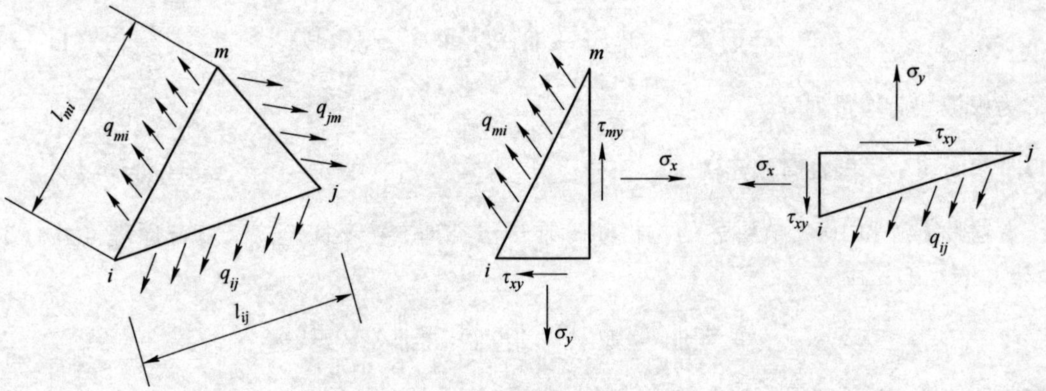

图 11-1　面力沿结点的分配

因为有限元法假定力是通过结点来传递的，所以单元的等效结点力可按下法确定。按前已述及的静力学平行力分解原理，则在结点 i 处 x 方向的结点力为

$$F_{xi} = \frac{1}{2}[(q_{mi})_x l_{mi} + (q_{ij})_x l_{ij}] = \frac{t}{2}[\sigma_x(y_i - y_m) + \tau_{xy}(x_m - x_j)]$$

同理　$$F_{yi} = \frac{t}{2}[\sigma_y(x_m - x_i) + \tau_{xy}(y_j - y_m)]$$

整个单元的所有结点力可写为

$$\begin{Bmatrix} F_{xi} \\ F_{yi} \\ F_{xj} \\ F_{yj} \\ F_{xm} \\ F_{ym} \end{Bmatrix} = \frac{t}{2}\begin{Bmatrix} b_i & 0 & c_i \\ 0 & c_i & b_i \\ b_j & 0 & c_j \\ 0 & c_j & b_j \\ b_m & 0 & c_m \\ 0 & c_m & b_m \end{Bmatrix}\begin{Bmatrix} \sigma_x \\ \sigma_y \\ \tau_{xy} \end{Bmatrix}$$

其中，$b_i = y_i - y_m, \cdots, c_i = x_m - x_j, \cdots$。

注意到式（8-7），则上式可写成

$$\{F\} = At[B]^{\mathrm{T}}\{\sigma\} \tag{11-14}$$

如忽略单元形状，即 A 与 $[B]$ 的变化，则结点力变化速率 $\{\dot{F}\}$ 可近似写成

$$\{\dot{F}\} = At[B]^{\mathrm{T}}\{\dot{\sigma}\} \tag{11-15}$$

若考虑 $\{\dot{\sigma}\} = [d]\{\dot{e}\} = [d][B]\{v\}^e$，则

$$\{\dot{F}\} = At[B]^{\mathrm{T}}[d][B]\{v\}^e \tag{11-16}$$

这里把弹性矩阵 $[D]$ 和弹－塑性矩阵 $[D]_{ep}$ 统一用 $[d]$ 表示。

当考虑到单元形状变化时，则由式（11-14），得

$$\{\dot{F}\} = At[B]^{\mathrm{T}}\{\sigma\} + At[B]^{\mathrm{T}}\{\sigma\} + At[B]\{\dot{\sigma}\} \tag{11-17}$$

应指出，在此方程中应力速率不仅受应变影响，而且也受单元转动的影响。这是可以

理解的。例如在三维笛卡儿坐标系中一个棒料受简单拉伸力的作用，且绕 x_3 轴作刚性旋转，此时作用在棒料上的拉伸力也跟着旋转（图 11-2）。显然，当棒料轴线平行于 x_2 轴时，棒料内受的应力为 $\sigma_{22}\neq 0$，$\sigma_{11}=\sigma_{33}=0$；当棒料轴线平行于 x_1 轴时，则应力为 $\sigma_{11}\neq 0$，$\sigma_{22}=\sigma_{33}=0$。这样，若从棒料自身的角度来看，应力状态保持恒定，其应力速度为零。然而对于固定坐标系 x_i（$i=1,2,3$）来看，棒料的应力状态是随着时间而变的。显然，在本构方程 $\{\dot{\sigma}\}=[d]\{\dot{\varepsilon}\}$ 中使用的应力速率必须是固定于材料上且不因刚性旋转而改变的应力速率。此应力速率称为久曼（Jauman）应力速率，并用 $\{\dot{\sigma}^J\}$ 表示。此时

$$\{\dot{\sigma}^J\}=[d]\{\dot{\varepsilon}\} \tag{11-18}$$

可以证明（从略），在二维变形情况下，当该单元逆时针旋转（旋转角速度为 ω_{xy}）时，$\{\dot{\sigma}\}$ 与 $\{\dot{\sigma}^J\}$ 有如下的关系

$$\begin{Bmatrix}\dot{\sigma}_x\\ \dot{\sigma}_y\\ \dot{\tau}_{xy}\end{Bmatrix}=\begin{Bmatrix}\dot{\sigma}_x^J\\ \dot{\sigma}_y^J\\ \dot{\tau}_{xy}^J\end{Bmatrix}+2\omega_{xy}\begin{Bmatrix}-\tau_{xy}\\ \tau_{xy}\\ \dfrac{\sigma_x-\sigma_y}{2}\end{Bmatrix} \tag{11-19}$$

于是方程式（11-17）就变为式（11-20）

$$\{\dot{F}\}=At[B]^{\mathrm T}\{\sigma\}+At[B]^{\mathrm T}\{\sigma\}+At[B]^{\mathrm T}\begin{Bmatrix}-2\tau_{xy}\\ 2\tau_{xy}\\ \sigma_x-\sigma_y\end{Bmatrix} \tag{11-20}$$

一般在金属成型中体积变化的影响可以忽略，式（11-20）可写成

$$\{\dot{F}\}=At[B]^{\mathrm T}[d][B]\{v\}^e+At[B]^{\mathrm T}[\sigma]+ At\omega_{xy}[B]^{\mathrm T}\begin{Bmatrix}-2\tau_{xy}\\ 2\tau_{xy}\\ \sigma_x-\sigma_y\end{Bmatrix} \tag{11-21}$$

式（11-21）和式（11-16）比较可知，无限小变形理论仅考虑了式（11-21）等号右边第一项。

注意到式（8-7）和 $\omega_{xy}=\dfrac{1}{2}\left(\dfrac{\partial v_y}{\partial x}-\dfrac{\partial v_x}{\partial y}\right)$，则 $[\dot{B}]$ 和 ω_{xy} 均是结点速度的函数，于是方程式（11-21）可写成

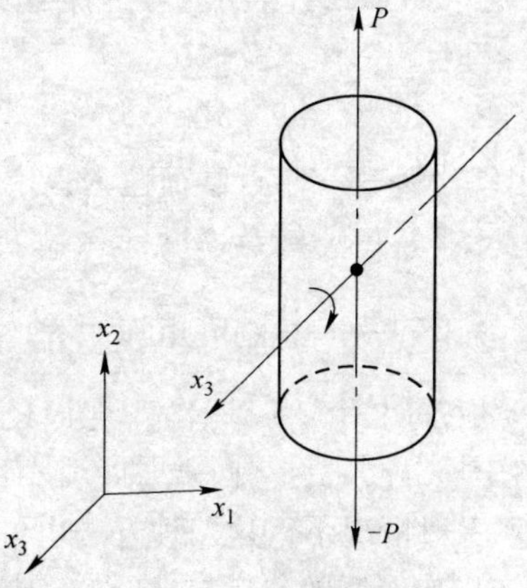

图 11-2　棒料的刚性转动

$$\{F\}^e=[K_0]\{v\}^e+[K_1]\{v\}^e+[K_2]\{v\}^e \tag{11-22}$$

式中　$[K_0]$——由应变而引起的矩阵，与式(9-17)意义相同；

$[K_1]$——由单元形状变化引起的矩阵；

$[K_2]$——由单元旋转而引起的矩阵。

$[K_1]$、$[K_2]$的表达式为

$$[K_1]=\frac{t}{2}\begin{pmatrix} 0 & 0 & -\tau_{xy} & \sigma_x & \tau_{xy} & -\tau_x \\ 0 & 0 & -\sigma_y & \tau_{xy} & \sigma_y & -\tau_{xy} \\ \tau_{xy} & -\sigma_x & 0 & 0 & -\tau_{xy} & \sigma_x \\ \sigma_y & -\tau_{xy} & 0 & 0 & -\sigma_y & \tau_{xy} \\ -\tau_{xy} & \sigma_x & \tau_{xy} & -\sigma_x & 0 & 0 \\ -\sigma_y & \tau_{xy} & \sigma_y & -\tau_{xy} & 0 & 0 \end{pmatrix} \tag{11-23}$$

$$[K_2]=\frac{t}{8A}\begin{pmatrix} -C_1c_i & -C_1b_i & -C_1c_j & C_1b_j & -C_1c_m & C_1c_m \\ -C_2c_i & -C_2b_i & -C_2c_j & C_2b_j & -C_2c_m & C_2c_m \\ -C_3c_i & -C_3b_i & -C_3c_j & C_3b_j & -C_3c_m & C_3c_m \\ -C_4c_i & -C_4b_i & -C_4c_j & C_4b_j & -C_4c_m & C_4c_m \\ -C_5c_i & -C_5b_i & -C_5c_j & C_5b_j & -C_5c_m & C_5c_m \\ -C_6c_i & -C_6b_i & -C_6c_j & C_6b_j & -C_6c_m & C_6c_m \end{pmatrix} \tag{11-24}$$

式中

$$\begin{Bmatrix} C_1 \\ C_2 \\ C_3 \\ C_4 \\ C_5 \\ C_6 \end{Bmatrix}=\begin{Bmatrix} -2\tau_{xy}b_i+(\sigma_x-\sigma_y)c_i \\ 2\tau_{xy}c_i+(\sigma_x-\sigma_y)b_i \\ -2\tau_{xy}b_j+(\sigma_x-\sigma_y)c_j \\ 2\tau_{xy}c_j+(\sigma_x-\sigma_y)b_j \\ -2\tau_{xy}b_m+(\sigma_x-\sigma_y)c_m \\ 2\tau_{xy}c_m+(\sigma_x-\sigma_y)b_m \end{Bmatrix} \tag{11-25}$$

式（11-22）表示了变形后结点力速率与结点速度的关系，也可写成

$$\{F\}^e=[K^e]\{v\}^e \tag{11-26}$$

和

$$\{\dot{F}\}=[K]\{v\} \tag{11-27}$$

式中　$\{\dot{F}\}$——结点载荷速率；

$\{u\}$——结点速度；

$[K]$——总刚度矩阵，$[K]=\sum_{e=1}^{m}[K^e]$。

应指出，式（11-22）考虑了［B］矩阵的变化，而且是以变形后的坐标描述的，因此它是一种大变形弹－塑性欧拉有限元法。

一般情况下，这两种方法也可以用考虑单元形状变化和转动，并分别取欧拉坐标参考系（以变形后的坐标描述的）和拉格朗日坐标参考系（以变形开始的坐标描述的）的变分原理，来建立类似于式（11-26）和式（11-27）的刚度方程。

11.3　能量法与刚－塑性有限元法相结合的方法

目前认为用能量法和刚－塑性有限元法解大变形的塑性成型问题是有效的方法。但是两者都存在一定的问题。

用刚－塑性有限元法解析三维变形时，为提高解的精度就要细分单元，从而导致计算机存贮量增加和计算时间延长。

另外，用能量法解复杂成型问题，常常得不到精确的结果。其原因是：(1) 设定运动许可速度场较困难，对于复杂成型过程体积不变条件尤难满足，而应变速率和各种功率的计算又都包含速度场；(2) 表示速度场的式子常常是很复杂的，关于速度场参数的泛函 ϕ 不易求导，从而须用直接搜索法，但是待定参数多了计算时间也很长。此外，计算机的程序一般不能通用。

针对上述两种方法各自存在的问题，提出一种折中的办法即能量法与有限元法相结合的方法。这种方法简介如下。

首先给出已知的简单的运动许可速度场，并把这些速度场定名为基本速度场。这些基本的速度场可用第7章能量法及其应用中所讲过的方法，其中包括用流函数建立运动许可速度场的方法来建立。把基本速度场 v_j 进行线性组合便得到所求的速度场

$$v = \sum_{j=1}^{q} a_j v_j$$

其中的组合系数 a_j，可由刚－塑性材料的 Марков 变分原理来确定，即由

$$\frac{\partial \phi}{\partial a_j} = 0 \quad (j = 1, 2, \cdots, q)$$

来确定待定的系数 a_j。

若 $3N$ 个结点速度分量（N 为结点数目，3 为结点自由度）都作为各自的基本速度，则 $q = 3N$。此时即变为刚－塑性有限元法。通常 $q < 3N$，这就可节约计算时间。

例如，平辊轧矩形件的三维变形问题，对于应变速率变化比较大的入口侧可以用刚－塑性有限元法，而对应变速率变化比较小的出口侧可用能量法。

Chenot 等人对于平辊轧矩形件的三维变形问题，处理轧件前端非定常变形过程也采用了能量法与有限元法相结合的方法。Chenot 等人把 Hill 速度场加以发展提出式（7-119）所表示的速度场。此时可分割少量几个单元，把速度场式（7-119）中的参变量 b 用作单元各结点上的待定值，单元内部的 b 值可按线性插值确定。

参考文献

[1] 乔端，钱仁根．非线性有限元法及其在塑性加工中的应用[M]．北京：冶金工业出版社，1990.

[2] 赵志业．金属塑性变形与轧制理论[M]．2 版．北京：冶金工业出版社，1994.

[3] 赵志业，王国栋．现代塑性加工力学[M]．沈阳：东北大学出版社，1986.

[4] 钱伟长．变分法及有限元[M]．北京：科学出版社，1980.

[5] Juneja B L. Fundamentals of Metal Forming Processes[M]. New Delhi: New Age International, 2006.

[6] 苏家铎，潘杰，方毅，等．泛函分析与变分法[M]．合肥：中国科学技术大学出版社，1993.

[7] 沈惠申．轴对称塑性问题摄动解 I——圆杆颈缩[J]．应用数学和力学，1985（4）：345～357.

[8] 林大为．织构板料制耳过程的动态模型[J]．华东冶金学院学报，1993（03）：40～46.

[9] 刘妍．正则摄动法及其在力学中的应用[D]．长春：吉林大学，2010.

[10] 梁培晓．三辊穿孔机关键技术研究与开发[D]．太原：太原科技大学，2012.

[11] 李宝绵，张秀华，郑薇．平面应变镦粗问题的变分分析[J]．沈阳黄金学院学报，1994（03）：249～254.

[12] 李宝绵，王晶琪，刘洪程．平面应变镦粗问题的摄动分析[J]．沈阳黄金学院学报，1995（02）：158～165.

[13] 王磊．平行四边形弯曲板的康托洛维奇法[J]．固体力学学报，1983（03）：420～426.

[14] 石磊．铝合金等通道转角分流大宽展挤压成形机理研究[D]．西安：西北工业大学，2015.

[15] 肖宏，申光宪，木原谆二，等．考虑摩擦三维弹塑性接触边界元法[J]．计算力学学报，1998（01）：34～39.

[16] 刘福林．加权余量法在塑性理论中的近期发展及应用[J]．计算结构力学及其应用，1993（01）：104～107.

[17] 马向宇．基于应力状态的金属材料变形行为研究[D]．太原：太原科技大学，2013.

[18] 刘承论．基于解析积分求解影响系数的三维 FSM 边界元法[J]．岩石力学与工程学报，2002（08）：1243～1248.

[19] 吴腾，张红武，钟德钰，等．基于待定系数法的改进迎风格式[J]．清华大学学报（自然科学版），2009（12）：1954～1957.

[20] 陈军，李兰芬，龙述尧．广义康托洛维奇法解任意四边形板的弯曲问题[J]．工程力学，1991（01）：59～72.

[21] 张晓哲，王燕昌．固体力学中的加权余量法简介[J]．青海师专学报，2004（05）：49～51.

[22] 黄永强，赵晓云，陈树勋．弹性动力学中的瑞利－里兹法[J]．河北理工学院学报，1996（02）：62～66.

[23] 尹存宏．齿轮的冷挤压成形技术研究进展[J]．汽车零部件，2014（12）：67～69.

[24] 姚振汉，杜庆华．边界元法应用的若干近期研究及国际新进展[J]．清华大学学报（自然科学版），2001（Z1）：89～93.

[25] 史科．TC11 钛合金叶轮类复杂构件等温成形规律与数值模拟[D]．哈尔滨：哈尔滨工业大学，2008.

[26] 董湘怀．金属塑性成型原理[M]．北京：机械工业出版社，2011.

[27] 运新兵．金属塑性成形原理[M]．北京：冶金工业出版社，2012.

[28] 姜玉山．数学物理方程[M]．北京：清华大学出版社，2014.

[29] 沈惠申．结构非线性分析的二次摄动法[M]．北京：高等教育出版社，2012.

[30] 张文生．科学计算中的偏微分方程有限差分法[M]．北京：高等教育出版社，2006.

[31] 姚振汉，王海涛．边界元法[M]．北京：高等教育出版社，2012.
[32] 彭维红，董正筑．自然边界元法在力学中的应用[M]．杭州：浙江大学出版社，2010.
[33] 陈道礼．结构分析有限元法的基本原理及工程应用[M]．北京：冶金工业出版社，2012.
[34] 刘怀恒．结构及弹性力学有限元法[M]．西安：西北工业大学出版社，2007.